CHAOYUE PULIWALUOFU — WEIFEN JIEXI HANSHU DAOSHU JUAN

# 超越普里瓦洛夫

## 微分、解析函数、导数卷

● 刘培杰数学工作室　编

哈爾濱工業大學出版社
HARBIN INSTITUTE OF TECHNOLOGY PRESS

## 内容简介

本书对于积分给予了更深层次的介绍，总结了一些计算积分的常用方法和惯用技巧，叙述严谨、清晰、易懂.

本书适合高等院校数学与应用数学专业学生学习，也可供数学爱好者及教练员作为参考.

**图书在版编目(CIP)数据**

超越普里瓦洛夫. 微分、解析函数、导数卷/刘培杰数学工作室编. —哈尔滨：哈尔滨工业大学出版社，2018.1(2020.5 重印)

ISBN 978-7-5603-6936-5

Ⅰ. ①超… Ⅱ. ①刘… Ⅲ. ①微分②解析函数③导数 Ⅳ. ①O1②O172.1③O174.55

中国版本图书馆 CIP 数据核字(2017)第 218200 号

策划编辑　刘培杰　张永芹
责任编辑　张永芹　张　佳
封面设计　孙茵艾
出版发行　哈尔滨工业大学出版社
社　　址　哈尔滨市南岗区复华四道街 10 号　邮编 150006
传　　真　0451-86414749
网　　址　http://hitpress.hit.edu.cn
印　　刷　哈尔滨市工大节能印刷厂
开　　本　787mm×960mm　1/16　印张 17　字数 317 千字
版　　次　2018 年 1 月第 1 版　2020 年 5 月第 2 次印刷
书　　号　ISBN 978-7-5603-6936-5
定　　价　48.00 元

# ⊙ 目录

# 题目及解答

**1** 证明：$f(z)=z^n$（$n$ 为自然数）在整个 $z$ 平面上任一点可导.

**证** 因为

$$\lim_{\Delta z\to 0}\frac{(z+\Delta z)^n-z^n}{\Delta z}=\lim_{\Delta z\to 0}(C_n^1 z^{n-1}+C_n^2 z^{n-2}\Delta z+\cdots+C_n^n\Delta z^{n-1})$$
$$=C_n^1 z^{n-1}=nz^{n-1}$$

**2** 证明：函数 $f(z)=\mathrm{Re}\,z$ 在 $z$ 平面上的任何点都不可导.

**证** 因为

$$\frac{\Delta f}{\Delta z}=\frac{\mathrm{Re}(z+\Delta z)-\mathrm{Re}\,z}{\Delta z}=\frac{\Delta x}{\Delta x+\mathrm{i}\Delta y}$$

所以，当 $\Delta z$ 取实数值而趋向零时（即 $z+\Delta z$ 沿平行于实轴的方向趋向 $z$ 时），$\frac{\Delta f}{\Delta z}\to 1$；当 $z+\Delta z$ 取纯虚数而趋向零时（即 $z+\Delta z$ 沿平行于虚轴的方向趋向 $z$ 时），$\frac{\Delta f}{\Delta z}\to 0$. 这表明 $\lim\limits_{\Delta z\to 0}\frac{\Delta f}{\Delta z}$ 不存在，即 $f(z)=\mathrm{Re}\,z$ 不可导.

**3** 函数 $f(z)=|z|$ 在整个复平面上是连续的，试用定义证明：它在复平面上任一点处均不可导.

**证法一** 由导数定义，有

$$\frac{f(z+h)-f(z)}{h}=\frac{|z+h|-|z|}{h}$$
$$=\frac{(z+h)(\overline{z+h})-z\bar{z}}{h(|z+h|+|z|)}$$
$$=\frac{\bar{z}h+z\bar{h}+|h|^2}{h(|z+h|+|z|)}$$

(1) 当 $z=0$，$h=h_1+\mathrm{i}h_2$ 时，有

$$\frac{f(h)-f(0)}{h}=\frac{|h|}{h}\to\begin{cases}1, & \text{当 } h_2=0, h_1\to 0^+ \text{ 时}\\ -1, & \text{当 } h_2=0, h_1\to 0^- \text{ 时}\end{cases}$$

(2) 当 $z\neq 0$ 时，令 $h_1=0$，$h_2\to 0$，得

$$\begin{aligned}\frac{f(z+h)-f(z)}{h}&=\frac{\mathrm{i}\bar{z}h_2-\mathrm{i}zh_2+h_2^2}{\mathrm{i}h_2(|z+\mathrm{i}h_2|+|z|)}\\&=\frac{\bar{z}-z-\mathrm{i}h_2}{|z+\mathrm{i}h_2|+|z|}\\&=\frac{-\mathrm{i}(2\mathrm{Im}(z)+h_2)}{|z+\mathrm{i}h_2|+|z|}\\&\to\frac{-\mathrm{i}\mathrm{Im}(z)}{|z|}\quad(\text{纯虚数})\end{aligned}$$

令 $h_2=0,h_1\to 0$,得

$$\begin{aligned}\frac{f(z+h)-f(z)}{h}&=\frac{\bar{z}h_1+zh_1+h_1^2}{h_1(|z+h_1|+|z|)}\\&=\frac{2\mathrm{Re}(z)+h_1}{|z+h_1|+|z|}\to\frac{\mathrm{Re}(z)}{|z|}\quad(\text{实数})\end{aligned}$$

所以,对任意的 $z$,极限 $\lim\limits_{h\to 0}\dfrac{f(z+h)-f(z)}{h}$ 均不存在.

**证法二** (1)当 $z=0$ 时,令 $h=re^{\mathrm{i}\varphi}\to 0(r\to 0,-\pi<\varphi\leqslant\pi)$,有

$$\frac{f(h)-f(0)}{h}=\frac{|h|}{h}=\mathrm{e}^{-\mathrm{i}\varphi}\to\mathrm{e}^{-\mathrm{i}\varphi}$$

这随 $\varphi$ 值变化而取不同的值,故极限 $\lim\limits_{h\to 0}\dfrac{f(h)-f(0)}{h}$ 不存在;

(2)当 $z\neq 0$ 时,$h=re^{\mathrm{i}\varphi}(-\pi<\varphi\leqslant\pi)$,当 $r\to 0$ 时,$h\to 0$,有

$$\begin{aligned}\frac{f(z+h)-f(z)}{h}&=\frac{\bar{z}h+z\bar{h}+|h|^2}{h(|z+h|+|z|)}\\&=\frac{\bar{z}+z\mathrm{e}^{-2\mathrm{i}\varphi}+r\mathrm{e}^{-\mathrm{i}\varphi}}{|z+r\mathrm{e}^{\mathrm{i}\varphi}|+|z|}\\&\to\frac{\bar{z}+z\mathrm{e}^{-2\mathrm{i}\varphi}}{2|z|}\end{aligned}$$

这也随 $\varphi$ 值变化而取不同的值,故对任意的 $z$,极限 $\lim\limits_{h\to 0}\dfrac{f(z+h)-f(z)}{h}$ 不存在.

**证法三** 对 $w=|z|=|x+\mathrm{i}y|=\sqrt{x^2+y^2}$,而 $u+\mathrm{i}v=\sqrt{x^2+y^2}$.故

$$u=\sqrt{x^2+y^2},v=0$$

$$\frac{\partial u}{\partial x}=\frac{x}{\sqrt{x^2+y^2}},\frac{\partial u}{\partial y}=\frac{y}{\sqrt{x^2+y^2}},\frac{\partial v}{\partial x}=\frac{\partial v}{\partial y}=0$$

从而对 $z \neq 0$ 时不满足 C-R 方程①.

在 $z=0$ 处，$\dfrac{\Delta w}{\Delta z}=\dfrac{|\Delta z|}{\Delta z}=\dfrac{|\Delta x+\mathrm{i}\Delta y|}{\Delta x+\mathrm{i}\Delta y}=\begin{cases}\dfrac{1}{\mathrm{i}}, \Delta x=0, \Delta y>0 \\ 1, \Delta y=0, \Delta x>0\end{cases}$.

**4** 给定函数 $w=f(z)=u+\mathrm{i}v$，试证明以下论断：

(1) 若极限 $\lim\limits_{\Delta z \to 0} \mathrm{Re} \dfrac{\Delta w}{\Delta z}$ 存在，则偏导数 $v'_x$ 与 $u'_y$ 也存在，并且相等；

(2) 若极限 $\lim\limits_{\Delta z \to 0} \mathrm{Im} \dfrac{\Delta w}{\Delta z}$ 存在，则偏导数 $u'_y$ 与 $v'_x$ 也存在，并且绝对值相等且符号相反；

(3) 若 $u, v$ 可全微分，则(1)与(2)中任一个极限存在，都能保证另一个极限也存在，因而函数 $f(z)$ 可导.

**证** (1) 因为

$$\frac{\Delta w}{\Delta z}=\frac{\Delta u+\mathrm{i}\Delta v}{\Delta x+\mathrm{i}\Delta y}=\frac{(\Delta u+\mathrm{i}\Delta v)(\Delta x-\mathrm{i}\Delta y)}{\Delta x^2+\Delta y^2}$$

又

$$\lim_{\Delta z \to 0} \mathrm{Re} \frac{\Delta w}{\Delta z}=\lim_{\substack{\Delta x \to 0 \\ \Delta y \to 0}} \frac{\Delta u \Delta x+\Delta v \Delta y}{\Delta x^2+\Delta y^2}=a$$

所以

$$\lim_{\substack{\Delta x \to 0 \\ \Delta y=0}} \frac{\Delta u \Delta x}{\Delta x^2}=\lim_{\substack{\Delta x=0 \\ \Delta y \to 0}} \frac{\Delta v \Delta y}{\Delta y^2}=a$$

即

$$\frac{\partial v}{\partial x}=\frac{\partial v}{\partial y}=a$$

(2) 因为

$$\lim_{\Delta z \to 0} \mathrm{Im} \frac{\Delta w}{\Delta z}=\lim_{\substack{\Delta x \to 0 \\ \Delta y \to 0}} \frac{-\Delta u \Delta y+\Delta v \Delta x}{\Delta x^2+\Delta y^2}=b$$

所以

---

① 指柯西－黎曼方程. —— 编者注

$$\lim_{\substack{\Delta x\to 0\\ \Delta y=0}}\frac{\Delta v\Delta x}{\Delta x^2}=\lim_{\substack{\Delta x=0\\ \Delta y\to 0}}\frac{-\Delta u\Delta y}{\Delta y^2}=b$$

即

$$\frac{\partial v}{\partial x}=-\frac{\partial u}{\partial y}=b$$

(3) 设(1)中极限$\lim\limits_{\Delta z\to 0}\mathrm{Re}\,\frac{\Delta w}{\Delta z}$存在，$\frac{\partial u}{\partial x}=\frac{\partial v}{\partial y}$，而 $u,v$ 可全微分，故

$$\Delta u=\frac{\partial u}{\partial x}\Delta x+\frac{\partial u}{\partial y}\Delta y+\eta_1,\Delta v=\frac{\partial v}{\partial x}\Delta x+\frac{\partial v}{\partial y}\Delta y+\eta_2$$

其中

$$\lim_{\Delta z\to 0}\frac{\eta_1}{|\Delta z|}=0,\lim_{\Delta z\to 0}\frac{\eta_2}{|\Delta z|}=0$$

于是

$$\begin{aligned}\mathrm{Re}\,\frac{\Delta w}{\Delta z}&=\frac{\Delta u\Delta x+\Delta v\Delta y}{\Delta x^2+\Delta y^2}\\&=\frac{\frac{\partial u}{\partial x}\Delta x^2+\frac{\partial v}{\partial y}\Delta y^2}{\Delta x^2+\Delta y^2}+\frac{\frac{\partial u}{\partial y}\Delta x\Delta y+\frac{\partial v}{\partial x}\Delta x\Delta y}{\Delta x^2+\Delta y^2}+\frac{\eta_1\Delta x+\eta_2\Delta y}{\Delta x^2+\Delta y^2}\\&=\frac{\partial u}{\partial x}+\frac{\frac{\partial u}{\partial y}\Delta x\Delta y+\frac{\partial v}{\partial x}\Delta x\Delta y}{\Delta x^2+\Delta y^2}+\frac{\eta_1\Delta x+\eta_2\Delta y}{\Delta x^2+\Delta y^2}\end{aligned}$$

由(1)知

$$\lim_{\Delta z\to 0}\mathrm{Re}\,\frac{\Delta w}{\Delta z}=\lim_{\substack{\Delta x\to 0\\ \Delta y\to 0}}\left(\frac{\partial u}{\partial x}+\frac{\frac{\partial u}{\partial y}\Delta x\Delta y+\frac{\partial v}{\partial x}\Delta x\Delta y}{\Delta x^2+\Delta y^2}+\frac{\eta_1\Delta x+\eta_2\Delta y}{\Delta x^2+\Delta y^2}\right)=\frac{\partial u}{\partial x}$$

而

$$\lim_{\substack{\Delta x\to 0\\ \Delta y\to 0}}\frac{\eta_1\Delta x+\eta_2\Delta y}{\Delta x^2+\Delta y^2}=0$$

所以

$$\lim_{\substack{\Delta x\to 0\\ \Delta y\to 0}}\frac{\frac{\partial u}{\partial y}\Delta x\Delta y+\frac{\partial v}{\partial x}\Delta x\Delta y}{\Delta x^2+\Delta y^2}=0$$

即应有

$$\lim_{\substack{\Delta x\to 0\\ \Delta y\to 0}}\left(\frac{\partial u}{\partial y}+\frac{\partial v}{\partial x}\right)\frac{\Delta x\Delta y}{\Delta x^2+\Delta y^2}=0$$

但$\lim\limits_{\substack{\Delta x\to 0\\ \Delta y\to 0}}\frac{\Delta x\Delta y}{\Delta x^2+\Delta y^2}$不存在，故

$$\frac{\partial u}{\partial y}+\frac{\partial v}{\partial x}=0$$

即

$$\frac{\partial u}{\partial y}=-\frac{\partial v}{\partial x}$$

又

$$\begin{aligned}\operatorname{Im}\frac{\Delta w}{\Delta z}&=\frac{-\Delta u\Delta y+\Delta v\Delta x}{\Delta x^2+\Delta y^2}\\&=\frac{\frac{\partial v}{\partial x}\Delta x^2-\frac{\partial u}{\partial y}\Delta y^2}{\Delta x^2+\Delta y^2}+\frac{\eta_2\Delta x-\eta_1\Delta y}{\Delta x^2+\Delta y^2}\end{aligned}$$

而

$$\lim_{\substack{\Delta x\to 0\\ \Delta y\to 0}}\frac{\eta_2\Delta x-\eta_1\Delta y}{\Delta x^2+\Delta y^2}=0$$

所以

$$\lim_{\Delta z\to 0}\operatorname{Im}\frac{\Delta w}{\Delta z}=\lim_{\substack{\Delta x\to 0\\ \Delta y\to 0}}\frac{\partial v}{\partial x}\left(\frac{\Delta x^2+\Delta y^2}{\Delta x^2+\Delta y^2}\right)=\frac{\partial v}{\partial x}$$

故

$$\begin{aligned}f'(z)&=\lim_{\Delta z\to 0}\operatorname{Re}\frac{\Delta w}{\Delta z}+\mathrm{i}\lim_{\Delta z\to 0}\operatorname{Im}\frac{\Delta w}{\Delta z}\\&=\frac{\partial u}{\partial x}+\mathrm{i}\frac{\partial v}{\partial x}\end{aligned}$$

即 $w=f(z)$ 在点 $z$ 可导.

若先假设(2) 中极限 $\lim\limits_{\Delta z\to 0}\operatorname{Im}\frac{\Delta w}{\Delta z}$ 存在,同上可证.

**5** 若函数 $w=f(z)=u(x,y)+\mathrm{i}v(x,y)$ 在点 $z=x+\mathrm{i}y$ 处可导,则在点$(x,y)$ 处必有

$$\frac{\partial u}{\partial x}=\frac{\partial v}{\partial y},\frac{\partial u}{\partial y}=-\frac{\partial v}{\partial x}$$

**证** 记 $\Delta z=\Delta x+\mathrm{i}\Delta y$, $\Delta u=u(x+\Delta x,y+\Delta y)-u(x,y)$, $\Delta v=v(x+\Delta x,y+\Delta y)-v(x,y)$.

$$\begin{aligned}\Delta f&=f(z+\Delta z)-f(z)\\&=u(x+\Delta x,y+\Delta y)+\mathrm{i}v(x+\Delta x,y+\\&\quad\Delta y)-u(x,y)-\mathrm{i}v(x,y)\\&=[u(x+\Delta x,y+\Delta y)-u(x,y)]+\end{aligned}$$

$$i[v(x+\Delta x,y+\Delta y)-v(x,y)]$$
$$=\Delta u+i\Delta v$$

因为 $w=f(z)$ 在点 $z=x+iy$ 处可导,所以 $\lim\limits_{\Delta z\to 0}\frac{\Delta f}{\Delta z}$ 为有限数,故必有下式成立

$$\lim_{\substack{\Delta x\to 0\\ \Delta y=0}}\frac{\Delta f}{\Delta z}=\lim_{\substack{\Delta x=0\\ \Delta y\to 0}}\frac{\Delta f}{\Delta z} \tag{1}$$

但

$$\begin{aligned}\lim_{\substack{\Delta x\to 0\\ \Delta y=0}}\frac{\Delta f}{\Delta z}&=\lim_{\Delta x\to 0}\frac{u(x+\Delta x,y)-u(x,y)}{\Delta x}+\frac{i[v(x+\Delta x,y)-v(x,y)]}{\Delta x}\\&=\lim_{\Delta x\to 0}\frac{u(x+\Delta x,y)-u(x,y)}{\Delta x}+i\lim_{\Delta x\to 0}\frac{v(x+\Delta x,y)-v(x,y)}{\Delta x}\\&=\frac{\partial u}{\partial x}+i\frac{\partial v}{\partial x}\end{aligned} \tag{2}$$

$$\begin{aligned}\lim_{\substack{\Delta x=0\\ \Delta y\to 0}}\frac{\Delta f}{\Delta z}&=\lim_{\Delta y\to 0}\frac{u(x,y+\Delta y)-u(x,y)}{i\Delta y}+\\&\quad i\lim_{\Delta y\to 0}\frac{v(x,y+\Delta y)-v(x,y)}{i\Delta y}\\&=-i\left(\frac{\partial u}{\partial y}+i\frac{\partial v}{\partial y}\right)\\&=\frac{\partial v}{\partial y}-i\frac{\partial u}{\partial y}\end{aligned} \tag{3}$$

联合式(1)(2)(3),即知

$$\frac{\partial u}{\partial x}+i\frac{\partial v}{\partial x}=\frac{\partial v}{\partial y}-i\frac{\partial u}{\partial y}$$

由复数相等的定义立即得到

$$\frac{\partial u}{\partial x}=\frac{\partial v}{\partial y},\frac{\partial u}{\partial y}=-\frac{\partial v}{\partial x}$$

证毕.

**6** 证明:$f(z)=e^x\cos y+ie^x\sin y$ 在任何点 $z=x+iy$ 解析.

**解析** 按至今已学过的知识,欲证一函数在一个区域解析,可有两种方法:一是利用解析的定义,证明此函数在区域的任一点可导(这通常要计算极限);二是利用 C-R 条件[①],只要能判定此函数的实、虚部在区域的任一点都满足 C-R 条件,且实、虚部均为可微函数就行了.

---

① 指柯西-黎曼条件.——编者注

对于此题，利用第二种方法证明较简单.

**证** 由数学分析的知识，$f(z)$ 的实部 $u=e^x\cos y$ 和虚部 $v=e^x\sin y$ 明显是可微的，剩下就是验证 C-R 条件了，然而由

$$\frac{\partial u}{\partial x}=e^x\cos y,\frac{\partial v}{\partial y}=e^x\cos y$$

$$\frac{\partial u}{\partial y}=-e^x\sin y,\frac{\partial v}{\partial x}=e^x\sin y$$

即见 C-R 条件成立，证毕.

**7** 证明：$\omega=f(z)=\bar{z}$ 在任何点都不可微.

**证法一**

$$\begin{aligned}\frac{\Delta\omega}{\Delta z}&=\frac{(\omega+\Delta\omega)-\omega}{\Delta x+i\Delta y}\\&=\frac{[(x+\Delta x)-(y+\Delta y)i]-x+iy}{\Delta x+i\Delta y}\\&=\frac{\Delta x-i\Delta y}{\Delta x+i\Delta y}\\&=\begin{cases}-1,\Delta x=0,\Delta y\neq 0\\1,\Delta y=0,\Delta x\neq 0\end{cases}\end{aligned}$$

故无确定极限.

**证法二** 因为 $f(z)=\bar{z}=x-iy$，即 $u=x,v=-y$，所以

$$\frac{\partial u}{\partial x}=1,\frac{\partial v}{\partial y}=-1$$

因此，$u,v$ 在任何点均有 $\frac{\partial u}{\partial x}\neq\frac{\partial v}{\partial y}$，按 C-R 条件不成立. 从而可知 $f(z)=\bar{z}$ 处处不可微.

**思考题** 若 $f(z)$ 可微，试讨论 $\overline{f(z)}$ 的可微性.

**8** 讨论 $f(z)=z\mathrm{Re}\,z$ 的可微性.

**解** 因为 $f(z)=z\mathrm{Re}\,z=x^2+ixy$，即 $u=x^2,v=xy$，所以

$$\frac{\partial u}{\partial x}=2x,\frac{\partial v}{\partial y}=x,\frac{\partial u}{\partial y}=0,\frac{\partial v}{\partial x}=y$$

因此，$f(z)$ 在任何点 $z\neq 0$ 处不可微. 在原点 $z=0$ 处，$u,v$ 满足 C-R 条件；但不能据此断定 $f(z)$ 在原点处可微. 需另作判断，因为在 $z=0$ 时，有

$$\frac{\Delta f}{\Delta z}=\frac{\Delta z\mathrm{Re}\,\Delta z-0}{\Delta z}=\mathrm{Re}\,\Delta z=\Delta x$$

所以

$$\lim_{\Delta z\to 0}\frac{\Delta f}{\Delta z}=0$$

故 $f(z)=z\operatorname{Re} z$ 在点 $z=0$ 处可微.

在本题的讨论中,我们已提醒注意:不能由满足 C-R 条件而推出 $f(z)$ 可微的结论. 下面一例对此作进一步说明.

**9** 证明:$f(z)=\sqrt{|\operatorname{Im} z^2|}$ 的实、虚部在(0,0)处满足 C-R 条件,但 $f(z)$ 在 $z=0$ 处不可微.

**证** 因为 $f(z)=\sqrt{|\operatorname{Im} z^2|}=\sqrt{|2xy|}$,即 $u=\sqrt{|2xy|}$,$v=0$,所以在点(0,0)处有

$$\frac{\Delta u}{\Delta x}=\lim_{\Delta x\to 0}\frac{u(\Delta x,0)-u(0,0)}{\Delta x}=\lim_{\Delta x\to 0}\frac{0}{\Delta x}=0$$

$$\frac{\partial u}{\partial y}=\lim_{\Delta y\to 0}\frac{u(0,\Delta y)-u(0,0)}{\Delta y}=0$$

同时,显然在点(0,0)处有

$$\frac{\partial v}{\partial x}=\frac{\partial v}{\partial y}=0$$

故 $u,v$ 在点 $z=0$ 处满足 C-R 条件. 但在点 $z=0$,有

$$\frac{\Delta f}{\Delta z}=\frac{f(\Delta z)-f(0)}{\Delta z}=\frac{\sqrt{|2\Delta x\Delta y|}}{\Delta x+\mathrm{i}\Delta y}$$

因而

$$\lim_{\Delta x=\Delta y\to 0+0}\frac{\Delta f}{\Delta z}=\lim_{\Delta x\to 0+0}\frac{\sqrt{2|\Delta x|^2}}{\Delta x(1+\mathrm{i})}=\frac{\sqrt{2}}{1+\mathrm{i}}$$

$$\lim_{\substack{\Delta x\to 0\\ \Delta y=0}}\frac{\Delta f}{\Delta z}=0$$

即 $f(z)$ 在 $z=0$ 处不可微.

**10** 假设 $f(z)=\begin{cases}\dfrac{x^3(1+\mathrm{i})-y^3(1-\mathrm{i})}{x^2+y^2}, z=x+\mathrm{i}y\neq 0\\ 0, z=0\end{cases}$.

试证明:函数 $f(z)$ 在点 $z=0$ 处满足 C-R 条件,但不可导.

**证** 考虑极限 $\lim\limits_{z\to 0}\dfrac{f(z)-f(0)}{z}$.

(1) 沿虚轴的极限 $\lim\limits_{y\to 0}\dfrac{f(\mathrm{i}y)-f(0)}{\mathrm{i}y}=\lim\limits_{y\to 0}\dfrac{-y^3(1-\mathrm{i})}{\mathrm{i}y^3}=1+\mathrm{i}$;

(2) 沿实轴的极限$\lim\limits_{x\to 0}\dfrac{f(x)-f(0)}{x}=\lim\limits_{x\to 0}\dfrac{x^3(1+\mathrm{i})}{x^3}=1+\mathrm{i}$.

所以满足 C-R 条件.

但若考虑沿直线 $y=x$ 的极限,则有

$$\lim_{y=x\to 0}\frac{f(x+\mathrm{i}x)-f(0)}{x+\mathrm{i}x}=\lim_{x\to 0}\frac{x^3(1+\mathrm{i})-x^3(1-\mathrm{i})}{x(1+\mathrm{i})2x^2}=\frac{\mathrm{i}}{1+\mathrm{i}}$$

故极限$\lim\limits_{z\to 0}\dfrac{f(z)-f(0)}{z}$不存在,即函数 $f(z)$ 在点 $z=0$ 处不可导.

**11** 设 $f(z)=\begin{cases}\dfrac{x(x^2+y^2)(y-x\mathrm{i})}{x^2}+y^4, z\neq 0\\ 0, z=0\end{cases}$.

证明:当 $z$ 沿任何向径趋于 0 时,$\dfrac{f(z)-f(0)}{z}\to 0$;但当 $z$ 沿其他方式趋于 0 时,它不一定趋于 0.

**证** 令 $y=mx$,则

$$f(z)=f[x(1+m\mathrm{i})]=\frac{x^3(m^2+1)(mx-x\mathrm{i})}{x^2+m^4x^4}$$

所以

$$\lim_{z\to 0}\frac{f(z)-f(0)}{z}=\lim_{x\to 0}\frac{x^3(1+m^2)(mx-\mathrm{i}x)}{x^3(1+m^4x^2)(1+m\mathrm{i})}$$
$$=\lim_{x\to 0}\frac{x(1+m^2)(m-\mathrm{i})}{(1+m^4x^2)(1+m\mathrm{i})}=0$$

但若当 $y^2=x$ 时(如图 1)

$$f(z)=\frac{y^2(y^4+y^2)(y-y^2\mathrm{i})}{y^4+y^4}$$
$$=\frac{(y^2+1)(1-y\mathrm{i})y}{2}$$

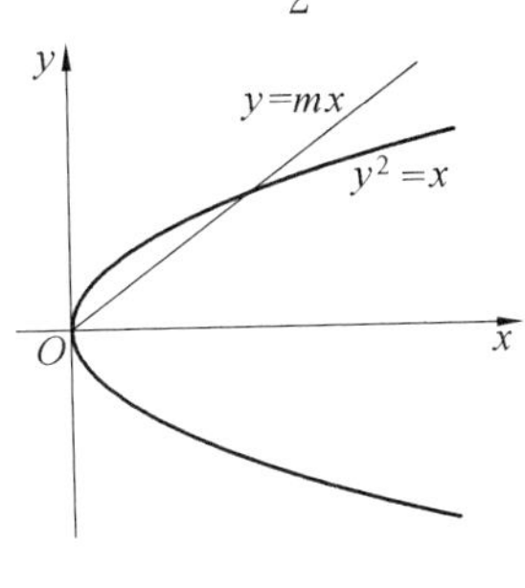


图 1

而

$$\frac{f(z)-f(0)}{z}=\frac{1}{2}\frac{(1+y^2)(1-yi)}{y+i}\to\frac{1}{2i}\quad(当\ y\to 0\ 时)$$

**12** 证明:函数 $f(z)=x^3-y^3i$ 仅在原点有导数.

**证**

$$\begin{aligned}\lim_{z\to 0}\frac{f(z)-f(0)}{z-0}&=\lim_{z\to 0}\frac{x^3-y^3i}{x+iy}\\&=\lim_{z\to 0}\frac{(x+iy)(x^2-ixy-y^2)}{x+iy}\\&=\lim_{z\to 0}x^2-ixy-y^2\\&=\lim_{\substack{x\to 0\\y\to 0}}x^2-i\lim_{\substack{x\to 0\\y\to 0}}xy-\lim_{\substack{x\to 0\\y\to 0}}y^2=0\end{aligned}$$

所以在 $z=0$ 处的导数为 0. 但

$$\begin{aligned}\frac{f(z)-f(z_0)}{z-z_0}&=\frac{x^3-iy^3-x_0^3+iy_0^3}{x+iy-(x_0+iy_0)}\quad(取\ y=y_0)\\&=\frac{x^3-x_0^3}{x-x_0}\\&=x^2+xx_0+x_0^2\to 3x_0^2\quad(x\to x_0)\end{aligned}$$

若取 $x=x_0$,则

$$\frac{f(z)-f(z_0)}{z-z_0}=\frac{-iy^3+iy_0^3}{i(y-y_0)}=-(y^2+yy_0+y_0^2)\to-3y_0^2\quad(y\to y_0)$$

故除非 $x_0=y_0=0$,否则导数不存在.

**13** 设给定函数 $f(z)=|z^2|$,试证明:函数 $f(z)$ 在点 $z=0$ 处可导,但不解析.

**证** $f'(0)=\lim\limits_{z\to 0}\frac{f(z)-f(0)}{z}=\lim\limits_{z\to 0}\frac{|z^2|}{z}=\lim\limits_{z\to 0}\bar{z}=0$,即 $f(z)$ 在点 $z=0$ 处可导.

下面证明函数 $f(z)$ 在点 $z=0$ 处不是解析的,即能够证明:对任意的 $z_0=x_0+iy_0\neq 0$,函数 $f(z)$ 在点 $z_0$ 处不可导.

考虑极限

$$\lim_{z\to z_0}\frac{f(z)-f(z_0)}{z-z_0}$$

(1) 在 $z=x+iy_0$,$x\to x_0$ 时,有

$$\lim_{z\to z_0}\frac{|z|^2-|z_0|^2}{z-z_0}=\lim_{x\to x_0}\frac{x^2+y_0^2-(x_0^2+y_0^2)}{x+iy_0-(x_0+iy_0)}$$

$$=\lim_{x\to x_0}\frac{x^2-x_0^2}{x-x_0}=2x_0$$

(2) 在 $z=x_0+\mathrm{i}y, y\to y_0$ 时,有

$$\lim_{z\to z_0}\frac{|z|^2-|z_0|^2}{z-z_0}=\lim_{y\to y_0}\frac{x_0^2+y^2-(x_0^2+y_0^2)}{x_0+\mathrm{i}y-(x_0+\mathrm{i}y_0)}=-2\mathrm{i}y_0$$

所以 $f(z)$ 在点 $z_0\neq 0$ 处不可导,故在 $z=0$ 处不解析.

**14** 证明:$f(z)$ 于上半平面内解析的充要条件是 $\overline{f(\bar{z})}$ 于下半平面内解析.

**分析** 我们知道,当 $f(z)$ 与 $\overline{f(z)}$ 都于 $D$ 解析时,$f(z)$ 必为常数.故当 $f(z)$ 不是常数时,$f(z)$ 与 $\overline{f(z)}$ 不可能同时于 $D$ 解析.然而本例断言:当 $f(z)$ 解析时,不管 $f(z)$ 是否为常数,$\overline{f(\bar{z})}$ 必解析;反之亦然.

**证** 设 $f(z)=u(x,y)+\mathrm{i}v(x,y)$,则

$$\overline{f(\bar{z})}=u(x,-y)-\mathrm{i}v(x,-y)$$

先证必要性.已知 $f(z)$ 解析,故有(此时 $y>0$)

$$\frac{\partial u(x,y)}{\partial x}=\frac{\partial v(x,y)}{\partial y},\frac{\partial u(x,y)}{\partial y}=-\frac{\partial v(x,y)}{\partial x}$$

因此

$$\frac{\partial u(x,-y)}{\partial x}=\frac{\partial v(x,-y)}{\partial(-y)}=\frac{\partial[-v(x,-y)]}{\partial y} \tag{1}$$

$$\frac{\partial u(x,-y)}{\partial(-y)}=-\frac{\partial v(x,-y)}{\partial x}=\frac{\partial[-v(x,-y)]}{\partial x}$$

或

$$\frac{\partial u(x,-y)}{\partial y}=-\frac{\partial[-v(x,-y)]}{\partial x} \tag{2}$$

式(1)与式(2)表明 $\overline{f(\bar{z})}$ 的实部 $u(x,-y)$ 和虚部 $-v(x,-y)$ 满足C-R条件;又显然 $u(x,-y)$ 与 $-v(x,-y)$ 可微,所以,$f(z)$ 于下半平面内解析(因为此时 $-y<0$).

再证充分性.现已知 $\overline{f(\bar{z})}$ 于下半平面解析,则由已证得的结论,$\overline{\overline{f(z)}}$ 必于上半平面解析,亦即 $f(z)$ 于上半平面解析.证毕.

**15** 设函数 $w=f(z)=R(\cos\theta+\mathrm{i}\sin\theta), z\in G$,是 $G$ 内的解析函数,则有

$$R'_x=R\theta'_y, R'_y=-R\theta'_x \quad (\text{C-R 条件})$$

且满足

$$\frac{1}{w}f'(z)=\frac{R'_x}{R}+\mathrm{i}\theta'_x=\theta'_y-\mathrm{i}\frac{R'_y}{R}$$

**证法一** 令 $w=f(z)=R(\cos\theta+\mathrm{i}\sin\theta)=u+\mathrm{i}v$,则

$$u=R\cos\theta,v=R\sin\theta$$

由于 $f(z)$ 在 $G$ 内解析,故满足 C-R 条件,即

$$\frac{\partial u}{\partial x}=\frac{\partial v}{\partial y},\frac{\partial u}{\partial y}=-\frac{\partial v}{\partial x}$$

即

$$R'_x\cos\theta-R\sin\theta\cdot\theta'_x=R'_y\sin\theta+R\cos\theta\cdot\theta'_y$$
$$R'_y\cos\theta-R\sin\theta\cdot\theta'_y=-R'_x\sin\theta-R\cos\theta\cdot\theta'_x$$

将上面两个等式分别乘以 $\cos\theta,\sin\theta$ 或 $\sin\theta,-\cos\theta$ 后再相加,即得

$$R'_x=R\cdot\theta'_y,R'_y=-R\cdot\theta'_x$$

而

$$\begin{aligned}\frac{1}{w}f'(z)&=\frac{\frac{\partial u}{\partial x}+\mathrm{i}\frac{\partial v}{\partial x}}{R(\cos\theta+\mathrm{i}\sin\theta)}\\&=\frac{(R\cos\theta)'_x+\mathrm{i}(R\sin\theta)'_x}{R(\cos\theta+\mathrm{i}\sin\theta)}\\&=\frac{R'_x\cos\theta-R\sin\theta\cdot\theta'_x+\mathrm{i}(R'_x\sin\theta+R\cos\theta\cdot\theta'_x)}{R(\cos\theta+\mathrm{i}\sin\theta)}\\&=\frac{R'_x}{R}+\mathrm{i}\theta'_x\end{aligned}$$

又由上面的 C-R 条件得到

$$\frac{R'_x}{R}+\mathrm{i}\theta'_x=\frac{R\theta'_y}{R}+\mathrm{i}\left(-\frac{R'_y}{R}\right)=\theta'_y-\mathrm{i}\frac{R'_y}{R}$$

**证法二** 设 $u=R\cos\omega,v=R\sin\omega$.

$R,\omega$ 各变为 $u,v$ 的函数,且 $u,v$ 各为 $x,y$ 的函数,于是

$$\frac{\partial R}{\partial x}=\frac{\partial R}{\partial u}\frac{\partial u}{\partial x}+\frac{\partial R}{\partial v}\frac{\partial v}{\partial x}=\cos\omega\frac{\partial u}{\partial x}+\sin\omega\frac{\partial v}{\partial x}\tag{1}$$

$$\frac{\partial\omega}{\partial x}=\frac{\partial\omega}{\partial u}\frac{\partial u}{\partial x}+\frac{\partial\omega}{\partial v}\frac{\partial v}{\partial x}=-\frac{\sin\omega}{R}\frac{\partial u}{\partial x}+\frac{\cos\omega}{R}\frac{\partial v}{\partial x}\tag{2}$$

$$\frac{\partial R}{\partial y}=\frac{\partial R}{\partial u}\frac{\partial u}{\partial y}+\frac{\partial R}{\partial v}\frac{\partial v}{\partial y}=\cos\omega\frac{\partial u}{\partial y}+\sin\omega\frac{\partial v}{\partial y}$$

$$\frac{\partial\omega}{\partial y}=\frac{\partial\omega}{\partial u}\frac{\partial u}{\partial y}+\frac{\partial\omega}{\partial v}\frac{\partial v}{\partial y}=-\frac{\sin\omega}{R}\frac{\partial u}{\partial y}+\frac{\cos\omega}{R}\frac{\partial v}{\partial y}$$

后两式应用 C-R 方程得

$$\frac{\partial R}{\partial y}=\sin\omega\frac{\partial u}{\partial x}-\cos\omega\frac{\partial v}{\partial x} \tag{3}$$

$$\frac{\partial \omega}{\partial y}=\frac{\cos\omega}{R}\frac{\partial u}{\partial x}+\frac{\sin\omega}{R}\frac{\partial v}{\partial x} \tag{4}$$

由式(1)(4)得

$$\frac{\partial R}{\partial x}=R\frac{\partial \omega}{\partial y}$$

由式(2)(3)得

$$\frac{\partial R}{\partial y}=-R\frac{\partial \omega}{\partial x}$$

再有,若$\frac{1}{R}\times(1)+\mathrm{i}\times(2)$可得

$$\begin{aligned}\frac{1}{R}\frac{\partial R}{\partial x}+\mathrm{i}\frac{\partial \omega}{\partial x}&=\frac{1}{R}(\cos\omega-\mathrm{i}\sin\omega)\frac{\partial u}{\partial x}+\frac{1}{R}(\mathrm{i}\cos\omega+\sin\omega)\frac{\partial v}{\partial x}\\&=\frac{1}{R}(\cos\omega-\mathrm{i}\sin\omega)\left(\frac{\partial u}{\partial x}+\mathrm{i}\frac{\partial v}{\partial x}\right)\\&=\frac{1}{\omega}\frac{\mathrm{d}w}{\mathrm{d}z}\end{aligned}$$

同样地,$(4)-(3)\times\frac{\mathrm{i}}{R}$时可得

$$\frac{1}{w}\frac{\mathrm{d}w}{\mathrm{d}z}=\frac{\partial \omega}{\partial y}-\frac{\mathrm{i}}{R}\frac{\partial R}{\partial y}$$

或

$$\frac{1}{w}\frac{\mathrm{d}w}{\mathrm{d}z}=\frac{\partial}{\partial x}\ln w=\frac{\partial}{\partial(y\mathrm{i})}=\ln w$$

还可作如下简便处理:考虑 $w$ 各关于 $x,y$ 的偏导数.

$$\frac{\mathrm{d}w}{\mathrm{d}z}=\frac{\partial[R(\cos\omega+\mathrm{i}\sin\omega)]}{\partial(x+\mathrm{i}y)}$$

先按实轴方向微分得

$$\begin{aligned}\frac{\mathrm{d}w}{\mathrm{d}z}&=\frac{\partial}{\partial x}[R(\cos\omega+\mathrm{i}\sin\omega)]\\&=\frac{\partial R}{\partial x}(\cos\omega+\mathrm{i}\sin\omega)+R(-\sin\omega+\mathrm{i}\cos\omega)\frac{\partial \omega}{\partial x}\\&=w\left(\frac{1}{R}\frac{\partial R}{\partial x}+\mathrm{i}\frac{\partial \omega}{\partial x}\right)\end{aligned}$$

再按虚轴方向微分得(利用上面结果)

$$\frac{\mathrm{d}w}{\mathrm{d}z}=\frac{1}{\mathrm{i}}w\left(\frac{1}{R}\frac{\partial R}{\partial y}+\mathrm{i}\frac{\partial \omega}{\partial y}\right)=w\left(\frac{\partial \omega}{\partial y}-\frac{\mathrm{i}}{R}\frac{\partial R}{\partial y}\right)$$

**16** 设 $f(z)=u(x,y)+\mathrm{i}v(x,y)$ 定义于区域 $D$. 则 $f(z)$ 于 $D$ 内解析的充分必要条件是:$u(x,y)$,$v(x,y)$ 在 $D$ 内可微,且成立 C-R 条件

$$\frac{\partial u}{\partial x}=\frac{\partial v}{\partial y},\frac{\partial u}{\partial y}=-\frac{\partial v}{\partial x}$$

**证** 先证必要性.

$u,v$ 在 $D$ 内满足 C-R 条件无须再证. 下证 $u,v$ 在 $D$ 内任一点 $(x,y)$ 可微. 记

$$\Delta z=\Delta x+\mathrm{i}\Delta y,\Delta f=\Delta u+\mathrm{i}\Delta v,f'(z)=\alpha+\mathrm{i}\beta$$

因 $f(z)$ 解析,故显然有

$$\begin{aligned}\Delta f&=\Delta u+\mathrm{i}\Delta v\\&=f'(z)\Delta z+\eta\Delta z\\&=(\alpha+\mathrm{i}\beta)(\Delta x+\mathrm{i}\Delta y)+\eta\Delta z\\&=(\alpha\Delta x-\beta\Delta y)+\mathrm{i}(\beta\Delta x+\alpha\Delta y)+\eta\Delta z\end{aligned}$$

其中

$$\lim_{\Delta z\to 0}\eta=0$$

由上式得

$$\Delta u=\alpha\Delta x-\beta\Delta y+\mathrm{Re}(\eta\Delta z)$$
$$\Delta v=\beta\Delta x+\alpha\Delta y+\mathrm{Im}(\eta\Delta z)$$

因为 $\mathrm{Re}(\eta\Delta z)$ 和 $\mathrm{Im}(\eta\Delta z)$ 都是关于 $|\Delta z|=\sqrt{\Delta x^2+\Delta y^2}$ 的高阶无穷小,所以由实二元函数的微分定义即知 $u(x,y)$,$v(x,y)$ 在点 $(x,y)$ 处可微.

再证充分性.

已知 $u,v$ 可微,故有

$$\Delta u=\frac{\partial u}{\partial x}\Delta x+\frac{\partial u}{\partial y}\Delta y+\eta_1,\Delta v=\frac{\partial v}{\partial x}\Delta x+\frac{\partial v}{\partial y}\Delta y+\eta_2$$

其中

$$\frac{\eta_1}{\sqrt{\Delta x^2+\Delta y^2}}\to 0,\frac{\eta_2}{\sqrt{\Delta x^2+\Delta y^2}}\to 0\quad(\text{当}\sqrt{\Delta x^2+\Delta y^2}\to 0\text{ 时})$$

记 $\alpha=\frac{\partial u}{\partial x},\beta=\frac{\partial v}{\partial x}$,因为 C-R 条件成立,所以

$$\begin{aligned}\Delta f&=\Delta u+\mathrm{i}\Delta v\\&=\frac{\partial u}{\partial x}\Delta x+\frac{\partial u}{\partial y}\Delta y+\mathrm{i}\left(\frac{\partial v}{\partial x}\Delta x+\frac{\partial v}{\partial y}\Delta y\right)+\eta_1+\mathrm{i}\eta_2\end{aligned}$$

$$=(\alpha\Delta x-\beta\Delta y)+\mathrm{i}(\beta\Delta x+\alpha\Delta y)+\eta_1+\mathrm{i}\eta_2$$
$$=(\alpha+\mathrm{i}\beta)(\Delta x+\mathrm{i}\Delta y)+\eta_1+\mathrm{i}\eta_2$$

两端同除以 $\Delta z$,得

$$\frac{\Delta f}{\Delta z}=\alpha+\mathrm{i}\beta+\frac{\eta_1+\mathrm{i}\eta_2}{\Delta z}$$

因为 $\left|\dfrac{\eta_1+\mathrm{i}\eta_2}{\Delta z}\right|\leqslant\dfrac{\eta_1}{\sqrt{\Delta x^2+\Delta y^2}}+\dfrac{\eta_2}{\sqrt{\Delta x^2+\Delta y^2}}$,所以有

$$\lim_{\Delta z\to 0}\frac{\eta_1+\mathrm{i}\eta_2}{\Delta z}=0$$

故得

$$\lim_{\Delta z\to 0}\frac{\Delta f}{\Delta z}=\alpha+\mathrm{i}\beta$$

这就证明了 $f$ 在 $D$ 内任一点可导,因而 $f$ 于 $D$ 内解析. 证毕.

C-R 条件反映了解析函数实部与虚部之间的紧密联系. 下面的四个例题对这种联系作了更深一步讨论.

**17** 设 $w=f(z)=R(\cos\omega+\mathrm{i}\sin\omega)$, $z=r(\cos\theta+\mathrm{i}\sin\theta)$,则C-R方程为

$$\frac{\partial R}{\partial r}=\frac{R}{r}\frac{\partial\omega}{\partial\theta},\frac{\partial R}{\partial\theta}=-rR\frac{\partial\omega}{\partial r}$$

**证** 由 $x=r\cos\theta, y=r\sin\theta, R,\omega$ 各为 $x,y$ 的函数, $x,y$ 各为 $r,\theta$ 的函数,有

$$\frac{\partial R}{\partial r}=\frac{\partial R}{\partial x}\frac{\partial x}{\partial r}+\frac{\partial R}{\partial y}\frac{\partial y}{\partial r}=\cos\theta\frac{\partial R}{\partial x}+\sin\theta\frac{\partial R}{\partial y}$$
$$\frac{\partial\omega}{\partial r}=\frac{\partial\omega}{\partial x}\frac{\partial x}{\partial r}+\frac{\partial\omega}{\partial y}\frac{\partial y}{\partial r}=\cos\theta\frac{\partial\omega}{\partial x}+\sin\theta\frac{\partial\omega}{\partial y}$$
$$\frac{\partial R}{\partial\theta}=\frac{\partial R}{\partial x}\frac{\partial x}{\partial\theta}+\frac{\partial R}{\partial y}\frac{\partial y}{\partial\theta}=-r\sin\theta\frac{\partial R}{\partial x}+r\cos\theta\frac{\partial R}{\partial y}$$
$$\frac{\partial\omega}{\partial\theta}=\frac{\partial\omega}{\partial x}\frac{\partial x}{\partial\theta}+\frac{\partial\omega}{\partial y}\frac{\partial y}{\partial\theta}=-r\sin\theta\frac{\partial\omega}{\partial x}+r\cos\theta\frac{\partial\omega}{\partial y}$$

利用第 15 题证法二中的结果得

$$\frac{\partial R}{\partial r}=\cos\theta\frac{\partial R}{\partial x}-R\sin\theta\frac{\partial\omega}{\partial x}\tag{1}$$
$$\frac{\partial\omega}{\partial r}=\frac{\sin\theta}{R}\frac{\partial R}{\partial x}+\cos\theta\frac{\partial\omega}{\partial x}\tag{2}$$
$$\frac{\partial R}{\partial\theta}=-r\sin\theta\frac{\partial R}{\partial x}-rR\cos\theta\frac{\partial\omega}{\partial x}\tag{3}$$

$$\frac{\partial \omega}{\partial \theta}=\frac{r\cos\theta}{R}\frac{\partial R}{\partial x}-r\sin\theta\frac{\partial \omega}{\partial x} \tag{4}$$

因此,从式(1)(4)得

$$\frac{\partial R}{\partial r}=\frac{R}{r}\frac{\partial \omega}{\partial \theta}$$

从式(2)(3)得

$$\frac{\partial R}{\partial \theta}=-rR\frac{\partial \omega}{\partial r}$$

**18** 若 $f(z)=u+\mathrm{i}v(z\in G)$ 是 $G$ 内的解析函数,$z=r(\cos\varphi+\mathrm{i}\sin\varphi)$(对任意的 $z\neq 0$),则有

$$\frac{\partial u}{\partial r}=\frac{1}{r}\frac{\partial v}{\partial \varphi},\frac{\partial v}{\partial r}=-\frac{1}{r}\frac{\partial u}{\partial \varphi} \tag{1}$$

(这是C-R条件的极坐标形式);

$$zf'(z)=\frac{\partial v}{\partial \varphi}-\mathrm{i}\frac{\partial u}{\partial \varphi}=r\left(\frac{\partial u}{\partial r}+\mathrm{i}\frac{\partial v}{\partial r}\right) \tag{2}$$

**证** (1)因为 $f(z)=u(x,y)+\mathrm{i}v(x,y)$ 解析,$z\in G(z\neq 0)$,所以

$$\frac{\partial u}{\partial x}=\frac{\partial v}{\partial y},\frac{\partial u}{\partial y}=-\frac{\partial v}{\partial x}$$

又

$$x=r\cos\varphi,y=r\sin\varphi$$

故

$$\begin{aligned}\frac{\partial u}{\partial r}&=\frac{\partial u}{\partial x}\cos\varphi+\frac{\partial u}{\partial y}\sin\varphi\\&=\frac{\partial v}{\partial y}\cos\varphi-\frac{\partial v}{\partial x}\sin\varphi\\&=\frac{1}{r}\frac{\partial v}{\partial \varphi}\end{aligned}$$

$$\begin{aligned}\frac{\partial v}{\partial r}&=\frac{\partial v}{\partial x}\cos\varphi+\frac{\partial v}{\partial y}\sin\varphi\\&=-\frac{\partial u}{\partial y}\cos\varphi+\frac{\partial u}{\partial x}\sin\varphi\\&=-\frac{1}{r}\frac{\partial u}{\partial \varphi}\end{aligned}$$

(2)将上两式写成下面的形式

$$\frac{\partial u}{\partial r}=\frac{\partial u}{\partial x}\cos\varphi-\frac{\partial v}{\partial x}\sin\varphi$$

$$\frac{\partial v}{\partial r}=\frac{\partial v}{\partial x}\cos\varphi+\frac{\partial u}{\partial x}\sin\varphi$$

由此可得

$$\frac{\partial u}{\partial x}=\frac{\partial u}{\partial r}\cos\varphi+\frac{\partial v}{\partial r}\sin\varphi$$

$$\frac{\partial v}{\partial x}=-\frac{\partial u}{\partial r}\sin\varphi+\frac{\partial v}{\partial r}\cos\varphi$$

所以

$$\begin{aligned}zf'(z)&=z\left(\frac{\partial u}{\partial x}+\mathrm{i}\frac{\partial v}{\partial x}\right)\\&=z\left[\frac{\partial u}{\partial r}(\cos\varphi-\mathrm{i}\sin\varphi)+\mathrm{i}\frac{\partial v}{\partial r}(\cos\varphi-\mathrm{i}\sin\varphi)\right]\\&=r(\cos\varphi+\mathrm{i}\sin\varphi)(\cos\varphi-\mathrm{i}\sin\varphi)\left(\frac{\partial u}{\partial r}+\mathrm{i}\frac{\partial v}{\partial r}\right)\\&=r\left(\frac{\partial u}{\partial r}+\mathrm{i}\frac{\partial v}{\partial r}\right)\\&=\frac{\partial v}{\partial\varphi}-\mathrm{i}\frac{\partial u}{\partial\varphi}\end{aligned}$$

**19** 若 $f(z)=u+\mathrm{i}v$ 在区域 $D$ 内解析且对任何点 $z\in D$ 有：$f'(z)\neq 0$，则

$$u(x,y)=c_1,v(x,y)=c_2$$

是 $D$ 内两族正交曲线（$c_1,c_2$ 为任意常数）.

**证法一** 对 $D$ 内任一点 $z_0=x_0+\mathrm{i}y_0$，两族曲线中必各有一条曲线 $u(x,y)=u(x_0,y_0)$，$v(x,y)=v(x_0,y_0)$ 通过该点（它们于此点相交）. 两曲线在此点的法矢量分别是

$$\left(\frac{\partial u}{\partial x},\frac{\partial u}{\partial y}\right),\left(\frac{\partial v}{\partial x},\frac{\partial v}{\partial y}\right)$$

又因 $f'(z)\neq 0$，故这两个矢量都不是零矢量. 由 C-R 条件可知它们的数量积为

$$\frac{\partial u}{\partial x}\cdot\frac{\partial v}{\partial x}+\frac{\partial u}{\partial y}\cdot\frac{\partial v}{\partial y}\xlongequal{\text{C-R 条件}}\frac{\partial u}{\partial x}\cdot\left(-\frac{\partial u}{\partial y}\right)+\frac{\partial u}{\partial y}\cdot\frac{\partial u}{\partial x}=0$$

这表明两曲线在点 $(x_0,y_0)$ 处正交. 由点 $(x_0,y_0)$ 的任意性便知两曲线族正交. 证毕.

**证法二** 由 $u=C$，知

$$m_1=\frac{\mathrm{d}y}{\mathrm{d}x}=-\frac{u'_x}{u'_y}$$

由 $v=C$,知

$$m_2=\frac{\mathrm{d}y}{\mathrm{d}x}=-\frac{v'_x}{v'_y}$$

所以

$$1+m_1m_2=\frac{u'_xv'_x+u'_yv'_y}{u'_yv'_y}$$

但因 $u'_x=v'_y, v'_x=-u'_y$,所以

$$u'_xv'_x+u'_yv'_y=0$$

即

$$1+m_1m_2=0$$

于是 $u=C$ 与 $v=C$ 在点$(x,y)$处正交.

**20** 若函数 $f(z)$ 在区域 $G$ 内任意一点 $z$ 的导数 $f'(z)=0$,则 $f(z)$ 在 $G$ 内必为常数.

**证法一** 因为对任意一点 $x+\mathrm{i}y=z\in G$,有

$$f'(z)=\frac{\partial u}{\partial x}+\mathrm{i}\frac{\partial v}{\partial x}=\frac{\partial v}{\partial y}-\mathrm{i}\frac{\partial u}{\partial y}=0$$

所以

$$\frac{\partial u}{\partial x}=\frac{\partial u}{\partial y}=\frac{\partial v}{\partial x}=\frac{\partial v}{\partial y}=0$$

下面证明 $u,v$ 均为常数.

设 $z_0=x_0+\mathrm{i}y_0$ 为 $G$ 内一个定点,$z=x+\mathrm{i}y=x_0+\Delta x+\mathrm{i}(y_0+\Delta y)$ 是 $G$ 内任意一点.若这两点能用全部位于 $G$ 内的直线段 $z_0z$ 来联结,则有

$$\begin{aligned}\Delta u&=u(x_0+\Delta x,y_0+\Delta y)-u(x_0,y_0)\\&=u'_x(x_0+\theta\Delta x,y_0+\theta\Delta y)\Delta x+u'_y(x_0+\\&\quad\theta\Delta x,y_0+\theta\Delta y)\Delta y\quad(0<\theta<1)\end{aligned}$$

这是因为:若令

$$x=x_0+t\Delta x, y=y_0+t\Delta y\quad(0\leqslant t\leqslant 1)$$

则有

$$F(t)=u(x_0+t\Delta x,y_0+t\Delta y)$$

$$F'(t)=u'_x(x_0+t\Delta x,y_0+t\Delta y)\Delta x+u'_y(x_0+t\Delta x,y_0+t\Delta y)\Delta y$$

而

$$\frac{\mathrm{d}x}{\mathrm{d}t}=\Delta x,\frac{\mathrm{d}y}{\mathrm{d}t}=\Delta y$$

由微分中值定理,得

$$F(1)-F(0)=F'(\theta)\quad(0<\theta<1)$$

于是

$$\begin{aligned}\Delta u&=F(1)-F(0)\\&=u(x_0+\Delta x,y_0+\Delta y)-u(x_0,y_0)\\&=u'_x(x_0+\theta\Delta x,y_0+\theta\Delta y)\Delta x+\\&\quad u'_y(x_0+\theta\Delta x,y_0+\theta\Delta y)\Delta y\\&=0\quad(0<\theta<1)\end{aligned}$$

即

$$u(x,y)=u(x_0,y_0)$$

亦即

$$u(x,y)=c_1\quad(常数)$$

同理

$$v(x,y)=c_2\quad(常数)$$

若联结两点 $z_0$ 与 $z$ 的直线段不全在 $G$ 内，由区域的连通性知，可用全部在 $G$ 内的折线将点 $z_0$ 与 $z$ 联结. 若 $z_1=x_1+\mathrm{i}y_1$ 是折线上 $z_0$ 后面的一个顶点，则在前面 $\Delta u$ 的表达式中，令

$$x_0+\Delta x=x_1,y_0+\Delta y=y_1$$

立即得出

$$u(x_1,y_1)=u(x_0,y_0)$$

如此逐步推算，由一个顶点至另一个顶点，最后可得

$$u(x,y)=u(x_0,y_0)$$

即

$$u(x,y)=u(x_0,y_0)=c_1\quad(常数)$$

同理

$$v(x,y)=c_2\quad(常数)$$

**证法二** 对于 $G$ 内任意两点 $z_0$ 与 $z$，我们来证明

$$f(z_0)=f(z)$$

由域 $G$ 的连通性知，在 $G$ 内存在由有限个直线段组成的折线联结点 $z$ 与 $z_0$，所以只要证明任一个直线段的两端点的函数值相等即可.

设域 $G$ 内任一直线段 $z'z''$，其长为 $|z'-z''|=l$，且线段上所有的点都是内点.

因为函数 $f(z)$ 在 $G$ 内可导，所以 $f(z)$ 在 $G$ 内连续，故对任意给定的 $\varepsilon>0$，对线段 $z'z''$ 上每一点 $z_0$，都存在 $\delta>0$，当 $z\in N(z_0,\delta)\subset G$ 时，有

$$|f(z)-f(z_0)|<\frac{\varepsilon}{2l}|z-z_0|$$

所有这样的邻域 $N(z_0,\delta)$，覆盖了列紧集线段 $z'z''$.

由 Heine-Borel 覆盖定理知，存在有限个邻域

$$N(z_1,\delta_1),N(z_2,\delta_2),\cdots,N(z_n,\delta_n)$$

它们覆盖了直线段 $z'z''$.

直线段的参数方程为 $z=z'+(z''-z')t(0\leqslant t\leqslant 1)$.

将上面 $n$ 个邻域的中心 $z_k(k=1,2,\cdots,n)$ 按对应的参数 $t$ 值的大小排列起来，设顺序依次为

$$z_1\prec z_2\prec z_3\prec\cdots\prec z_n$$

这里 $z_k\prec z_{k+1}(k=1,2,\cdots,n-1)$ 表示 $z_k$ 在 $z_{k+1}$ 之前，即

$$z_k=z'+(z''-z')t_k,z_{k+1}=z'+(z''-z')t_{k+1}$$

其中

$$0\leqslant t_k<t_{k+1}\leqslant 1$$

于是 $z'\in N(z_1,\delta_1)$，记 $z'$ 为 $z'_1$，$z_1$ 为 $z'_2$；取 $z'_3\in N(z_1,\delta_1)\cap N(z_2,\delta_2)$，记 $z_2$ 为 $z'_4$；取 $z'_5\in N(z_2,\delta_2)\cap N(z_3,\delta_3)$，记 $z_3$ 为 $z'_6$；如此继续，最后取 $z_{2n-1}\in N(z_{n-1},\delta_{n-1})\cap N(z_n,\delta_n)$，记 $z_n$ 为 $z'_{2n}$.

则在所有点 $z'_i(i=1,2,\cdots,2n)$ 中，任意相邻两点都落在上面有限个邻域中的某一个内，故

$$\begin{aligned}&|f(z')-f(z'')|\\ \leqslant&|f(z'_1)-f(z'_2)|+|f(z'_2)-f(z'_3)|+\cdots+|f(z'_{2n-1})-f(z'_{2n})|\\ <&\frac{\varepsilon}{2l}(|z'_1-z'_2|+|z'_2-z'_3|+\cdots+|z'_{2n-1}-z'_{2n}|)\leqslant\varepsilon\end{aligned}$$

由 $\varepsilon$ 的任意性，知

$$f(z')=f(z'')$$

即

$$f(z)=c\quad(z\in G)$$

**21** 设 $f(z)$ 是区域 $G$ 内的解析函数，且 $|f(z)|$ 恒等于一个常数，则 $f(z)(z\in G)$ 为一常数.

**证法一** 设

$$f(z)=u(x,y)+\mathrm{i}v(x,y),x+\mathrm{i}y=z\in G$$

由于 $|f(z)|=c(c$ 为常数)，即有

$$u^2+v^2=c^2$$

于是

$$u\frac{\partial u}{\partial x}+v\frac{\partial v}{\partial x}=0,u\frac{\partial u}{\partial y}+v\frac{\partial v}{\partial y}=0$$

又 $f(z)$ 在域 $G$ 内是解析的,所以

$$\frac{\partial u}{\partial x}=\frac{\partial v}{\partial y},\frac{\partial u}{\partial y}=-\frac{\partial v}{\partial x}$$

故得

$$\begin{cases}u\dfrac{\partial u}{\partial x}+v\dfrac{\partial v}{\partial x}=0\\-u\dfrac{\partial v}{\partial x}+v\dfrac{\partial u}{\partial x}=0\end{cases}$$

它们的系数行列式为

$$\begin{vmatrix}u & v\\ v & -u\end{vmatrix}=-(u^2+v^2)$$

若 $u^2+v^2=0$,则 $f(z)\equiv 0,z\in G$;若 $u^2+v^2\neq 0$,则上述方程组只有零解,即

$$\frac{\partial u}{\partial x}=\frac{\partial v}{\partial x}=0$$

由 C-R 条件,知

$$\frac{\partial v}{\partial y}=\frac{\partial u}{\partial y}=0$$

由前面第 20 题,知

$$f(z)\equiv C\quad(z\in G)$$

**证法二** 设

$$f(z)=R(\cos\theta+\mathrm{i}\sin\theta),z=x+\mathrm{i}y\in G$$

由前面第 15 题,知

$$R'_x=R\theta'_y,R'_y=-R\theta'_x$$

若 $|f(z)|=R\equiv 0,z\in G$,则 $f(z)\equiv 0,z\in G$;

若 $R\neq 0$,由于 $R$ 为常数,所以 $R'_x=0,R'_y=0$.

因此

$$\theta'_y=0,\theta'_x=0$$

故得

$$\theta\equiv c\quad(常数)$$

于是得到

$$f(z)\equiv \mathrm{Re}^{\mathrm{i}c}\quad(为常数且\ z\in G)$$

**22** 证明:若函数 $f(z)$ 在区域 $G$ 内解析,并满足下列条件之一:

(1) $\overline{f(z)}$ 在 $G$ 内解析;

(2) $\mathrm{Re}\, f(z)$ 或 $\mathrm{Im}\, f(z)$ 在 $G$ 内为常数;

(3) $\arg f(z)$ 在 $G$ 内为常数.

则 $f(z)$ 为常数.

**证** (1) 设 $\overline{f(z)}=u-\mathrm{i}v$ 在 $G$ 内解析(而 $f(z)=u+\mathrm{i}v$),则满足 C-R 条件

$$\begin{cases}\dfrac{\partial u}{\partial x}=-\dfrac{\partial v}{\partial y}\\ -\dfrac{\partial v}{\partial x}=-\dfrac{\partial u}{\partial y}\end{cases}\tag{1}$$

但 $f(z)$ 为解析,故

$$\begin{cases}\dfrac{\partial u}{\partial x}=\dfrac{\partial v}{\partial y}\\ \dfrac{\partial v}{\partial x}=-\dfrac{\partial u}{\partial y}\end{cases}\tag{2}$$

由式(1)+(2),得

$$2\frac{\partial u}{\partial x}=0$$

与

$$-2\frac{\partial u}{\partial y}=0$$

所以

$$\frac{\partial u}{\partial x}=0,\frac{\partial u}{\partial y}=0$$

从而知

$$\frac{\partial v}{\partial y}=0,\frac{\partial v}{\partial x}=0$$

于是 $u,v$ 为常数,从而 $f(z)$ 为常数.

(2) $\mathrm{Re}\, f(z)$ 或 $\mathrm{Im}\, f(z)$ 为常数,即 $u$ 或 $v$ 为常数,则

$$f'(z)=\frac{\partial u}{\partial x}+\mathrm{i}\frac{\partial v}{\partial x}=\frac{\partial u}{\partial x}-\mathrm{i}\frac{\partial u}{\partial y}=0$$

或

$$f'(z)=\frac{\partial v}{\partial y}+\mathrm{i}\frac{\partial v}{\partial x}=0$$

故 $f(z)$ 为常数.

(3) $\arg f(z)=\arctan\dfrac{v}{u}=C$（$C$为常数）.

如前对 $x,y$ 求导可得

$$\begin{cases}v\dfrac{\partial u}{\partial x}-u\dfrac{\partial v}{\partial x}=0\\ v\dfrac{\partial u}{\partial y}-u\dfrac{\partial v}{\partial y}=0\end{cases}$$

由此可得 $u,v$ 为常数，故 $f(z)=u+\mathrm{i}v$ 为常数.

**23** 证明：若 $f'(z)$ 在 $|z-z_0|<r$ 内存在且连续，又 $z'_n\to z_0$，$z_n\to z_0(n\to\infty)$，$z'_n\neq z_n$，则

$$\lim_{n\to\infty}\frac{f(z'_n)-f(z_n)}{z'_n-z_n}=f'(z_0)$$

**证**　因为当 $n\to\infty$ 时，$z'_n\to z_0$，$z_n\to z_0$，所以对任意给定的 $\delta(0<\delta<r)$，存在 $N_1$，当 $n>N_1$ 时，有

$$|z'_n-z_0|<\frac{\delta}{2},\ |z_n-z_0|<\frac{\delta}{2},\ |z'_n-z_n|<\delta$$

由于在 $|z-z_0|<r$ 内 $f'(z)$ 存在，故对任意固定的 $z_n(n>N_2)$，有

$$\lim_{z\to z_n}\frac{f(z)-f(z_n)}{z-z_n}=f'(z_n)$$

于是得到

$$\left|\frac{f(z)-f(z_n)}{z-z_n}-f'(z_n)\right|<\frac{\varepsilon}{2},\ |z-z_n|<\delta_1\quad(n>N_2)$$

所以

$$\left|\frac{f(z'_n)-f(z'_n)}{z'_n-z_n}-f'(z_n)\right|<\frac{\varepsilon}{2}$$

$$|z'_n-z_n|<\delta_1\quad(n>N_2\text{ 与 }n>N_1)$$

又 $f'(z)$ 在 $|z-z_0|<r$ 内连续，即有

$$|f'(z)-f'(z_0)|<\frac{\varepsilon}{2},\ |z-z_0|<\delta_2$$

故

$$|f'(z_n)-f'(z_0)|<\frac{\varepsilon}{2},\ |z_n-z_0|<\delta_2\quad(n>N_3)$$

所以

$$\left|\frac{f(z'_n)-f(z_n)}{z'_n-z_n}-f'(z_0)\right|$$

$$\leqslant \left|\frac{f(z'_n)-f(z_n)}{z'_n-z_n}-f'(z_n)\right|+|f'(z_n)-f'(z_0)|$$

$$<\frac{\varepsilon}{2}+\frac{\varepsilon}{2}=\varepsilon$$

这里

$$n>N=\max\{N_1,N_2,N_3\}$$

**24** 若函数 $w=f(z)=u+\mathrm{i}v$ 在点 $z_0$ 具有以下性质：

(1)$u(x,y),v(x,y)$ 可微分；

(2) 极限 $\lim\limits_{\Delta z\to 0}\left|\frac{\Delta w}{\Delta z}\right|$ 存在；

则在点 $z_0$，或者 $f(z)$ 可导，或者 $\overline{f(z)}$ 可导.

**证** 因为 $u,v$ 在点 $z_0$ 可微，所以

$$\Delta u=\frac{\partial u}{\partial x}\Delta x+\frac{\partial u}{\partial y}\Delta y+\eta_1$$

$$\Delta v=\frac{\partial v}{\partial x}\Delta x+\frac{\partial v}{\partial y}\Delta y+\eta_2$$

其中

$$\lim_{\Delta z\to 0}\frac{\eta_1}{|\Delta z|}=\lim_{\Delta z\to 0}\frac{\eta_2}{|\Delta z|}=0$$

(i) 令 $\Delta y=0$，则

$$\mathrm{Re}\,\frac{\Delta w}{\Delta z}=\frac{\Delta u}{\Delta x}=\frac{\partial u}{\partial x}+\frac{\eta_1}{\Delta x}$$

$$\mathrm{Im}\,\frac{\Delta w}{\Delta z}=\frac{\Delta v}{\Delta x}=\frac{\partial v}{\partial x}+\frac{\eta_2}{\Delta x}$$

所以

$$\lim_{\Delta z\to 0}\left|\frac{\Delta w}{\Delta z}\right|=\lim_{\Delta x\to 0}\sqrt{\left(\frac{\partial u}{\partial x}+\frac{\eta_1}{\Delta x}\right)^2+\left(\frac{\partial v}{\partial x}+\frac{\eta_2}{\Delta x}\right)^2}$$

$$=\sqrt{\left(\frac{\partial u}{\partial x}\right)^2+\left(\frac{\partial v}{\partial x}\right)^2}$$

同理，令 $\Delta x=0$，有

$$\lim_{\Delta z\to 0}\left|\frac{\Delta w}{\Delta z}\right|=\sqrt{\left(\frac{\partial u}{\partial y}\right)^2+\left(\frac{\partial v}{\partial y}\right)^2}$$

因 $\lim\limits_{\Delta z\to 0}\left|\frac{\Delta w}{\Delta z}\right|$ 存在，故

$$\left(\frac{\partial u}{\partial x}\right)^2+\left(\frac{\partial v}{\partial x}\right)^2=\left(\frac{\partial u}{\partial y}\right)^2+\left(\frac{\partial v}{\partial y}\right)^2 \tag{1}$$

(ii) 当 $\Delta x=\Delta y$ 时，由于

$$\frac{\Delta w}{\Delta z}=\frac{\Delta u+\mathrm{i}\Delta v}{\Delta x+\mathrm{i}\Delta y}=\frac{\Delta u\Delta x+\Delta v\Delta y}{\Delta x^2+\Delta y^2}+\mathrm{i}\,\frac{-\Delta u\Delta y+\Delta v\Delta x}{\Delta x^2+\Delta y^2}$$

所以

$$\mathrm{Re}\,\frac{\Delta w}{\Delta z}=\frac{1}{2}\left[\left(\frac{\partial u}{\partial x}+\frac{\partial u}{\partial y}\right)+\left(\frac{\partial v}{\partial x}+\frac{\partial v}{\partial y}\right)\right]+\frac{\eta_1+\eta_2}{\Delta x}$$

$$\mathrm{Im}\,\frac{\Delta w}{\Delta z}=\frac{1}{2}\left[-\left(\frac{\partial u}{\partial x}+\frac{\partial u}{\partial y}\right)+\left(\frac{\partial v}{\partial x}+\frac{\partial v}{\partial y}\right)\right]+\frac{\eta_1+\eta_2}{\Delta x}$$

于是得到

$$\begin{aligned}\lim_{\Delta z\to 0}\left|\frac{\Delta w}{\Delta z}\right|&=\lim_{\Delta x\to 0}\left[\left(\mathrm{Re}\,\frac{\Delta w}{\Delta z}\right)^2+\left(\mathrm{Im}\,\frac{\Delta w}{\Delta z}\right)^2\right]^{\frac{1}{2}}\\&=\frac{1}{2}\left\{\left[\left(\frac{\partial u}{\partial x}+\frac{\partial u}{\partial y}\right)+\left(\frac{\partial v}{\partial x}+\frac{\partial v}{\partial y}\right)\right]^2+\left[-\left(\frac{\partial u}{\partial x}+\frac{\partial u}{\partial y}\right)+\left(\frac{\partial v}{\partial x}+\frac{\partial v}{\partial y}\right)\right]^2\right\}^{\frac{1}{2}}\\&=\frac{1}{2}\left\{2\left[\left(\frac{\partial u}{\partial x}+\frac{\partial u}{\partial y}\right)^2+\left(\frac{\partial v}{\partial x}+\frac{\partial v}{\partial y}\right)^2\right]\right\}^{\frac{1}{2}}\\&=\left\{\frac{1}{2}\left[\left(\frac{\partial u}{\partial x}\right)^2+\left(\frac{\partial u}{\partial y}\right)^2+\left(\frac{\partial v}{\partial x}\right)^2+\left(\frac{\partial v}{\partial y}\right)^2\right]+\left(\frac{\partial u}{\partial x}\frac{\partial u}{\partial y}+\frac{\partial v}{\partial x}\frac{\partial v}{\partial y}\right)\right\}^{\frac{1}{2}}\\&=\left[\left(\lim_{\Delta z\to 0}\left|\frac{\Delta w}{\Delta z}\right|\right)^2+\left(\frac{\partial u}{\partial x}\frac{\partial u}{\partial y}+\frac{\partial v}{\partial x}\frac{\partial v}{\partial y}\right)\right]^{\frac{1}{2}}\end{aligned}$$

由此推得

$$\frac{\partial u}{\partial x}\frac{\partial u}{\partial y}+\frac{\partial v}{\partial x}\frac{\partial v}{\partial y}=0 \tag{2}$$

考虑 $f(z)$ 的 C-R 条件

$$\frac{\partial u}{\partial x}=\frac{\partial v}{\partial y} \tag{3}$$

$$\frac{\partial u}{\partial y}=-\frac{\partial v}{\partial x} \tag{4}$$

在等式(3) 与(4) 中，若有一个成立，则另一个也成立. 否则两式相乘便与式(2) 矛盾.

同理，$\overline{f(z)}$ 中 C-R 条件是

$$\frac{\partial u}{\partial x}=-\frac{\partial v}{\partial y} \tag{5}$$

$$\frac{\partial u}{\partial y}=\frac{\partial v}{\partial x} \tag{6}$$

式(5)与(6)其中一个成立,则另一个也成立.

下面证明:式(3)与(5)或式(4)与(6)中必有一个成立.

事实上,若式(3)与(5)皆不成立,则式(4)与(6)也不成立.于是

$$\left(\frac{\partial u}{\partial y}\right)^2 \neq \left(\frac{\partial v}{\partial x}\right)^2$$

由式(2)可推得

$$\left(\frac{\frac{\partial u}{\partial x}}{\frac{\partial v}{\partial x}}\right)^2 = \left(\frac{\frac{\partial v}{\partial y}}{\frac{\partial u}{\partial y}}\right)^2 = k \geqslant 0$$

所以

$$\left(\frac{\partial u}{\partial x}\right)^2 = k\left(\frac{\partial v}{\partial x}\right)^2, \left(\frac{\partial v}{\partial y}\right)^2 = k\left(\frac{\partial u}{\partial y}\right)^2$$

代入式(1)得

$$(1+k)\left(\frac{\partial v}{\partial x}\right)^2 = (1+k)\left(\frac{\partial u}{\partial y}\right)^2$$

故有

$$\left(\frac{\partial v}{\partial x}\right)^2 = \left(\frac{\partial u}{\partial y}\right)^2$$

矛盾.所以或者式(3)与(5)同时成立,或者式(4)与(6)同时成立.由可导的充分条件知:或者 $f(z)$ 可导,或者 $\overline{f(z)}$ 可导.

**25** $w$ 是 $z$ 的解析函数时,证明

$$\frac{\partial x}{\partial u} = \frac{\partial y}{\partial v}, \frac{\partial x}{\partial v} = -\frac{\partial y}{\partial u} \quad (w = u + \mathrm{i}v, z = x + \mathrm{i}y)$$

**证** 由反函数的解析性直接可得,这里我们独立地再给出证明.

设 $u = u(x, y), v = v(x, y)$,则

$$1 = \frac{\partial u}{\partial x}\frac{\partial x}{\partial u} + \frac{\partial u}{\partial y}\frac{\partial y}{\partial u} \tag{1}$$

$$0 = \frac{\partial v}{\partial x}\frac{\partial x}{\partial u} + \frac{\partial v}{\partial y}\frac{\partial y}{\partial u} \tag{2}$$

又

$$0 = \frac{\partial u}{\partial x}\frac{\partial x}{\partial v} + \frac{\partial u}{\partial y}\frac{\partial y}{\partial v} \tag{3}$$

$$1 = \frac{\partial v}{\partial x}\frac{\partial x}{\partial v} + \frac{\partial v}{\partial y}\frac{\partial y}{\partial v} \tag{4}$$

设

$$J=\begin{vmatrix}\dfrac{\partial u}{\partial x} & \dfrac{\partial u}{\partial y}\\[2mm] \dfrac{\partial v}{\partial x} & \dfrac{\partial v}{\partial y}\end{vmatrix}$$

则由式(1)(2) 消去$\dfrac{\partial y}{\partial u}$时,有

$$J\frac{\partial x}{\partial u}=\frac{\partial v}{\partial y} \tag{5}$$

由式(3)(4) 消去$\dfrac{\partial x}{\partial v}$时,有

$$J\frac{\partial y}{\partial v}=\frac{\partial u}{\partial x} \tag{6}$$

同样由式(1)(2) 消去$\dfrac{\partial x}{\partial u}$,式(3)(4) 消去$\dfrac{\partial y}{\partial v}$,得

$$J\frac{\partial y}{\partial u}=-\frac{\partial v}{\partial x} \tag{7}$$

$$J\frac{\partial x}{\partial v}=-\frac{\partial u}{\partial y} \tag{8}$$

但由假设

$$\frac{\partial u}{\partial x}=\frac{\partial v}{\partial y},\frac{\partial u}{\partial y}=-\frac{\partial v}{\partial x} \tag{9}$$

且 $J\neq 0$,故从式(5) 与(6) 及式(7) 与(8) 各得

$$\frac{\partial x}{\partial u}=\frac{\partial y}{\partial v},\frac{\partial x}{\partial v}=-\frac{\partial y}{\partial u} \tag{10}$$

另一方面,由式(9) 得

$$J=\left(\frac{\partial u}{\partial x}\right)^2+\left(\frac{\partial v}{\partial x}\right)^2=\left|\frac{\partial u}{\partial x}+\mathrm{i}\,\frac{\partial v}{\partial x}\right|^2=\left|\frac{\mathrm{d}w}{\mathrm{d}z}\right|^2$$

故由 $J\neq 0$,得$\dfrac{\mathrm{d}w}{\mathrm{d}z}\neq 0$,在这个条件下式(10) 成立.

**26** 点 $z$ 的移动方向与 $x$ 轴所成角的正切设为 $m$,则与此对应的点 $w$ 的移动方向与 $u$ 轴所成角的正切将等于

$$\frac{\dfrac{\partial v}{\partial x}+\dfrac{\partial v}{\partial y}m}{\dfrac{\partial u}{\partial x}+\dfrac{\partial u}{\partial y}m}$$

试由此推出与 $z$ 平面上两曲线的交角相对应的 $w$ 平面上的映射的

交角之间,作为它们同向并相等的条件的 C-R 方程.

**解** 设 $z$ 的轨迹方程为 $f(x,y)=0$,而 $m=\frac{\mathrm{d}y}{\mathrm{d}x}$,并设 $z$ 平面上与 $f(x,y)=0$ 相交于点 $(x_0,y_0)$ 的另一曲线方程为 $g(x,y)=0$,而其切线与 $x$ 轴交角的正切设为 $m'$(如图 2(a) 所示);再设在映射下,$w$ 平面上的对应曲线交于点 $(u_0,v_0)$(如图 2(b) 所示),在该处曲线的切线与 $u$ 轴所成交角之正切设为 $n$ 与 $n'$,则

$$n=\frac{\mathrm{d}v}{\mathrm{d}u}=\frac{\frac{\mathrm{d}v}{\mathrm{d}x}}{\frac{\mathrm{d}u}{\mathrm{d}x}}=\frac{\frac{\partial v}{\partial x}+\frac{\partial v}{\partial y}\frac{\mathrm{d}y}{\mathrm{d}x}}{\frac{\partial u}{\partial x}+\frac{\partial u}{\partial y}\frac{\mathrm{d}y}{\mathrm{d}x}}=\frac{r+sm}{p+qm}$$

这里 $p=\frac{\partial u}{\partial x},q=\frac{\partial u}{\partial y},\frac{\partial v}{\partial x}=r,\frac{\partial v}{\partial y}=s$,且 $n'=\frac{r+sm'}{p+qm'}$.

交点处两曲线交角的正切是

$$\frac{m'-m}{1+mm'} \tag{1}$$

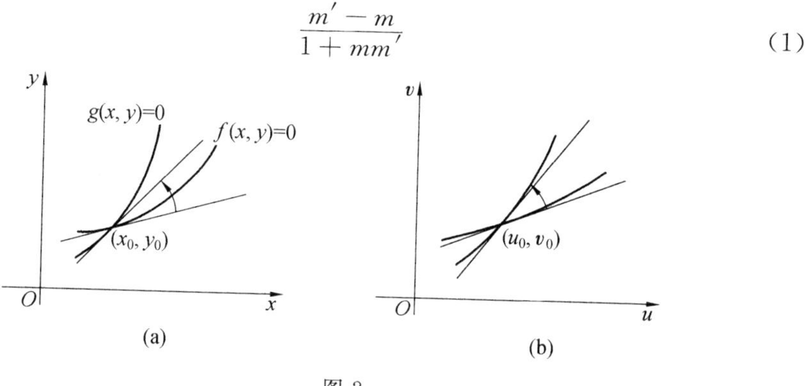


图 2

$w$ 平面上对应曲线的交角的正切是

$$\frac{\frac{r+sm'}{p+qm'}-\frac{r+sm}{p+qm}}{1+\frac{r+sm}{p+qm}\frac{r+sm'}{p+qm'}}=\frac{(ps-qr)(m'-m)}{(p^2+q^2)+(pq+rs)(m+m')+(q^2+s^2)mm'} \tag{2}$$

于是不论 $m,m'$ 如何,式(1)(2) 相等的充要条件是

$$\begin{cases}p^2+r^2=q^2+s^2=ps-qr\neq 0\\ pq+rs=0\end{cases} \tag{3}$$

于是得

$$p^2+r^2+q^2+s^2=2(ps-qr)$$

所以

$$(p-s)^2+(q+r)^2=0$$

但 $p,q,r,s$ 均为实数，于是得 $p=s,q=-r$. 这就是 C-R 方程.

又 $p^2+r^2\neq 0$ 可改为

$$p^2+r^2=|p+\mathrm{i}q|^2=\left|\frac{\partial u}{\partial x}+\mathrm{i}\frac{\partial v}{\partial x}\right|^2=\left|\frac{\partial w}{\partial x}\right|^2$$

所以 $\frac{\partial w}{\partial x}\neq 0$.

因此等角性成立的充要条件是

$$\frac{\partial u}{\partial x}=\frac{\partial v}{\partial y},\frac{\partial u}{\partial y}=-\frac{\partial v}{\partial x},\frac{\partial w}{\partial x}\neq 0$$

**27** 点 $z$ 与点 $w$ 取在同一平面上时，则两者运动方向所成角的正切为

$$\frac{\frac{\partial v}{\partial x}+\left(\frac{\partial v}{\partial y}-\frac{\partial u}{\partial x}\right)\frac{\mathrm{d}y}{\mathrm{d}x}-\frac{\partial u}{\partial y}\left(\frac{\mathrm{d}y}{\mathrm{d}x}\right)^2}{\frac{\partial u}{\partial x}+\left(\frac{\partial u}{\partial y}+\frac{\partial v}{\partial x}\right)\frac{\mathrm{d}y}{\mathrm{d}x}+\frac{\partial v}{\partial y}\left(\frac{\mathrm{d}y}{\mathrm{d}x}\right)^2}$$

因此 $z$ 与 $w$ 的运动轨迹若有等角关系，试推求其作为条件的 C-R 方程.

**解** 如图 3 所示，点 $z$ 与 $w$ 在同一平面上相互运动时，各方向与实轴所成角之正切，依前题知各为 $m$ 及 $\frac{r+sm}{p+qm}$，这里 $m=\frac{\mathrm{d}y}{\mathrm{d}x},p=\frac{\partial u}{\partial x},q=\frac{\partial u}{\partial y},r=\frac{\partial v}{\partial x},s=\frac{\partial v}{\partial y}$. 因此两者运动方向所成角的正切是

$$\frac{\frac{r+sm}{p+qm}-m}{1+m\frac{r+sm}{p+qm}}=\frac{r+(s-p)m-qm^2}{p+(q+r)m+sm^2}\tag{1}$$

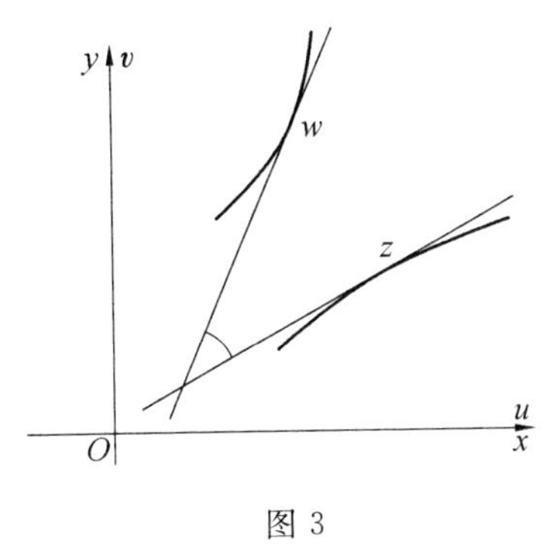


图 3

为使 $z$ 及 $w$ 所画的图形具有等角关系，则不管 $m$ 如何，上式必有固定的值(包括 0 及 $\infty$)，故必有

$$\frac{r}{p}=\frac{s-p}{q+r}=\frac{-q}{s}$$

且反之亦然.

将此式变形得

$$\frac{s-p}{q+r}=\frac{q+r}{p-s}$$

所以

$$(p-s)^2+(q+r)^2=0$$

于是得

$$p=s,q=-r \tag{2}$$

此即C-R方程.

但此式成立时,式(1)中虽取与$m$无关的值$\frac{r}{p}$,为使恒能确定这个值,$p,r$中至少应有一个不为0.换言之,即$p^2+r^2\neq 0$,故需附加条件

$$\frac{\partial w}{\partial x}\neq 0 \tag{3}$$

反之,式(2)(3)成立时,显然式(1)必具有与$m$无关的固定值,故式(2)(3)为所求的条件.

**28** 证明:$\frac{\partial u}{\partial x}=-\frac{\partial v}{\partial y},\frac{\partial u}{\partial y}=\frac{\partial v}{\partial x}$成立时,在映射下,$z$平面与$w$平面上对应曲线的交角大小相等但反向.

**证** 可设$p=-s,q=r$,故限制$p=r=0$不成立时有

$$-\frac{m'-m}{1+mm'}$$

这正是于$z$平面上的点$(x_0,y_0)$处.改变了两曲线交角的正切符号,于是所证成立.

或根据前面第27题,$p=-s,q=r$代替式(1),得

$$\frac{m+\frac{r+sm}{p+qm}}{1-m\frac{r+sm}{p+qm}}=\frac{r+(s+p)m+qm^2}{p+(q-r)m-sm^2}$$

上式不能有$p=r=0$成立的条件下,不管$m$如何,恒有一定值$\frac{r}{p}$,这表示两曲线与实轴所成角的和不变,亦得所证.

**29** 于平面上$z=x+\mathrm{i}y$关于一直线或一圆的镜像点为$w=a+\mathrm{i}v$,证明:这个$w$与$z$满足前面第28题的微分方程.

**证** 如图4所示,设有直线$g$,$z$关于其镜像点为$w$,由原点向$g$作垂线,

垂足为 $p$，并过原点作 $g_0 /\!/ g$，则由于 $z$ 与 $w$ 关于 $g$ 对称，故 $z-p$ 与 $w-p$ 应关于 $g_0$ 对称，又设 $g_0$ 与实轴成角 $\alpha$，令 $a=\cos\alpha+\mathrm{i}\sin\alpha$，则 $\frac{z-p}{a}$ 与 $\frac{w-p}{a}$ 必关于实轴对称，于是有

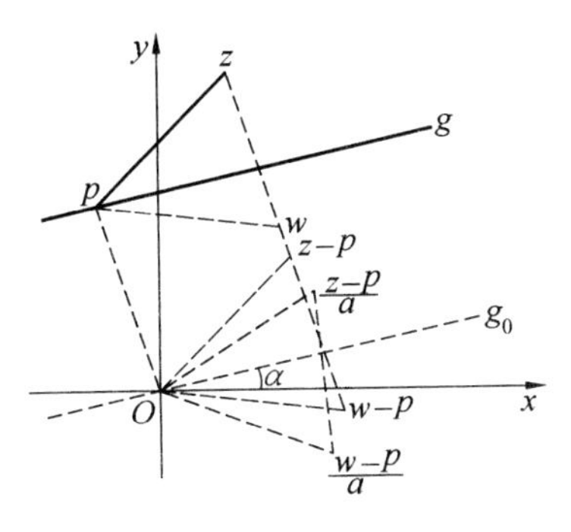


图 4

$$\frac{w-p}{a}=\overline{\left(\frac{z-p}{a}\right)}$$

设 $p=m+n\mathrm{i}$，则上式可变为

$$\frac{(u-m)+(v-n)\mathrm{i}}{\cos\alpha+\mathrm{i}\sin\alpha}=\frac{(x-m)-(y-n)\mathrm{i}}{\cos\alpha-\mathrm{i}\sin\alpha}$$

分开实、虚部，得

$$u-m=(x-m)\cos 2\alpha+(y-n)\sin 2\alpha$$

$$v-n=(x-m)\sin 2\alpha-(y-n)\cos 2\alpha$$

首先，各对 $x,y$ 求偏导数，得

$$\frac{\partial u}{\partial x}=\cos 2\alpha,\frac{\partial u}{\partial y}=\sin 2\alpha$$

$$\frac{\partial v}{\partial x}=\sin 2\alpha,\frac{\partial v}{\partial y}=-\cos 2\alpha$$

所以有

$$\frac{\partial u}{\partial x}=-\frac{\partial v}{\partial y},\frac{\partial u}{\partial y}=\frac{\partial v}{\partial x}$$

其次，如图 5 所示，设 $z$ 关于以 $c$ 为圆心、$r$ 为半径的圆的镜像点为 $w$，则以原点为圆心作与之相等的圆，而点 $z-c$ 与点 $w-c$ 便是关于此圆的一对镜像点，因而有

$$w-c=\frac{r^2}{\overline{z-c}}$$

令 $c=a+b\mathrm{i}$，则上式可写为

$$(u-a)+(v-b)\mathrm{i}=\frac{r^2}{(x-a)-(y-b)\mathrm{i}}$$
$$=\frac{r^2[(x-a)+(y-b)\mathrm{i}]}{(x-a)^2+(y-b)^2}$$

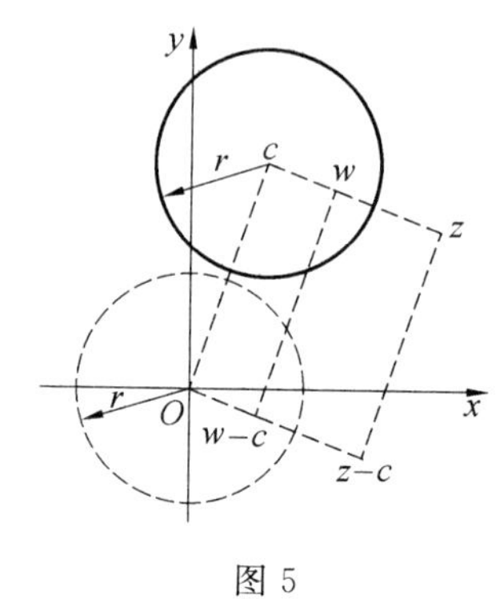


图 5

分开实、虚部,得

$$u-a=\frac{r^2(x-a)}{(x-a)^2+(y-b)^2}$$
$$v-b=\frac{r^2(y-b)}{(x-a)^2+(y-b)^2}$$

故

$$\frac{\partial u}{\partial x}=-\frac{r^2[(x-a)^2-(y-b)^2]}{[(x-a)^2+(y-b)^2]^2}=-\frac{\partial v}{\partial y}$$
$$\frac{\partial u}{\partial y}=-\frac{2r^2(x-a)(y-b)}{[(x-a)^2+(y-b)^2]^2}=\frac{\partial v}{\partial x}$$

**注** 一般地,$w=f(\bar{z})$ 是 $\bar{z}=x'+y'\mathrm{i}$ 的解析函数时,有

$$\frac{\partial u}{\partial x'}=\frac{\partial v}{\partial y'},\frac{\partial u}{\partial y'}=-\frac{\partial v}{\partial x'}$$

但 $x'=x,y'=-y$,故应有

$$\frac{\partial u}{\partial x}=-\frac{\partial v}{\partial y},\frac{\partial u}{\partial y}=\frac{\partial v}{\partial x}$$

应用这个关系,上述的解不需要分离实、虚部处理,可把

$$\frac{w-p}{a}=\overline{\left(\frac{z-p}{a}\right)}$$

及

$$w-c=\frac{r^2}{\overline{z-c}}$$

改为

$$w=\frac{a}{\bar{a}}(\bar{z}-\bar{p})+p$$

与

$$w=\frac{r^2}{\bar{z}-\bar{c}}+c$$

由此知 $w$ 也是 $\bar{z}$ 的解析函数，这样实、虚部自应满足上述微分方程.

**30** $u$ 及 $v$ 各为具实系数的 $x$ 及 $y$ 的有理函数时，$u+\mathrm{i}v$ 要是 $x+\mathrm{i}y$ 的有理函数，其充要条件是

$$\frac{\partial u}{\partial x}=\frac{\partial v}{\partial y},\frac{\partial u}{\partial y}=-\frac{\partial v}{\partial x}$$

又在这种情况下，考察实际上 $u+\mathrm{i}v$ 作为 $x+\mathrm{i}y$ 的有理函数的表示方法.

**证** $w=u+\mathrm{i}v$ 是 $z=x+\mathrm{i}y$ 的有理函数时，若去掉分母为 0 的若干个点之外，$w$ 到处解析，于是满足 C-R 方程

$$\frac{\partial u}{\partial x}=\frac{\partial v}{\partial y},\frac{\partial u}{\partial y}=-\frac{\partial v}{\partial x} \tag{1}$$

但若要直接求出它，$w=u+\mathrm{i}v$ 对 $x,y$ 取偏微分

$$\frac{\mathrm{d}w}{\mathrm{d}z}\frac{\partial z}{\partial x}=\frac{\partial u}{\partial x}+\mathrm{i}\frac{\partial v}{\partial x},\frac{\mathrm{d}w}{\mathrm{d}z}\frac{\partial z}{\partial y}=\frac{\partial u}{\partial y}+\mathrm{i}\frac{\partial v}{\partial y}$$

由于$\frac{\partial z}{\partial x}=1,\frac{\partial z}{\partial y}=\mathrm{i}$，所以

$$\frac{\mathrm{d}w}{\mathrm{d}z}=\frac{\partial u}{\partial x}+\mathrm{i}\frac{\partial v}{\partial x},\mathrm{i}\frac{\mathrm{d}w}{\mathrm{d}z}=\frac{\partial u}{\partial y}+\mathrm{i}\frac{\partial v}{\partial y}$$

消去$\frac{\mathrm{d}w}{\mathrm{d}z}$，得

$$-\frac{\partial v}{\partial x}+\mathrm{i}\frac{\partial u}{\partial x}=\frac{\partial u}{\partial y}+\mathrm{i}\frac{\partial v}{\partial y}$$

分开实、虚部可直接得到式(1).

反之，若 $u,v$ 各是 $x,y$ 的有理函数，且关系(1) 成立，则设 $u+\mathrm{i}v=F(x,y)$(表示 $x$ 与 $y$ 的有理函数). 由此式与 $z=x+\mathrm{i}y$ 消去 $y$ 时，有

$$F(x,y)=F\{x,\mathrm{i}(x-z)\}=\Phi(x,z),y=\mathrm{i}(x-z)$$

对 $x$ 求偏微分时，得

$$\frac{\partial \Phi}{\partial x}=\frac{\partial F}{\partial x}+\frac{\partial F}{\partial y}\frac{\partial y}{\partial x}$$

$$=\left(\frac{\partial u}{\partial x}+\mathrm{i}\frac{\partial v}{\partial x}\right)+\left(\frac{\partial u}{\partial y}+\mathrm{i}\frac{\partial v}{\partial y}\right)\mathrm{i}$$

$$=\left(\frac{\partial u}{\partial x}-\frac{\partial v}{\partial y}\right)+\mathrm{i}\left(\frac{\partial u}{\partial y}+\frac{\partial v}{\partial x}\right)$$

由于式(1),故常有$\frac{\partial \Phi}{\partial x}=0$.

所以实际上$\Phi$不含$x$,因而与之相等的$w=u+\mathrm{i}v$只是$z$的有理函数.

**31** 把下列函数表示成只是$z$的函数:

(1)$x^2-y^2+2xy\mathrm{i}$;

(2)$\frac{2(x^2+y^2)-(x+y\mathrm{i})}{4(x^2+y^2)-4x+1}$;

(3)$x(x^2-3y^2)-y(3x^2-y^2)\mathrm{i}$.

**解** 按前题所述的方法,若实、虚部都为$x,y$的有理函数,又满足C-R条件时,可令$y=0,x=z$而直接得出.

(1) 令$y=0$,再把$x$改为$z$即得.或直接计算

$$x^2-y^2+2xy\mathrm{i}=(x+\mathrm{i}y)^2=z^2$$

(2) 令$y=0,x=z$,得

$$\frac{2z^2-z}{4z^2-4z+1}=\frac{z(2z-1)}{(2z-1)^2}=\frac{z}{2z-1}$$

(3) 原式$=x^3-3\mathrm{i}x^2y-3xy^2+\mathrm{i}y^3=(x-y\mathrm{i})^3=\bar{z}^3$.

对此函数实、虚部满足$\frac{\partial u}{\partial x}=-\frac{\partial v}{\partial y},\frac{\partial u}{\partial y}=\frac{\partial v}{\partial x}$,此时其函数可表为关于$\bar{z}$的函数.

**32** 设$f(z)$为解析函数,试证

$$\Delta|f(z)|^2=\left(\frac{\partial^2}{\partial x^2}+\frac{\partial^2}{\partial y^2}\right)|f(z)|^2=4|f'(z)|^2$$

**证** 设$f(z)=u+\mathrm{i}v$,则

$$|f(z)|^2=u^2+v^2$$

由此

$$\frac{\partial}{\partial x}|f(z)|^2=2u\frac{\partial u}{\partial x}+2v\frac{\partial v}{\partial x}$$

$$\frac{\partial^2}{\partial x^2}|f(z)|^2=2u\frac{\partial^2 u}{\partial x^2}+2\left(\frac{\partial u}{\partial x}\right)^2+2v\frac{\partial^2 v}{\partial x^2}+2\left(\frac{\partial v}{\partial x}\right)^2\tag{1}$$

同样地

$$\frac{\partial^2}{\partial y^2}|f(z)|^2=2u\frac{\partial^2 u}{\partial y^2}+2\left(\frac{\partial u}{\partial y}\right)^2+2v\frac{\partial^2 v}{\partial y^2}+2\left(\frac{\partial v}{\partial y}\right)^2 \tag{2}$$

由于 $f(z)$ 为解析函数,故

$$\Delta u=0,\Delta v=0$$

$$\frac{\partial u}{\partial x}=\frac{\partial v}{\partial y},\frac{\partial u}{\partial y}=-\frac{\partial v}{\partial x}$$

从而由式(1)+(2),得

$$\begin{aligned}\left(\frac{\partial^2}{\partial x^2}+\frac{\partial^2}{\partial y^2}\right)|f(z)|^2&=4\left(\frac{\partial u}{\partial x}\right)^2+4\left(\frac{\partial v}{\partial x}\right)^2\\&=4\left|\frac{\partial u}{\partial x}+\mathrm{i}\frac{\partial v}{\partial x}\right|^2\\&=4|f'(z)|^2\end{aligned}$$

**33** 设 $f(z)$ 于区域 $G$ 内解析,$G^*$ 是关于实轴与 $G$ 对称的区域,则 $G(z)=\overline{f(\bar{z})}$ 于 $G^*$ 内解析.

**证** 任取 $z\in G$,则 $\bar{z}\in G^*$. 故

$$\lim_{\Delta z\to 0}\frac{\overline{f(\overline{z+\Delta z})}-\overline{f(\bar{z})}}{\Delta z}=\lim_{\Delta z\to 0}\overline{\left(\frac{f(\bar{z}+\overline{\Delta z})-f(\bar{z})}{\overline{\Delta z}}\right)}=\overline{f'(\bar{z})}$$

从而 $\overline{f(\bar{z})}$ 在点 $z$ 可导.

**34** (L'Hospital 法则) 设 $f(z_0)=\phi(z_0)=0$, $f'(z_0)$ 与 $\phi'(z_0)$ 存在,且 $\phi'(z_0)\neq 0$,则 $\lim\limits_{z\to z_0}\dfrac{f(z)}{\phi(z)}=\dfrac{f'(z_0)}{\phi'(z_0)}$.

**证**

$$\begin{aligned}\lim_{z\to z_0}\frac{f(z)}{\phi(z)}&=\lim_{z\to z_0}\frac{f(z)-f(z_0)}{\phi(z)-\phi(z_0)}\\&=\lim_{z\to z_0}\frac{\dfrac{f(z)-f(z_0)}{z-z_0}}{\dfrac{\phi(z)-\phi(z_0)}{z-z_0}}\\&=\frac{f'(z_0)}{\phi'(z_0)}\end{aligned}$$

**35** 设 $f(z)=u(x,y)+\mathrm{i}v(x,y)$ 为解析,则 $u,v$ 关于 $x,y$ 的 Jacobi 行列式为 $\dfrac{\partial(u,v)}{\partial(x,y)}=|f'(z)|^2$.

**证** 因

$$
\begin{aligned}
|f'(z)|^2 &= \left(\frac{\partial u}{\partial x}\right)^2 + \left(\frac{\partial v}{\partial x}\right)^2 \\
&= \left(\frac{\partial v}{\partial y}\right)^2 + \left(-\frac{\partial u}{\partial y}\right)^2 \\
&= \frac{\partial u}{\partial x}\frac{\partial v}{\partial y} - \frac{\partial u}{\partial y}\frac{\partial v}{\partial x}
\end{aligned}
$$

**36** 解微分方程 $\frac{\mathrm{d}y}{\mathrm{d}x}=\frac{\mathrm{Re}(z^n)}{\mathrm{Im}(z^n)}$. 这里 $z=x+\mathrm{i}y$, $n$ 为正整数.

**解法一** 取极坐标,则所给微分方程变为

$$\frac{\mathrm{d}r}{\mathrm{d}\theta}=r\tan(n+1)\theta$$

于是解可以写为

$$r^{n+1}\cos(n+1)\theta=\mathrm{Re}(z^{n+1})=C \quad (常数)$$

**解法二** 因 $x=\frac{z+\bar{z}}{2}$, $y=\frac{z-\bar{z}}{2}$,则所给微分方程可变为

$$z^n\mathrm{d}z+\overline{z^n\mathrm{d}z}=0$$

因此通解为 $\mathrm{Re}(z^{n+1})=C$(常数).

**解法三** 注意 $\mathrm{Im}(z^n)=-\mathrm{Re}(\mathrm{i}z^n)$,故所给微分方程可写为

$$\mathrm{Re}(z^n)+\mathrm{Re}\left[\mathrm{i}z^n\frac{\mathrm{d}y}{\mathrm{d}x}\right]=0$$

或

$$\mathrm{Re}\left(z^n\left(1+\mathrm{i}\frac{\mathrm{d}y}{\mathrm{d}x}\right)\right)=0$$

因此解为 $\mathrm{Re}[z^{n+1}]=C$(常数).

**注** 解的变形是

$$x\mathrm{Re}(z^n)-y\mathrm{Im}(z^n)=C_n \quad (常数)$$

与

$$\sum_{k=0}^{\frac{n+1}{2}}(-1)^k\binom{n+1}{2k}x^{n-2k+1}y^{2k}=C$$

另外还可把问题推广为:解方程

$$\frac{\mathrm{d}y}{\mathrm{d}x}=\frac{\mathrm{Re}[f(z)(a-\mathrm{i}b)]}{\mathrm{Im}[f(z)(a-\mathrm{i}b)]}$$

则

$$y=a\mathrm{Re}\int f(z)\mathrm{d}z+b\mathrm{Im}\int f(z)\mathrm{d}z$$

**37** 求解析函数 $f(z)=u+\mathrm{i}v$，已知其实部 $u=g(x)+h(y)$，这里 $g(x)$ 与 $h(y)$ 是 $x$ 与 $y$ 的连续函数，且有一、二阶连续的导数.

再对 $u=g(x)\cdot h(y)$ 解同样问题.

**解** 由 C-R 方程，知

$$g'(x)=v_y,\ -h'(y)=v_x \tag{1}$$

又由对 $g$ 与 $h$ 的假设，有

$$g''(x)+h''(y)=0 \tag{2}$$

由此我们得对某个常数 $2A$，有

$$g''(x)=2A,h''(y)=-2A \tag{3}$$

$$g(x)=Ax^2+Bx+C,h(y)=-Ay^2+Dy+E \tag{4}$$

其中 $A,B,C,D,E$ 为任意实常数.

由式(1) 我们确定出

$$v(x,y)=2Axy-Dx+By+F\quad (F\text{ 为实常数}) \tag{5}$$

与

$$u(x,y)=g(x)+h(y)$$

我们最后得

$$\begin{aligned}f(z)&=A(x^2+2\mathrm{i}xy-y^2)+(B-\mathrm{i}D)(x+\mathrm{i}y)+F+\mathrm{i}(C+E)\\&=Az^2+\alpha z+\beta\end{aligned}$$

其中 $\alpha,\beta$ 为任意复常数，这就是所求的解.

对 $u=g(x)h(y)$ 用同样方法，得

$$h(y)\cdot g'(x)=v_y,\ -g(x)h'(y)=v_x \tag{6}$$

$$h(y)g''(x)+h''(y)g(x)=0 \tag{7}$$

$$g''(x)-A^2g(x)=0,h''(y)+A^2h(y)=0 \tag{8}$$

$A^2$ 为实常数，根据 $A^2>0,A^2<0,A^2=0$ 有三种情形：

① 假定 $A^2>0$，因此 $A$ 能为正，我们有

$$g(x)=Be^{Ax}+Ce^{-Ax},h(y)=Ee^{\mathrm{i}Ay}+Fe^{-\mathrm{i}Ay} \tag{9}$$

这里 $A,B$ 是实的，而 $E$ 和 $F$ 是共轭复数，今直接对式(6) 积分得

$$v(x,y)=-\mathrm{i}(Be^{Ax}-Ce^{-Ax})(Ee^{\mathrm{i}Ay}-Fe^{-\mathrm{i}Ay}) \tag{10}$$

又由 $u=g(x)h(y)$，我们得

$$f(z)=u+\mathrm{i}v=2BEe^{Az}+2CFe^{-Az}$$

对 $B,C,E,F$ 的条件蕴涵 $BE$ 与 $CF$ 有实的积,因此解可写为

$$f(z)=\alpha e^{Az}+k\bar{\alpha}e^{-Az} \tag{11}$$

这里 $A$ 与 $k$ 是实的常数,$\alpha$ 是复的常数.

② 在 $A^2<0$ 的情形,$A$ 为一纯虚数,此时仅需改变上面论证中出现的式(9).此处必须取 $E$ 与 $F$ 为实的,而 $B$ 与 $C$ 为共轭复数,解的结果仍形如式(11),但 $A$ 为纯虚数.

③ 对 $A^2=0$,则 $A=0,g''(x)=0,h''(y)=0$.得

$$g(x)=ax+b,h(y)=cy+d$$

这里 $a,b,c,d$ 为实常数.由通常的论证可得

$$f(z)=-\frac{1}{2}ac\mathrm{i}z^2+(ad-bc\mathrm{i})z+(bd+k\mathrm{i})$$

$$=D\mathrm{i}z^2+(B+C\mathrm{i})z+\left(\frac{BC}{2D}+k\mathrm{i}\right)$$

这里 $D(\neq 0),B,C,k$ 为实数.

**38** 证明:$f(z)$ 若有二阶连续偏导数,则

$$\frac{\partial^2 f}{\partial x^2}+\frac{\partial^2 f}{\partial y^2}=4\frac{\partial^2 f}{\partial z\partial \bar{z}}$$

从而知一个调和函数必满足形如微分方程 $\frac{\partial^2 u}{\partial z\partial \bar{z}}=0$ 的形式.

**证** 令 $z=x+\mathrm{i}y$,则

$$\bar{z}=x-\mathrm{i}y$$

于是

$$x=\frac{1}{2}(z+\bar{z}),y=-\frac{\mathrm{i}}{2}(z-\bar{z})$$

从而

$$\frac{\partial f}{\partial z}=\frac{1}{2}\left(\frac{\partial f}{\partial x}-\mathrm{i}\frac{\partial f}{\partial y}\right),\frac{\partial f}{\partial \bar{z}}=\frac{1}{2}\left(\frac{\partial f}{\partial x}+\mathrm{i}\frac{\partial f}{\partial y}\right)$$

所以

$$\frac{\partial^2 f}{\partial z\partial \bar{z}}=\frac{1}{4}\left[\frac{\partial}{\partial x}\left(\frac{\partial f}{\partial x}+\mathrm{i}\frac{\partial f}{\partial y}\right)-\mathrm{i}\frac{\partial}{\partial y}\left(\frac{\partial f}{\partial x}+\mathrm{i}\frac{\partial f}{\partial y}\right)\right]$$

$$=\frac{1}{4}\left(\frac{\partial^2 f}{\partial x^2}+\frac{\partial^2 f}{\partial y^2}\right)$$

**39** 证明:$f(z)$ 与 $\overline{f(z)}$ 必同时为解析函数或否.

**证** 设 $f(z)=u(x,y)+\mathrm{i}v(x,y)$，并设 $f(z)$ 于 $z_0$ 为解析，则于 $z_0$ 近傍有

$$\frac{\partial u(x,y)}{\partial x}=\frac{\partial v(x,y)}{\partial y},\frac{\partial u(x,y)}{\partial y}=-\frac{\partial v(x,y)}{\partial x}$$

故

$$\frac{\partial u(x,-y)}{\partial x}=-\frac{\partial v(x,-y)}{\partial(-y)}$$

$$\frac{\partial u(x,-y)}{\partial(-y)}=\frac{\partial v(x,-y)}{\partial x}$$

此表示 $\overline{f(\bar{z})}=u(x,-y)-\mathrm{i}v(x,-y)$ 于 $\bar{z}_0$ 近傍满足 C-R 方程，故 $\overline{f(\bar{z})}$ 为解析.

**40** 证明：$f(z)=\sqrt{\mathrm{Re}\,z\cdot\mathrm{Im}\,z}$ 在 $z=0$ 处虽满足 C-R 方程但不可导.

**证** 因 $u(x,y)=\sqrt{xy}$，$v(x,y)=0$，且

$$\left.\frac{\partial u}{\partial x}\right|_{z=0}=\lim_{\Delta x\to 0}\frac{u(\Delta x,0)-u(0,0)}{\Delta x}=\lim_{\Delta x\to 0}\frac{0}{\Delta x}=0$$

$$\left.\frac{\partial u}{\partial y}\right|_{z=0}=\lim_{\Delta y\to 0}\frac{u(0,\Delta y)-u(0,0)}{\Delta y}=\lim_{\Delta y\to 0}\frac{0}{\Delta y}=0$$

$$\left.\frac{\partial v}{\partial x}\right|_{z=0}=0,\left.\frac{\partial v}{\partial y}\right|_{z=0}=0$$

故在 $z=0$ 处满足 C-R 方程.

今令 $\Delta z$ 的幅角中保持一定，而模 $\Delta\rho\to 0$，即 $\Delta z=\mathrm{e}^{\mathrm{i}\varphi}\Delta\rho\to 0$，则 $\frac{\Delta f}{\Delta z}$ 的极限

$$\lim_{\Delta z\to 0}\frac{f(0+\Delta z)-f(0)}{\Delta z}=\lim_{\Delta z\to 0}\frac{\sqrt{(\Delta\rho)\cos\varphi(\Delta\rho)\sin\varphi}}{\mathrm{e}^{\mathrm{i}\varphi}\Delta\rho}$$

$$=\frac{\sqrt{\cos\varphi\sin\varphi}}{\mathrm{e}^{\mathrm{i}\varphi}}$$

极限随 $\varphi$ 的不同而不同，故 $f(z)$ 在 $z=0$ 处不可导.

**41** $w$ 是 $z$ 的解析函数，且

$$u-v=(x-y)(x^2+4xy+y^2)$$

求出 $u$ 及 $v$.

**解** 把所给式子对 $x,y$ 微分，得

$$\frac{\partial u}{\partial x}-\frac{\partial v}{\partial x}=x^2+4xy+y^2+(x-y)(2x+4y)$$

$$\frac{\partial u}{\partial y}-\frac{\partial v}{\partial y}=-(x^2+4xy+y^2)+(x-y)(4x+2y)$$

由 C-R 条件,并化简右边得

$$\frac{\partial u}{\partial x}+\frac{\partial u}{\partial y}=3x^2+6xy-3y^2 \quad (1)$$

$$\frac{\partial u}{\partial y}-\frac{\partial u}{\partial x}=3x^2-6xy-3y^2 \quad (2)$$

由式(1)(2),得

$$\frac{\partial u}{\partial x}=6xy \quad (3)$$

$$\frac{\partial u}{\partial y}=3x^2-3y^2 \quad (4)$$

对式(3)进行积分,得

$$u=3x^2y+C(y)$$

对 $y$ 微分,得

$$\frac{\partial u}{\partial y}=3x^2+C'(y)$$

与式(4)比较,得

$$C'(y)=-3y^2$$

于是

$$C(y)=-y^3+A \quad (A\text{ 为实常数})$$

从而

$$u=3x^2y-y^3+A$$

由已知式子,得

$$v=-x^3+3xy^2+A \quad (A\text{ 为实常数})$$

**注** $w=f(z)=-\mathrm{i}z^3+(1+\mathrm{i})A$.

**42** 设 $w=u+\mathrm{i}v$ 是 $z$ 的解析函数,且

$$u=(x-y)(x^2+4xy+y^2)$$

求 $v$,并把 $w$ 表示成 $z$ 的函数.

**解** 由所给式子,得

$$\frac{\partial u}{\partial x}=3x^2+6xy-3y^2$$

由 C-R 条件,得

$$\frac{\partial v}{\partial y}=3x^2+6xy-3y^2$$

所以

$$v=3x^2y+3xy^2-y^3+C(x)$$

对 $x$ 微分，得

$$\frac{\partial v}{\partial x}=6xy+3y^2+C'(x)=-\frac{\partial u}{\partial y}$$

而

$$-\frac{\partial u}{\partial y}=-3x^2+6xy+3y^2$$

所以

$$C'(x)=-3x^2$$

因此

$$C(x)=-x^3+B \quad (B\text{ 为实常数})$$

于是

$$v=-x^3+3x^2y+3xy^2-y^3+B$$

$$u+\mathrm{i}v=(x-y)(x^2+4xy+y^2)-\mathrm{i}(x^3-3x^2y-3xy^2+y^3-B)$$

因为实、虚部都是 $x,y$ 的有理函数，故可令 $y=0,x=z$ 而得

$$w=(1-\mathrm{i})z^3+\mathrm{i}B \quad (B\text{ 为实常数})$$

**43** 同前题，但 $u=-\dfrac{\sin x}{\cos x-\cos hy}$.

**解**

$$\frac{\partial u}{\partial y}=-\frac{\sin x\sin hy}{(\cos x-\cos hy)^2}=-\frac{\partial v}{\partial x}$$

所以

$$v=\frac{\sin hy}{\cos x-\cos hy}+C(y)$$

因此

$$\frac{\partial v}{\partial y}=\frac{\cos x\cos hy}{(\cos x-\cos hy)^2}+C'(y)=-\frac{\partial u}{\partial x}$$

但由所设 $\dfrac{\partial u}{\partial x}=\dfrac{\cos x\cos hy-1}{(\cos x-\cos hy)^2}$，所以

$$C'(y)=0$$

所以

$$C(y)=C \quad (C\text{ 为实常数})$$

因此

$$v=\frac{\sin hy}{\cos x-\cos hy}+C$$

于是

$$\begin{aligned}w&=u+v\mathrm{i}\\&=-\frac{\sin x-\mathrm{i}\sin hy}{\cos x-\cos hy}+\mathrm{i}C\\&=-\frac{\sin x-\sin y\mathrm{i}}{\cos x-\cos y\mathrm{i}}+\mathrm{i}C\\&=-\frac{2\cos\frac{x+y\mathrm{i}}{2}\sin\frac{x-y\mathrm{i}}{2}}{-2\sin\frac{x+y\mathrm{i}}{2}\sin\frac{x-y\mathrm{i}}{2}}+\mathrm{i}C\\&=\cot\frac{x+y\mathrm{i}}{2}+\mathrm{i}C\\&=\cot\frac{z}{2}+\mathrm{i}C\quad(C\text{ 为实常数})\end{aligned}$$

**44** 若 $u(z)$ 与 $v(z)$ 为调和函数，则：

(1) $u(v(z))$ 是否为调和函数？

(2) $u(z)v(z)$ 是否为调和函数？

(3) $u(z)+v(z)$ 是否为调和函数？

**解** (1) 不是，如 $u(x,y)=x^2-y^2$ 与 $v(x,y)=x$ 是调和函数，但 $u(v(x,y),0)=x^2$ 却不是调和函数.

(2) 不是，如 $u(z)=v(z)=x$，则 $u(z)v(z)=x^2$ 却不是调和函数.

(3) 是，可直接验证之.

**45** 若 $u$ 为调和函数，证明：就极坐标来说，有

$$r^2\frac{\partial^2 u}{\partial r^2}+r\frac{\partial u}{\partial r}+\frac{\partial^2 u}{\partial\theta^2}=0$$

**证** 应用 C-R 方程的极坐标形式即可得出.

**46** 试解答：

(1) 若 $u=u(x,y)$ 为调和函数，则 $u^2$ 是调和函数吗？

(2) 若 $u=u(x,y)$ 为调和函数，则对怎样的函数 $f(u)=\varphi(x,y)$ 亦为 $x,y$ 的二元调和函数？

**解** (1) 若 $u$ 为调和函数,则

$$\frac{\partial^2 u}{\partial x^2}+\frac{\partial^2 u}{\partial y^2}=0$$

又

$$\frac{\partial(u^2)}{\partial x}=2u\frac{\partial u}{\partial x}$$

$$\frac{\partial^2(u^2)}{\partial x^2}=2\left(\frac{\partial u}{\partial x}\right)^2+2u\frac{\partial^2 u}{\partial x^2}$$

$$\frac{\partial^2(u^2)}{\partial y^2}=2\left(\frac{\partial u}{\partial y}\right)^2+2u\frac{\partial^2 u}{\partial y^2}$$

于是

$$\begin{aligned}\frac{\partial^2(u^2)}{\partial x^2}+\frac{\partial^2(u^2)}{\partial y^2}&=2\left[\left(\frac{\partial u}{\partial x}\right)^2+\left(\frac{\partial u}{\partial y}\right)^2+u\left(\frac{\partial^2 u}{\partial x^2}+\frac{\partial^2 u}{\partial y^2}\right)\right]\\&=2\left[\left(\frac{\partial u}{\partial x}\right)^2+\left(\frac{\partial u}{\partial y}\right)^2\right]\end{aligned}$$

若 $u^2$ 为调和函数,则有 $\frac{\partial u}{\partial x}=\frac{\partial u}{\partial y}=0$,因而 $u=C$(常数). 反之亦真,故当 $u=C$(常数)时,$u^2$ 是调和函数.

当 $u\neq C$(常数)时,则两个偏导不全为零,于是得到:$u^2$ 不是调和函数.

(2) 设 $f(u)$ 有关于 $u$ 的二阶导数.

由于

$$\frac{\partial f}{\partial x}=f'(u)\frac{\partial u}{\partial x}$$

$$\frac{\partial^2 f}{\partial x^2}=f''(u)\left(\frac{\partial u}{\partial x}\right)^2+f'(u)\frac{\partial^2 u}{\partial x^2}$$

$$\frac{\partial^2 f}{\partial y^2}=f''(u)\left(\frac{\partial u}{\partial y}\right)^2+f'(u)\frac{\partial^2 u}{\partial y^2}$$

又 $u$ 为调和函数,于是

$$\begin{aligned}\frac{\partial^2 f}{\partial x^2}+\frac{\partial^2 f}{\partial y^2}&=f''(u)\left[\left(\frac{\partial u}{\partial x}\right)^2+\left(\frac{\partial u}{\partial y}\right)^2\right]+f'(u)\cdot\left(\frac{\partial^2 u}{\partial x^2}+\frac{\partial^2 u}{\partial y^2}\right)\\&=f''(u)\left[\left(\frac{\partial u}{\partial x}\right)^2+\left(\frac{\partial u}{\partial y}\right)^2\right]\end{aligned}$$

当 $u\neq C$(常数),上式仅当 $f''(u)\equiv 0$ 时,才为零.

而 $f''(u)=0\Leftrightarrow f(u)=au+b$,即 $f(u)$ 为 $u$ 的线性函数时,$f(u)$ 才为 $x$,$y$ 的调和函数.

**47** 是否存在形如 $u=\varphi\left(\frac{x^2+y^2}{x}\right)$ 的调和函数？若存在，试求此调和函数.

**解** 设 $\varphi$ 有关于 $\frac{x^2+y^2}{x}$ 的二阶导数，若 $u=\varphi\left(\frac{x^2+y^2}{x}\right)$ 为调和函数，则

$$\Delta u=\frac{\partial^2 u}{\partial x^2}+\frac{\partial^2 u}{\partial y^2}=0$$

但

$$\frac{\partial u}{\partial x}=\varphi'\ \frac{2x^2-(x^2+y^2)}{x^2}=\varphi'\ \frac{x^2-y^2}{x^2},\frac{\partial u}{\partial y}=\varphi'\ \frac{2y}{x}$$

$$\frac{\partial^2 u}{\partial x^2}=\varphi''\ \frac{(x^2-y^2)^2}{x^4}+\varphi'\ \frac{2y^2}{x^3},\frac{\partial^2 u}{\partial y^2}=\varphi''\ \frac{4y^2}{x^2}+\varphi'\ \frac{2}{x}$$

于是

$$\Delta u=\varphi''\left[\frac{(x^2-y^2)^2}{x^4}+\frac{4y^2}{x^2}\right]+\varphi'\left(\frac{2y^2}{x^3}+\frac{2}{x}\right)=0$$

即

$$\varphi''\ \frac{(x^2+y^2)^2}{x^2}+2\varphi'\cdot\left(\frac{x^2+y^2}{x}\right)=0\quad(\text{因为 } x\neq 0)$$

令 $\frac{x^2+y^2}{x}=t$，则有

$$\frac{\mathrm{d}^2 u}{\mathrm{d}t^2}\cdot t^2+2\ \frac{\mathrm{d}u}{\mathrm{d}t}\cdot t=0$$

作代换 $\frac{\mathrm{d}u}{\mathrm{d}t}=p$，于是

$$\frac{\mathrm{d}p}{\mathrm{d}t}t+2p=0\quad(\text{因为 } t\neq 0)$$

用分离变量法解之，得

$$p=\frac{c}{t^2}$$

即

$$\frac{\mathrm{d}u}{\mathrm{d}t}=\frac{c}{t^2}$$

所以

$$u=\varphi\left(\frac{x^2+y^2}{x}\right)=\frac{c_1}{t}+c_2=\frac{c_1 x}{x^2+y^2}+c_2$$

反之，若 $u=\frac{c_1 x}{x^2+y^2}+c_2$，则可验证 $u$ 是调和函数.

**48** 证明：

(1) 若调和函数 $u(x,y)$ 的变元可用变换 $x=\varphi(\xi,\eta)$，$y=\psi(\xi,\eta)$ 表示，其中 $\varphi$ 和 $\psi$ 为 $\xi,\eta$ 的共轭调和函数，则变换后的函数仍为 $\xi,\eta$ 的调和函数；

(2) 若 $u(x,y)$ 与 $v(x,y)$ 为共轭调和函数，且雅可比行列式 $\dfrac{\partial(u,v)}{\partial(x,y)}$ 在某个域 $G$ 上异于零，则反函数 $x(u,v)$ 与 $y(u,v)$ 也是共轭调和函数.

**证** (1) 因为 $u(x,y)$ 为调和函数，$x=\varphi(\xi,\eta)$ 与 $y=\psi(\xi,\eta)$ 为共轭调和函数，所以

$$\frac{\partial u}{\partial \xi}=\frac{\partial u}{\partial x}\frac{\partial x}{\partial \xi}+\frac{\partial u}{\partial y}\frac{\partial y}{\partial \xi},\frac{\partial u}{\partial \eta}=\frac{\partial u}{\partial x}\frac{\partial x}{\partial \eta}+\frac{\partial u}{\partial y}\frac{\partial y}{\partial \eta}$$

于是

$$\begin{aligned}\frac{\partial^2 u}{\partial \xi^2}=&\left(\frac{\partial^2 u}{\partial x^2}\frac{\partial x}{\partial \xi}+\frac{\partial^2 u}{\partial x\partial y}\frac{\partial y}{\partial \xi}\right)\frac{\partial x}{\partial \xi}+\frac{\partial u}{\partial x}\frac{\partial^2 x}{\partial \xi^2}+\\&\left(\frac{\partial^2 u}{\partial y\partial x}\frac{\partial x}{\partial \xi}+\frac{\partial^2 u}{\partial y^2}\frac{\partial y}{\partial \xi}\right)\frac{\partial y}{\partial \xi}+\frac{\partial u}{\partial y}\frac{\partial^2 y}{\partial \xi^2}\end{aligned}$$

$$\begin{aligned}\frac{\partial^2 u}{\partial \eta^2}=&\left(\frac{\partial^2 u}{\partial x^2}\frac{\partial x}{\partial \eta}+\frac{\partial^2 u}{\partial x\partial y}\frac{\partial y}{\partial \eta}\right)\frac{\partial x}{\partial \eta}+\frac{\partial u}{\partial x}\frac{\partial^2 x}{\partial \eta^2}+\\&\left(\frac{\partial^2 u}{\partial y\partial x}\frac{\partial x}{\partial \eta}+\frac{\partial^2 u}{\partial y^2}\frac{\partial y}{\partial \eta}\right)\frac{\partial y}{\partial \eta}+\frac{\partial u}{\partial y}\frac{\partial^2 y}{\partial \eta^2}\end{aligned}$$

故

$$\begin{aligned}\frac{\partial^2 u}{\partial \xi^2}+\frac{\partial^2 u}{\partial \eta^2}=&\frac{\partial^2 u}{\partial x^2}\left[\left(\frac{\partial x}{\partial \xi}\right)^2+\left(\frac{\partial x}{\partial \eta}\right)^2\right]+\frac{\partial^2 u}{\partial y^2}\cdot\left[\left(\frac{\partial y}{\partial \xi}\right)^2+\left(\frac{\partial y}{\partial \eta}\right)^2\right]+\\&2\frac{\partial^2 u}{\partial x\partial y}\left(\frac{\partial x}{\partial \xi}\frac{\partial y}{\partial \xi}+\frac{\partial x}{\partial \eta}\frac{\partial y}{\partial \eta}\right)+\frac{\partial u}{\partial x}\left(\frac{\partial^2 x}{\partial \xi^2}+\frac{\partial^2 x}{\partial \eta^2}\right)+\\&\frac{\partial u}{\partial y}\left(\frac{\partial^2 y}{\partial \xi^2}+\frac{\partial^2 y}{\partial \eta^2}\right)\end{aligned}$$

而

$$\frac{\partial^2 x}{\partial \xi^2}+\frac{\partial^2 x}{\partial \eta^2}=\frac{\partial^2 y}{\partial \xi^2}+\frac{\partial^2 y}{\partial \eta^2}=0,\frac{\partial x}{\partial \xi}\frac{\partial y}{\partial \xi}+\frac{\partial x}{\partial \eta}\frac{\partial y}{\partial \eta}=0$$

$$\left(\frac{\partial x}{\partial \xi}\right)^2+\left(\frac{\partial x}{\partial \eta}\right)^2=\left(\frac{\partial y}{\partial \xi}\right)^2+\left(\frac{\partial y}{\partial \eta}\right)^2$$

所以

$$\frac{\partial^2 u}{\partial \xi^2}+\frac{\partial^2 u}{\partial \eta^2}=\left(\frac{\partial^2 u}{\partial x^2}+\frac{\partial^2 u}{\partial y^2}\right)\left[\left(\frac{\partial x}{\partial \xi}\right)^2+\left(\frac{\partial x}{\partial \eta}\right)^2\right]=0$$

(2) 由于 $u(x,y)$ 与 $v(x,y)$ 为共轭调和函数,且

$$J=\frac{\partial(u,v)}{\partial(x,y)}\neq 0\quad((x,y)\in G)$$

考虑方程组

$$\begin{cases}u(x,y)-u=0\\ v(x,y)-v=0\end{cases}$$

由隐函数存在定理,知反函数 $x=x(u,v)$, $y=y(u,v)$ 存在.

又

$$\begin{cases}\dfrac{\partial u}{\partial x}\dfrac{\partial x}{\partial u}+\dfrac{\partial u}{\partial y}\dfrac{\partial y}{\partial u}=1\\ \dfrac{\partial v}{\partial x}\dfrac{\partial x}{\partial u}+\dfrac{\partial v}{\partial y}\dfrac{\partial y}{\partial u}=0\end{cases}\tag{1}$$

$$\begin{cases}\dfrac{\partial u}{\partial x}\dfrac{\partial x}{\partial v}+\dfrac{\partial u}{\partial y}\dfrac{\partial y}{\partial v}=0\\ \dfrac{\partial v}{\partial x}\dfrac{\partial x}{\partial v}+\dfrac{\partial v}{\partial y}\dfrac{\partial y}{\partial v}=1\end{cases}\tag{2}$$

由式(1) 解出

$$\begin{cases}\dfrac{\partial x}{\partial u}=\dfrac{\dfrac{\partial v}{\partial y}}{J}\\ \dfrac{\partial y}{\partial u}=\dfrac{-\dfrac{\partial v}{\partial x}}{J}\end{cases}$$

由式(2) 解出

$$\begin{cases}\dfrac{\partial x}{\partial v}=\dfrac{-\dfrac{\partial u}{\partial y}}{J}\\ \dfrac{\partial y}{\partial v}=\dfrac{\dfrac{\partial u}{\partial x}}{J}\end{cases}$$

于是得到

$$\frac{\partial x}{\partial u}=\frac{\partial y}{\partial v},\frac{\partial x}{\partial v}=-\frac{\partial y}{\partial u}$$

即 $x(u,v)$ 与 $y(u,v)$ 满足 C-R 条件. 下面证明它们是调和的.

由题设,将(1) 与(2) 两式对 $u,v$ 求偏导数,得

$$\frac{\partial^2 u}{\partial^2 x}\left(\frac{\partial x}{\partial u}\right)^2+2\frac{\partial^2 u}{\partial x\partial y}\cdot\frac{\partial x}{\partial u}\frac{\partial y}{\partial u}+\frac{\partial u}{\partial x}\frac{\partial^2 x}{\partial u^2}+\frac{\partial^2 u}{\partial y^2}\left(\frac{\partial y}{\partial u}\right)^2+\frac{\partial u}{\partial y}\frac{\partial^2 y}{\partial u^2}=0\tag{3}$$

$$\frac{\partial^2 v}{\partial x^2}\left(\frac{\partial x}{\partial u}\right)^2+2\frac{\partial^2 v}{\partial x\partial y}\cdot\frac{\partial x}{\partial u}\frac{\partial y}{\partial u}+\frac{\partial v}{\partial x}\frac{\partial^2 x}{\partial u^2}+\frac{\partial^2 u}{\partial y^2}\left(\frac{\partial y}{\partial u}\right)^2+\frac{\partial u}{\partial y}\frac{\partial^2 y}{\partial u^2}=0 \quad (4)$$

$$\frac{\partial^2 u}{\partial x^2}\left(\frac{\partial x}{\partial v}\right)^2+2\frac{\partial^2 u}{\partial x\partial y}\frac{\partial x\partial y}{\partial v\partial v}+\frac{\partial u}{\partial x}\frac{\partial^2 x}{\partial v^2}+\frac{\partial^2 u}{\partial y^2}\left(\frac{\partial y}{\partial v}\right)^2+\frac{\partial u}{\partial y}\frac{\partial^2 y}{\partial v^2}=0 \quad (5)$$

$$\frac{\partial^2 v}{\partial x^2}\left(\frac{\partial x}{\partial v}\right)^2+2\frac{\partial^2 u}{\partial x\partial y}\frac{\partial x}{\partial v}\frac{\partial y}{\partial v}+\frac{\partial v}{\partial x}\frac{\partial^2 x}{\partial v^2}+\frac{\partial^2 v}{\partial y^2}\left(\frac{\partial y}{\partial v}\right)^2+\frac{\partial v}{\partial y}\frac{\partial^2 y}{\partial v^2}=0 \quad (6)$$

式(3)+(5),得

$$\frac{\partial^2 u}{\partial x^2}\left[\left(\frac{\partial x}{\partial u}\right)^2+\left(\frac{\partial x}{\partial v}\right)^2\right]+2\frac{\partial^2 u}{\partial x\partial y}\left(\frac{\partial x}{\partial u}\frac{\partial y}{\partial u}+\frac{\partial x}{\partial v}\frac{\partial y}{\partial v}\right)+$$
$$\frac{\partial u}{\partial x}\left(\frac{\partial^2 x}{\partial u^2}+\frac{\partial^2 x}{\partial v^2}\right)+\frac{\partial^2 u}{\partial y^2}\left[\left(\frac{\partial y}{\partial u}\right)^2+\left(\frac{\partial y}{\partial v}\right)^2\right]+\frac{\partial u}{\partial y}\left(\frac{\partial^2 y}{\partial u^2}+\frac{\partial^2 y}{\partial v^2}\right)=0$$

于是有

$$\frac{\partial u}{\partial x}\left(\frac{\partial^2 x}{\partial u^2}+\frac{\partial^2 x}{\partial v^2}\right)+\frac{\partial u}{\partial y}\left(\frac{\partial^2 y}{\partial u^2}+\frac{\partial^2 y}{\partial v^2}\right)=0 \quad (7)$$

事实上,由 $x(u,v)$ 与 $y(u,v)$ 的 C-R 条件以及 $u(x,y)$ 是调和函数可得下式

$$\frac{\partial x}{\partial u}\frac{\partial y}{\partial u}+\frac{\partial x}{\partial v}\frac{\partial y}{\partial v}=\frac{\partial x}{\partial u}\frac{\partial y}{\partial u}-\frac{\partial y}{\partial u}\frac{\partial x}{\partial u}=0$$

而

$$\frac{\partial^2 u}{\partial x^2}\left[\left(\frac{\partial x}{\partial u}\right)^2+\left(\frac{\partial x}{\partial v}\right)^2\right]+\frac{\partial^2 u}{\partial y^2}\left[\left(\frac{\partial y}{\partial u}\right)^2+\left(\frac{\partial y}{\partial v}\right)^2\right]$$
$$=\left[\left(\frac{\partial y}{\partial u}\right)^2+\left(\frac{\partial y}{\partial v}\right)^2\right]\left(\frac{\partial^2 u}{\partial x^2}+\frac{\partial^2 u}{\partial y^2}\right)=0$$

故得式(7).

同理,式(4)+(6)得

$$\frac{\partial v}{\partial x}\left(\frac{\partial^2 x}{\partial u^2}+\frac{\partial^2 x}{\partial v^2}\right)+\frac{\partial v}{\partial y}\left(\frac{\partial^2 y}{\partial u^2}+\frac{\partial^2 y}{\partial v^2}\right)=0 \quad (8)$$

将式(7)与(8)联立,把$\frac{\partial^2 x}{\partial u^2}+\frac{\partial^2 x}{\partial v^2}$与$\frac{\partial^2 y}{\partial u^2}+\frac{\partial^2 y}{\partial v^2}$看作未知量,它的系数行列式为

$$J=\frac{\partial(u,v)}{\partial(x,y)}\neq 0$$

因而有唯一的零解,即

$$\frac{\partial^2 x}{\partial u^2}+\frac{\partial^2 x}{\partial v^2}=0$$

与

$$\frac{\partial^2 y}{\partial u^2}+\frac{\partial^2 y}{\partial v^2}=0$$

即 $x(u,v)$ 与 $y(u,v)$ 是共轭的调和函数.

**49** 设 $F=\dfrac{2\sin 2x}{\mathrm{e}^{2y}+\mathrm{e}^{-2y}-2\cos 2x}$,试求:

(1) 解析函数 $f(z)=F+\mathrm{i}Q$;

(2) 解析函数 $f(z)=P+Q\mathrm{i}$,其中 $P+Q=F$.

**解**

$$F=\frac{2\sin 2x}{\mathrm{e}^{2y}+\mathrm{e}^{-2y}-2\cos 2x}=\frac{\sin 2x}{\operatorname{ch} 2y-\cos 2x}$$

$$\frac{\partial F}{\partial y}=-\frac{2\sin 2x\operatorname{sh} 2y}{(\operatorname{ch} 2y-\cos 2x)^2}$$

$$\frac{\partial F}{\partial x}=\frac{2(\operatorname{ch} 2y\cos 2x-1)}{(\operatorname{ch} 2y-\cos 2x)^2}$$

所以

$$\begin{aligned}
Q(x,y)&=\int_{(x_0,y_0)}^{(x,y)}\left[-\frac{\partial F}{\partial y}\mathrm{d}x+\frac{\partial F}{\partial x}\mathrm{d}y\right]+C\\
&=\int_{y_0}^{y}\frac{2(\operatorname{ch} 2y-1)}{(\operatorname{ch} 2y-1)^2}\mathrm{d}y+\int_0^x\frac{2\sin 2x\operatorname{sh} 2y}{(\operatorname{ch} 2y-\cos 2x)^2}\mathrm{d}x+C\\
&=\int_{y_0}^{y}\frac{\mathrm{d}y}{\operatorname{sh}^2 y}-\operatorname{sh} 2y\left[-\frac{1}{\operatorname{ch} 2y-\cos 2x}\right]_0^x+C\\
&=\cot hy_0-\cot hy-\frac{\operatorname{sh} 2y}{\operatorname{ch} 2y-\cos 2x}+\cot hy+C\\
&=-\frac{\operatorname{sh} 2y}{\operatorname{ch} 2y-\cos 2x}+C_1\quad(C_1=C+\cot hy_0)
\end{aligned}$$

所以

$$\begin{aligned}
f(z)&=F+\mathrm{i}Q\\
&=\frac{\sin 2x}{\operatorname{ch} 2y-\cos 2x}-\mathrm{i}\frac{\operatorname{sh} 2y}{\operatorname{ch} 2y-\cos 2x}+C_1\mathrm{i}\\
&=\cot z+k\quad(k=C_1\mathrm{i})
\end{aligned}$$

又若 $P+\mathrm{i}Q=F$,则

$$\frac{\partial P}{\partial x}+\frac{\partial Q}{\partial x}=\frac{\partial F}{\partial x},\frac{\partial P}{\partial y}+\frac{\partial Q}{\partial y}=\frac{\partial F}{\partial y}$$

由 C-R 条件,得

$$\frac{\partial Q}{\partial y}+\frac{\partial Q}{\partial x}=\frac{\partial F}{\partial x},-\frac{\partial Q}{\partial x}+\frac{\partial Q}{\partial y}=\frac{\partial F}{\partial y}$$

所以,得

$$\frac{\partial Q}{\partial y}=\frac{\frac{\partial F}{\partial x}+\frac{\partial F}{\partial y}}{2}=\frac{\partial P}{\partial x}$$

$$\frac{\partial Q}{\partial x}=\frac{\frac{\partial F}{\partial x}-\frac{\partial F}{\partial y}}{2}=-\frac{\partial P}{\partial y}$$

由此即可定出 $P,Q$.

**50** 求复变数 $z=x+\mathrm{i}y$ 的解析函数,$f(z)=P(x,y)+\mathrm{i}Q(x,y)$,若已知 $P$ 为 $u=\sqrt{x^2+y^2}+x$ 之函数,而 $Q$ 为 $v=\sqrt{x^2+y^2}-x$ 之函数.

**解** 设 $P=F(u),Q=G(v)$ 为所求之函数,并令 $R=\sqrt{x^2+y^2}$.则

$$\frac{\partial P}{\partial x}=\left(1+\frac{x}{R}\right)F'(u)=\frac{u}{R}F'(u)$$

$$\frac{\partial P}{\partial y}=\frac{y}{R}F'(u)$$

$$\frac{\partial Q}{\partial x}=\left(\frac{x}{R}-1\right)G'(v)=-\frac{v}{R}G'(v)$$

$$\frac{\partial Q}{\partial y}=\frac{y}{R}G'(v)$$

因此由 C-R 方程,得

$$uF'(u)=yG'(v),yF'(u)=vG'(v)$$

将其两端互乘,得

$$uF'^2(u)=vG'^2(v)$$

因 $u,v$ 彼此无关,故若此式对任何 $u,v$ 都能适合,则只需而且必须 $uF'^2(u)$ 与 $vG'^2(v)$ 为相等常数.

若令 $F'(u)=\frac{C}{2\sqrt{u}},G'(v)=\frac{C}{2\sqrt{v}}$,则得

$$f(z)=C[\sqrt{u}+\mathrm{i}\sqrt{v}]$$

因$(\sqrt{u}+\mathrm{i}\sqrt{v})^2=u-v+2\mathrm{i}\sqrt{uv}=2(x+\mathrm{i}y)=2z$,所以

$$f(z)=\lambda\sqrt{z}\quad(\lambda\text{ 为常数})$$

若令 $F'(u)=\frac{C}{2\sqrt{u}},G'(v)=\frac{-C}{2\sqrt{v}}$,则得

$$C[\sqrt{u}-\mathrm{i}\sqrt{v}]=\lambda\sqrt{x-\mathrm{i}y}$$

此结果非 $z$ 之解析函数.

**51** 设解析函数 $w=f(z)=P(x,y)+\mathrm{i}Q(x,y)$ 之实部 $P$ 只为 $u=x^2+Ay^2$ 之函数，试求常数 $A$ 之值（$A=0$ 除外），并给出 $f(z)$ 之式.

**解** 因 $P$ 需为 Laplace 方程之解，所以

$$\frac{\partial^2 P}{\partial x^2}+\frac{\partial^2 P}{\partial y^2}=2(x^2+A^2y^2)P''_u+(1+A)P'_u=0$$

即

$$\frac{P''}{P'}=-\frac{1+A}{2(x^2+A^2y^2)}$$

因 $P'$ 与 $P''$ 只能为 $u$ 之函数，故上式右端亦需为 $u$ 之函数，由此即得 $A$ 应有之值：$A=1,A=-1$.

(1) 当 $A=1$，此时 $u=x^2+y^2$.

而 $P$ 适合 $\frac{P''}{P'}=-\frac{1}{u}$，求积得

$$P'=\frac{C}{u}$$

所以

$$P=C\ln u+C'=C\ln(x^2+y^2)+C'$$

由 C-R 方程，得

$$\frac{\partial P}{\partial x}=C\frac{2x}{x^2+y^2}=\frac{\partial Q}{\partial y}$$

$$\frac{\partial P}{\partial y}=C\frac{2y}{x^2+y^2}=-\frac{\partial Q}{\partial x}$$

所以

$$Q=2C\int\frac{x\mathrm{d}y-y\mathrm{d}x}{x^2+y^2}+C''=2C\arctan\frac{y}{x}+C''$$

从而

$$f(z)=C\left[\ln(x^2+y^2)+2\mathrm{i}\arctan\frac{y}{x}\right]+C'+\mathrm{i}C''=C_1\ln z+k$$

(2) 当 $A=-1$ 时：$u=x^2-y^2$，而 $P$ 适合 $P''=0$，所以

$$P=Cu+C'=C(x^2-y^2)+C'$$

由 C-R 方程，得

$$\frac{\partial P}{\partial x}=2Cx=\frac{\partial Q}{\partial y}$$

$$\frac{\partial P}{\partial y}=-2Cy=-\frac{\partial Q}{\partial x}$$

所以

$$Q=2C\int(y\mathrm{d}x+x\mathrm{d}y)+C''=2Cxy+C''$$

于是

$$\begin{aligned}f(z)&=C[x^2-y^2+2\mathrm{i}xy]+C'+\mathrm{i}C''\\&=C(x+\mathrm{i}y)^2+C'+\mathrm{i}C''\\&=Cz^2+k\end{aligned}$$

**52** 求以 $z$ 为自变量的解析函数,已知其虚部为:

(1) $v=\arctan\dfrac{y}{x},x>0$;

(2) $v=\mathrm{e}^x(y\cos y+x\sin y)+x+y$.

**解** (1) 调和性由直接验算可知

$$\begin{aligned}u&=\int_{(x_0,y_0)}^{(x,y)}\left(\frac{\partial v}{\partial y}\mathrm{d}x-\frac{\partial v}{\partial x}\mathrm{d}y\right)+C\\&=\int_{(x_0,y_0)}^{(x,y)}\left(\frac{x}{x^2+y^2}\mathrm{d}x+\frac{y}{x^2+y^2}\mathrm{d}y\right)+C\\&=\int_1^x\frac{\mathrm{d}x}{x}+\int_0^y\frac{y\mathrm{d}y}{x^2+y^2}+C\\&=\frac{1}{2}\ln(x^2+y^2)+C\end{aligned}$$

所以

$$\begin{aligned}f(z)&=u+\mathrm{i}v\\&=\frac{1}{2}\ln(x^2+y^2)+\mathrm{i}\arctan\frac{y}{x}+C\\&=\ln|z|+\mathrm{i}\arctan\frac{y}{x}\lambda+C\\&=\ln z+C_1\end{aligned}$$

(2) 调和性也不在话下,即

$$\begin{aligned}u&=\int_{(x_0,y_0)}^{(x,y)}\left(\frac{\partial v}{\partial y}\mathrm{d}x-\frac{\partial v}{\partial x}\mathrm{d}x\right)+C\\&=\int_{(0,0)}^{(x,y)}\{[\mathrm{e}^x(\cos y-y\sin y+x\cos y)+1]\mathrm{d}x-\\&\quad[\mathrm{e}^x(y\cos y+x\sin y+\sin y)+1]\mathrm{d}y\}\end{aligned}$$

$$=e^x(x\cos y-y\sin y)+x-y+C$$

所以

$$f(z)=u+\mathrm{i}v=2e^z+(1+\mathrm{i})z+C$$

**53** 设 $P=\phi\left(\frac{y}{x}\right)$(其中 $\phi$ 为某一函数),求解析函数 $f(z)=P+\mathrm{i}Q$.

**解** 因 $P$ 应为调和函数,而

$$P=\phi(u),u=\frac{y}{x},P'_x=\phi'_u\left(-\frac{y}{x^2}\right),P'_y=\phi'_u\cdot\frac{1}{x}$$

$$P''_{xx}=\phi''_{uu}\left(\frac{y^2}{x^4}\right)+\phi'_u\cdot\frac{2y}{x^3},P''_{yy}=\phi''_{uu}\cdot\frac{1}{x^2}$$

于是

$$\frac{\partial^2 P}{\partial x^2}+\frac{\partial^2 P}{\partial y^2}=\phi''\left(\frac{y^2}{x^4}\right)+\phi'\cdot\frac{2y}{x^3}+\phi''\cdot\frac{1}{x^2}=0$$

即

$$\frac{\phi''}{\phi'}=\frac{-2u}{1+u^2}$$

所以

$$\ln\phi'=-\ln(1+u^2)+\ln C$$

$$\phi=\int\frac{C\mathrm{d}u}{1+u^2}=C\arctan u+C'$$

从而

$$P=\phi(u)=C\arctan\frac{y}{x}+C'$$

另一方面,$P$,$Q$ 应适合 C-R 方程,即

$$\frac{\partial P}{\partial x}=C\frac{-\frac{y}{x^2}}{1+\left(\frac{y}{x}\right)^2}=\frac{\partial Q}{\partial y}$$

$$\frac{\partial P}{\partial y}=C\frac{\frac{1}{x}}{1+\left(\frac{y}{x}\right)^2}=-\frac{\partial Q}{\partial x}$$

所以

$$Q=\int\left(\frac{\partial P}{\partial x}\mathrm{d}y-\frac{\partial P}{\partial y}\mathrm{d}x\right)+C''$$

$$=\int\left(\frac{-Cy}{x^2+y^2}\mathrm{d}y-\frac{Cx\,\mathrm{d}x}{x^2+y^2}\mathrm{d}x\right)+C''$$

$$=-C\int\frac{x\mathrm{d}x+y\mathrm{d}y}{x^2+y^2}+C''$$

$$=-\frac{C}{2}\ln(x^2+y^2)+C''$$

$$=-C\ln\sqrt{x^2+y^2}+C''$$

因此

$$f(z)=P+\mathrm{i}Q$$

$$=C\arctan\frac{y}{x}+C'+\mathrm{i}[-C\ln\sqrt{x^2+y^2}+C'']$$

$$=-\mathrm{i}C\left(\ln\sqrt{x^2+y^2}+\mathrm{i}\arctan\frac{y}{x}\right)+C''\mathrm{i}+C'$$

$$=\alpha\mathrm{i}\ln z+\beta\mathrm{i}+r\quad(\alpha,\beta=C'',r=C'\text{ 均为实数})$$

**54** 在什么条件下,三项式 $u=ax^2+2bxy+cy^2$ 是调和函数?

**答** $a+c=0$ 时.

**55** 求证:在一域内解析而实部和虚部满足方程 $v=u^2$ 的函数是一常数.

**证** 因 $u^2-v=0$,所以

$$2u\frac{\partial u}{\partial x}-\frac{\partial v}{\partial x}=0,2u\frac{\partial u}{\partial y}-\frac{\partial v}{\partial y}=0\tag{1}$$

由 C-R 方程可得

$$2u\frac{\partial v}{\partial y}+\frac{\partial u}{\partial y}=0\tag{2}$$

于是由式(1)(2)知或者$\frac{\partial v}{\partial y}=0,\frac{\partial u}{\partial y}=0$,或者$\begin{vmatrix}2u & -1\\ 1 & 2u\end{vmatrix}=0$. 对前者可得 $u$ 为常数,从而 $v$ 也为常数,故 $v+\mathrm{i}v=f(z)$ 为常数;对于后者可得 $4u^2+1=0$,故必 $u=0$,从而 $v=0$,于是 $f(z)\equiv 0$. 因此 $f(z)$ 恒为常数.

**56** 设 $f(z)$ 为解析函数,且 $f(z)\neq 0,f'(z)\neq 0$,则 $\Delta\ln|f'(z)|=0,\Delta\ln|f(z)|=0$,而 $\Delta|f(z)|>0$($\Delta$ 为 Laplace 微分算子).

**证** $f(z)=u+\mathrm{i}v,|f(z)|=\sqrt{u^2+v^2}$.

注意：$\Delta=\frac{\partial^2 f}{\partial x^2}+\frac{\partial^2 f}{\partial y^2}$，并利用 C-R 方程，直接求导即可得出.

**57** 有两定点 $A(-a,0)$，$B(a,0)$ 及一动点 $P(x,y)$，设 $\theta=\angle APB$，证明：$\frac{\partial^2\theta}{\partial x^2}+\frac{\partial^2\theta}{\partial y^2}=0$，并确定出使 $\theta+\mathrm{i}v$ 为 $x+\mathrm{i}y$ 的解析函数的 $v$.

**证法一** 如图 6 所示，作 $PQ\perp Ox$，则

$$\theta=\angle APB=\angle QPA+\angle QPB=\arctan\frac{x+a}{y}+\arctan\frac{a-x}{y}$$

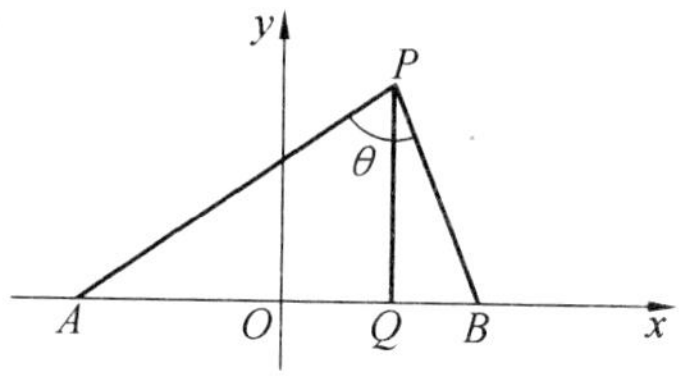

图 6

$\left(\arctan 表\left(-\frac{\pi}{2},\frac{\pi}{2}\right)内之值\right)$.

由此

$$\frac{\partial\theta}{\partial x}=\frac{y}{(a+x)^2+y^2}-\frac{y}{(a-x)^2+y^2}$$

$$\frac{\partial^2\theta}{\partial x^2}=-\frac{2(a+x)y}{[(a+x)^2+y^2]^2}-\frac{2(a-x)y}{[(a-x)^2+y^2]^2}$$

$$\frac{\partial\theta}{\partial y}=-\frac{a+x}{(a+x)^2+y^2}-\frac{a-x}{(a-x)^2+y^2}$$

$$\frac{\partial^2\theta}{\partial y^2}=\frac{2(a+x)y}{[(a+x)^2+y^2]^2}+\frac{2(a-x)y}{[(a-x)^2+y^2]^2}$$

所以

$$\frac{\partial^2\theta}{\partial x^2}+\frac{\partial^2\theta}{\partial y^2}=0$$

欲求对 $\theta$ 共轭的调和函数 $v$，由 C-R 方程，得

$$\frac{\partial v}{\partial y}=\frac{\partial\theta}{\partial x}=\frac{y}{(a+x)^2+y^2}-\frac{y}{(a-x)^2+y^2}\tag{1}$$

$$\frac{\partial v}{\partial x}=-\frac{\partial\theta}{\partial y}=\frac{a+x}{(a+x)^2+y^2}+\frac{a-x}{(a-x)^2+y^2}\tag{2}$$

由式(1)，得

$$v=\frac{1}{2}\ln\frac{(a+x)^2+y^2}{(a-x)^2+y^2}+C(x)$$

由此

$$\frac{\partial v}{\partial x}=\frac{a+x}{(a+x)^2+y^2}+\frac{a-x}{(a-x)^2+y^2}+C'(x)$$

所以由式(2),知

$$C'(x)=0$$

所以

$$C(x)=k \quad (\text{常数})$$

于是

$$v=\frac{1}{2}\ln\frac{(a+x)^2+y^2}{(a-x)^2+y^2}+k$$

**证法二** 由所设易知

$$\theta=\arg\left(\frac{z-a}{z+a}\right)$$

又因 $f(z)=\mathrm{i}\ln\dfrac{z+a}{z-a}$,除 $z=\pm a$ 外解析.而

$$f(z)=\arg\left(\frac{z-a}{z+a}\right)+\mathrm{i}\ln\left|\frac{z+a}{z-a}\right|$$
$$=\theta+\mathrm{i}\ln\left|\frac{z+a}{z-a}\right|$$

故所求的虚部为

$$v=\ln\left|\frac{z+a}{z-a}\right|+C=\frac{1}{2}\ln\frac{(a+x)^2+y^2}{(a-x)^2+y^2}+C$$

**58** $w$ 是 $z$ 的正则函数时,证明

$$\frac{\partial x}{\partial u}=\frac{\partial y}{\partial v},\frac{\partial x}{\partial v}=-\frac{\partial y}{\partial u}$$

**证** 由反函数的正则性直接可得.今再独立证之如下:$w=u+\mathrm{i}v$ 为 $z=x+\mathrm{i}y$ 的正则函数时,$u$,$v$ 为 $x$,$y$ 的可微函数.

设 $u=u(x,y)$,$v=v(x,y)$.

两边对 $u$ 微分,得

$$1=\frac{\partial u}{\partial x}\frac{\partial x}{\partial u}+\frac{\partial u}{\partial y}\frac{\partial y}{\partial u} \tag{1}$$

$$0=\frac{\partial v}{\partial x}\frac{\partial x}{\partial u}+\frac{\partial v}{\partial y}\frac{\partial y}{\partial u} \tag{2}$$

又两边对 $v$ 微分,得

$$0=\frac{\partial u}{\partial x}\frac{\partial x}{\partial v}+\frac{\partial u}{\partial y}\frac{\partial y}{\partial v} \tag{3}$$

$$1=\frac{\partial v}{\partial x}\frac{\partial x}{\partial v}+\frac{\partial v}{\partial y}\frac{\partial y}{\partial v} \tag{4}$$

由式(1)(2) 消去$\frac{\partial y}{\partial u}$时,得

$$J\frac{\partial x}{\partial u}=\frac{\partial v}{\partial y} \tag{5}$$

由式(3)(4) 消去$\frac{\partial x}{\partial v}$时,得

$$J\frac{\partial y}{\partial v}=\frac{\partial u}{\partial x} \tag{6}$$

$$J=\begin{vmatrix} \frac{\partial u}{\partial x} & \frac{\partial u}{\partial y} \\ \frac{\partial v}{\partial x} & \frac{\partial v}{\partial y} \end{vmatrix}$$

同样又从式(1)(2) 消去$\frac{\partial x}{\partial u}$,式(3)(4) 消去$\frac{\partial y}{\partial v}$时,得

$$J\frac{\partial y}{\partial u}=-\frac{\partial v}{\partial x} \tag{7}$$

$$J\frac{\partial x}{\partial v}=-\frac{\partial u}{\partial y} \tag{8}$$

依假设,由于

$$\frac{\partial u}{\partial x}=\frac{\partial v}{\partial y},\frac{\partial u}{\partial y}=-\frac{\partial v}{\partial x} \tag{9}$$

若 $J\neq 0$,则从式(5)(6) 与式(7)(8) 各得

$$\frac{\partial x}{\partial u}=\frac{\partial y}{\partial v},\frac{\partial x}{\partial v}=-\frac{\partial y}{\partial u} \tag{10}$$

由于

$$J=\left(\frac{\partial u}{\partial x}\right)^2+\left(\frac{\partial v}{\partial x}\right)^2=\left|\frac{\partial u}{\partial x}+\mathrm{i}\frac{\partial v}{\partial x}\right|^2=\left|\frac{\mathrm{d}w}{\mathrm{d}z}\right|^2$$

所以由 $J\neq 0$ 得$\frac{\mathrm{d}w}{\mathrm{d}z}\neq 0$,从而知在这样的变域上,式(10) 恒成立.

**59** 直接证明:阶层曲线 $\mathrm{Re}\, \mathrm{e}^z$ 与 $\mathrm{Im}\, \mathrm{e}^z$ 直交($w=f(z)=u(x,y)+\mathrm{i}v(x,y)$,$z$ 平面上的 $u(x,y)=u_0$,$v(x,y)=v_0$ 的曲线分别叫作 $u$ 与 $v$ 的阶层曲线(Level curves)).

**证** 如图 7 所示,设$(x(t),y(t))$在曲线 $u(x,y)=u_0$ 上,则

$$u(x(t),y(t))=u_0$$

所以

$$\frac{\mathrm{d}}{\mathrm{d}t}u(x(t),y(t))=0$$

或

$$\frac{\partial u}{\partial x} \cdot x'(t) + \frac{\partial u}{\partial y} \cdot y'(t) = 0$$

即

$$\left(\frac{\partial u}{\partial x}, \frac{\partial u}{\partial y}\right)(x'(t), y'(t)) = 0$$

由于

$$\mathbf{grad}\ u(x, y) = \left(\frac{\partial u}{\partial x}, \frac{\partial u}{\partial y}\right) = \frac{\partial u}{\partial x} + \mathrm{i}\,\frac{\partial u}{\partial y}$$

所以上式表明梯度矢量 **grad** $u$ 垂直于曲线，对于本题：设

$$z = x + \mathrm{i}y$$

则

$$\mathrm{Re}(\mathrm{e}^z) = \mathrm{e}^z \cos y$$

$$\mathrm{Im}(\mathrm{e}^z) = \mathrm{e}^z \sin y$$

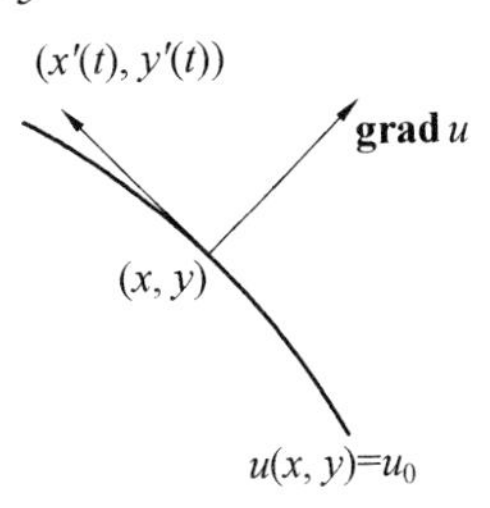


图 7

因此所给函数的阶层曲线的法矢量由梯度矢量给出，即

$$(\mathrm{e}^x \cos y, -\mathrm{e}^x \sin y), (\mathrm{e}^x \sin y, -\mathrm{e}^x \cos y)$$

因其直交，故曲线亦直交.

**60** 设 $f(z) = u + \mathrm{i}v, z = x + \mathrm{i}y$，为解析函数，$\psi(x, y)$ 连续可导，则

$$\left(\frac{\partial \psi}{\partial x}\right)^2 + \left(\frac{\partial \psi}{\partial y}\right)^2 = \left\{\left(\frac{\partial \psi}{\partial u}\right)^2 + \left(\frac{\partial \psi}{\partial v}\right)^2\right\} \cdot |f'(z)|^2$$

$$\frac{\partial^2 \psi}{\partial x^2} + \frac{\partial^2 \psi}{\partial y^2} = \left(\frac{\partial^2 \psi}{\partial u^2} + \frac{\partial^2 \psi}{\partial v^2}\right) \cdot |f'(z)|^2$$

**证** 因 $f(z)$ 解析，$f'(z) = \frac{\partial u}{\partial x} + \mathrm{i}\,\frac{\partial v}{\partial x}$，故

$$|f'(z)|^2 = \left(\frac{\partial u}{\partial x}\right)^2 + \left(\frac{\partial v}{\partial x}\right)^2$$

而

$$\frac{\partial \psi}{\partial x} = \frac{\partial \psi}{\partial u}\frac{\partial u}{\partial x} + \frac{\partial \psi}{\partial v}\frac{\partial v}{\partial x}$$

$$\frac{\partial \psi}{\partial y} = \frac{\partial \psi}{\partial u}\frac{\partial u}{\partial y} + \frac{\partial \psi}{\partial v}\frac{\partial v}{\partial y}$$

$$=-\frac{\partial \psi}{\partial u}\frac{\partial v}{\partial x}+\frac{\partial \psi}{\partial v}\frac{\partial u}{\partial x} \quad (\text{由 C-R 方程})$$

故

$$\left(\frac{\partial \psi}{\partial x}\right)^2+\left(\frac{\partial \psi}{\partial y}\right)^2=\left(\frac{\partial \psi}{\partial u}\frac{\partial u}{\partial x}+\frac{\partial \psi}{\partial v}\frac{\partial v}{\partial x}\right)^2+\left(-\frac{\partial \psi}{\partial u}\frac{\partial v}{\partial x}+\frac{\partial \psi}{\partial v}\frac{\partial u}{\partial x}\right)^2$$

$$=\left\{\left(\frac{\partial \psi}{\partial u}\right)^2+\left(\frac{\partial \psi}{\partial v}\right)^2\right\}\left\{\left(\frac{\partial u}{\partial x}\right)^2+\left(\frac{\partial v}{\partial x}\right)^2\right\}$$

$$=\left\{\left(\frac{\partial \psi}{\partial u}\right)^2+\left(\frac{\partial \psi}{\partial v}\right)^2\right\}\cdot|f'(z)|^2$$

又

$$\frac{\partial^2 \psi}{\partial x^2}=\frac{\partial^2 \psi}{\partial u^2}\left(\frac{\partial u}{\partial x}\right)^2+2\frac{\partial^2 \psi}{\partial u \partial v}\cdot\frac{\partial u}{\partial x}\frac{\partial v}{\partial x}+\frac{\partial^2 \psi}{\partial v^2}\left(\frac{\partial v}{\partial x}\right)^2+\frac{\partial \psi}{\partial u}\frac{\partial^2 u}{\partial x^2}+\frac{\partial \psi}{\partial v}\frac{\partial^2 v}{\partial x^2}$$

$$\frac{\partial^2 \psi}{\partial y^2}=\frac{\partial^2 \psi}{\partial u^2}\left(\frac{\partial u}{\partial y}\right)^2+2\frac{\partial^2 \psi}{\partial u \partial v}\cdot\frac{\partial u}{\partial y}\frac{\partial v}{\partial y}+\frac{\partial^2 \psi}{\partial v^2}\left(\frac{\partial v}{\partial y}\right)^2+\frac{\partial \psi}{\partial u}\frac{\partial^2 u}{\partial y^2}+\frac{\partial \psi}{\partial v}\frac{\partial^2 v}{\partial y^2}$$

由 C-R 方程,得

$$\frac{\partial v}{\partial y}=\frac{\partial u}{\partial x},\frac{\partial u}{\partial y}=-\frac{\partial v}{\partial x}$$

$$\frac{\partial^2 v}{\partial y^2}=\frac{\partial^2 u}{\partial x \partial y}=-\frac{\partial^2 v}{\partial x^2},\frac{\partial^2 u}{\partial y^2}=-\frac{\partial^2 v}{\partial x \partial y}=-\frac{\partial^2 u}{\partial x^2}$$

故

$$\frac{\partial^2 \psi}{\partial y^2}=\frac{\partial^2 \psi}{\partial u^2}\left(\frac{\partial v}{\partial x}\right)^2-2\frac{\partial^2 \psi}{\partial u \partial v}\frac{\partial u}{\partial x}\frac{\partial v}{\partial x}+\frac{\partial^2 \psi}{\partial v^2}\left(\frac{\partial u}{\partial x}\right)^2-\frac{\partial \psi}{\partial u}\frac{\partial^2 u}{\partial x^2}-\frac{\partial \psi}{\partial v}\frac{\partial^2 v}{\partial x^2}$$

于是

$$\frac{\partial^2 \psi}{\partial x^2}+\frac{\partial^2 \psi}{\partial y^2}=\left(\frac{\partial^2 \psi}{\partial u^2}+\frac{\partial^2 \psi}{\partial v^2}\right)\left\{\left(\frac{\partial v}{\partial x}\right)^2+\left(\frac{\partial u}{\partial x}\right)^2\right\}$$

$$=\left(\frac{\partial^2 \psi}{\partial u^2}+\frac{\partial^2 \psi}{\partial v^2}\right)|f'(z)|^2$$

**61** 已知 $f(z)=u+\mathrm{i}v$ 为解析,求证

$$\left(\frac{\partial^2}{\partial x^2}+\frac{\partial^2}{\partial y^2}\right)|f(z)|^p=p^2|f(z)|^{p-2}|f'(z)|^2$$

$$\left(\frac{\partial^2}{\partial x^2}+\frac{\partial^2}{\partial y^2}\right)|u|^p=p(p-1)|u|^{p-2}|f'(z)|^2 \quad (u\neq 0)$$

**证** 由前题知

$$\left(\frac{\partial^2}{\partial x^2}+\frac{\partial^2}{\partial y^2}\right)|f(z)|^p=|f'(z)|^2\left(\frac{\partial^2}{\partial u^2}+\frac{\partial^2}{\partial v^2}\right)|f(z)|^p$$

而 $|f(z)|^p=(u^2+v^2)^{\frac{p}{2}}$,所以

$$\frac{\partial^2|f(z)|^p}{\partial u^2}=p(u^2+v^2)^{\frac{p-2}{2}}+p(p-2)u^2(u^2+v^2)^{\frac{p-4}{2}}$$

$$\frac{\partial^2|f(z)|^p}{\partial v^2}=p(u^2+v^2)^{\frac{p-2}{2}}+p(p-2)v^2(u^2+v^2)^{\frac{p-4}{2}}$$

于是

$$\begin{aligned}\left(\frac{\partial^2}{\partial x^2}+\frac{\partial^2}{\partial y^2}\right)|f(z)|^p&=\{2p(u^2+v^2)^{\frac{p-2}{2}}+p(p-2)(u^2+v^2)^{\frac{p-2}{2}}\}|f'(z)|^2\\&=p^2|f(z)|^{p-2}|f'(z)|^2\end{aligned}$$

又

$$\frac{\partial^2|u|^p}{\partial u^2}=p(p-1)|u|^{p-2},\frac{\partial^2|u|^p}{\partial v^2}=0$$

故

$$\left(\frac{\partial^2}{\partial x^2}+\frac{\partial^2}{\partial y^2}\right)|u|^p=p(p-1)|u|^{p-2}|f'(z)|^2$$

**62** 若 $z=re^{i\theta}$,则 $r^n\cos n\theta, r^n\sin n\theta$ 为调和函数.

**证** 只需注意

$$r^n\cos n\theta=\mathrm{Re}(z^n)$$

$$r^n\sin n\theta=\mathrm{Im}(z^n)$$

**63** 已知解析函数 $f(z)$ 的虚部

$$v(x,y)=\sqrt{-x+\sqrt{x^2+y^2}}$$

求 $f(z)$.

**解** 改为极坐标,为

$$v=\sqrt{-\rho\cos\phi+\rho}=\sqrt{\rho(1-\cos\phi)}=\sqrt{2\rho}\sin\frac{\phi}{2}$$

则

$$\frac{\partial v}{\partial\rho}=\sqrt{\frac{1}{2\rho}}\sin\frac{\phi}{2},\frac{\partial v}{\partial\phi}=\sqrt{\frac{\rho}{2}}\cos\frac{\phi}{2}$$

由 C-R 方程,得

$$\frac{\partial u}{\partial \rho}=\sqrt{\frac{1}{2\rho}}\cos\frac{\phi}{2}$$

$$\frac{\partial u}{\partial \phi}=-\sqrt{\frac{\rho}{2}}\sin\frac{\phi}{2}$$

故

$$\begin{aligned}\mathrm{d}u&=\frac{\partial u}{\partial \rho}\mathrm{d}\rho+\frac{\partial u}{\partial \phi}\mathrm{d}\phi\\&=\sqrt{\frac{1}{2\rho}}\cos\frac{\phi}{2}\mathrm{d}\rho-\sqrt{\frac{\rho}{2}}\sin\frac{\phi}{2}\mathrm{d}\phi\\&=\sqrt{2}\cos\frac{\phi}{2}\mathrm{d}\sqrt{\rho}+\sqrt{2\rho}\,\mathrm{d}\left(\cos\frac{\phi}{2}\right)\\&=\mathrm{d}\left(\sqrt{2\rho}\cos\frac{\phi}{2}\right)\end{aligned}$$

因此

$$u=\sqrt{2\rho}\cos\frac{\phi}{2}+C=\sqrt{x+\sqrt{x^2+y^2}}+C$$

$$\begin{aligned}f(z)&=\sqrt{2\rho}\cos\frac{\phi}{2}+C+\mathrm{i}\sqrt{2\rho}\sin\frac{\phi}{2}\\&=\sqrt{2\rho}\left(\cos\frac{\phi}{2}+\mathrm{i}\sin\frac{\phi}{2}\right)+C\\&=\sqrt{2z}+C\end{aligned}$$

**64** 设 $z=x+\mathrm{i}y$,$f(z)=u+\mathrm{i}v$ 满足C-R方程,又设 $w=|f(z)|^2$ 且 $W=F(w)$,则 $(wF')'=0$ 时 $W$ 为调和函数,$(wF')'\geqslant 0$ 时 $W$ 为次调和函数(即 $\Delta W\geqslant 0$).

**证** 因 $w=|f(z)|^2=u^2+v^2$,于是

$$w_x=2uu_x+2vv_x,w_{xx}=2uu_{xx}+2u_x^2+2vv_{xx}+2v_x^2$$

$$w_y=2uu_y+2vv_y,w_{yy}=2uu_{yy}+2u_y^2+2vv_{yy}+2v_y^2$$

注意

$$u_x=v_y,u_y=-v_x,\Delta u=\Delta v=0$$

从而得

$$w_x^2+w_y^2=4wm,\Delta u=4m,m=u_x^2+u_y^2$$

由于 $W=F(w)$,则

$$W_x=F'(w)w_x$$

$$W_{xx}=F''(w)w_x^2+F'(w)w_{xx}$$

$$W_{yy}=F''(w)w_y^2+F'(w)w_{yy}$$

所以有

$$\Delta W=W_{xx}+W_{yy}=4m[wF''(w)+F'(w)]=4m(wF')'$$

由于 $m\geqslant 0$,故得证.

**注** 取 $F(w)=\log w$,则 $\log|f(z)|$ 为调和函数(对 $f(z)\neq 0$). 又取 $F(w)=w^{\frac{\alpha}{2}}$,则 $|f(z)|^{\alpha}$($\alpha$ 为实常数)为次调和函数(可能要除去点 $f(z)=0$). 特别,当 $w\neq 0$,$w^{-1}$ 为次调和函数时,一般函数类$\{F\}$的陈述给自

$$F(w)=\int_1^w w^{-1}P(w)\mathrm{d}w$$

这里 $P$ 是连续的增函数,或给自

$$F(w)=\int_1^w p(s)(\log w-\log s)\mathrm{d}s+c_1+c_2\log w$$

这里 $p(s)$ 连续且非负.

**65** 证明:函数 $x^2-y^2+2y$ 经变换 $z=w^3$ 后在 $w$ 平面内是调和的.

**证** 若 $z=w^3$,则

$$x+\mathrm{i}y=(u+\mathrm{i}v)^3=u^3-3uv^2+\mathrm{i}(3u^2v-v^3)$$

且

$$x=u^3-3uv^2,y=3u^2v-v^3$$

故

$$\begin{aligned}\Phi&=x^2-y^2+2y\\&=(u^3-3uv^2)^2-(3u^2v-v^3)^2+2(3u^2v-v^3)\\&=u^6-15u^4v^2+15u^2v^4-v^6+6u^2v-2v^3\end{aligned}$$

于是易于验证

$$\frac{\partial^2\Phi}{\partial u^2}+\frac{\partial^2\Phi}{\partial v^2}=0$$

**66** 求在 $z$ 平面的上半平面内($\mathrm{Im}(z)>0$)为调和的一个函数,并使它在 $x$ 轴上取规定的值,即

$$G(x)=\begin{cases}1,x>0\\0,x<0\end{cases}$$

**解** 我们必须解 $\Phi(x,y)$ 的边值问题,即

$$\frac{\partial^2 \Phi}{\partial x^2}+\frac{\partial^2 \Phi}{\partial y^2}=0, y>0, \lim_{y \to 0^+} \Phi(x,y)=G(x)=\begin{cases}1, x>0 \\ 0, x<0\end{cases}$$

这是一个关于上半平面的迪利克雷问题.

函数 $A\theta+B$($A,B$ 为实常数)是调和的,因为它是 $A\ln z+Bi$ 的虚部.

为决定 $A$ 和 $B$,注意边界条件是:

对于 $x>0$,$\Phi=1$,即 $\theta=0$;对于 $x<0$,$\Phi=0$,即 $\theta=\pi$.因而 $1=A\cdot 0+B$,$0=A\cdot\pi+B$,故 $A=-\frac{1}{\pi}$,$B=1$.

于是,所求解是

$$\Phi=A\theta+B=1-\frac{\theta}{\pi}=1-\frac{1}{\pi}\arctan\frac{y}{x}$$

**67** 求在单位圆 $|z|=1$ 内为调和的一个函数,并使其在圆周上取规定的值 $F(\theta)=\begin{cases}1, 0<\theta<\pi \\ 0, \pi<\theta<2\pi\end{cases}$.

**解** 这是一个关于单位圆的迪利克雷问题,这里我们要寻找一个在 $|z|=1$ 内满足拉普拉斯方程的函数,并且在弧 $ABC$ 上此函数取值 0,在弧 $CDE$ 上取值 1.

我们利用映射函数 $z=\frac{i-w}{i+w}$ 或 $w=i\left(\frac{1-z}{1+z}\right)$ 将圆 $|z|=1$ 的内部变到 $w$ 平面的上半平面.

在此变换下,弧 $ABC$ 和 $CDE$ 分别被映到 $w$ 平面的负的和正的实轴 $A'B'C'$ 和 $C'D'E'$ 上.于是边界条件在弧 $ABC$ 上 $\Phi=0$ 及在弧 $CDE$ 上 $\Phi=1$,分别变成在实轴 $A'B'C'$ 上 $\Phi=0$ 及在实轴 $C'D'E'$ 上 $\Phi=1$.

于是我们已将问题简化成求一个在上半 $w$ 平面内为调和的函数 $\Phi$,并且对 $u<0$ 取值为 0,对于 $u>0$ 取值为 1,此为第 66 题的问题,且其解由

$$\Phi=1-\frac{1}{\pi}\arctan\frac{v}{u}$$

给出,今从 $w=i\left(\frac{1-z}{1+z}\right)$ 可得

$$u=\frac{2y}{(1+x)^2+y^2}, v=\frac{1-(x^2+y^2)}{(1+x)^2+y^2}$$

代入上式得

$$\Phi=1-\frac{1}{\pi}\arctan\left[\frac{1-(x^2+y^2)}{2y}\right]$$

或用极坐标形式表示

$$\Phi=1-\frac{1}{\pi}\arctan\left(\frac{1-r^2}{2r\sin\theta}\right)$$

**68** 已知 $u=x^2+vy-y^2$，求以 $u$ 为实部的解析函数 $f(z)=u+\mathrm{i}v$.

**解** 易验证 $u=x^2+xy-y^2$ 是 $z$ 平面上的调和函数，下面用两种方法求 $v$.

**解法 1**

$$\begin{aligned}v(x,y)&=\int_{(0,0)}^{(x,y)}\left(-\frac{\partial u}{\partial y}\mathrm{d}x+\frac{\partial u}{\partial x}\mathrm{d}y\right)+c\\&=\int_{(0,0)}^{(x,0)}[(-x+2y)\mathrm{d}x+(2x+y)\mathrm{d}y]+\\&\quad\int_{(x,0)}^{(x,y)}[(-x+2y)\mathrm{d}x+(2x+y)\mathrm{d}y]+c\\&=\int_0^x-x\mathrm{d}x+\int_0^y(2x+y)\mathrm{d}y+c\\&=-\frac{x^2}{2}+2xy+\frac{y^2}{2}+c\quad(c\text{ 为常数})\end{aligned}$$

故

$$\begin{aligned}f(z)&=x^2+xy-y^2+\mathrm{i}\left(-\frac{x^2}{2}+2xy+\frac{y^2}{2}+c\right)\\&=x^2-y^2+\mathrm{i}2xy+\left[xy+\mathrm{i}\left(-\frac{x^2}{2}+\frac{y^2}{2}\right)\right]+\mathrm{i}c\\&=(x+\mathrm{i}y)^2+\left(-\frac{\mathrm{i}}{2}\right)(x^2-y^2+\mathrm{i}2xy)+\mathrm{i}c\\&=\left(1-\frac{\mathrm{i}}{2}\right)z^2+\mathrm{i}c\end{aligned}$$

**解法 2** 先由 C-R 条件中的一个等式可得

$$v_y=u_x=2x+y$$

从而

$$v=2xy+\frac{y^2}{2}+\varphi(x)\tag{1}$$

再由 C-R 条件中的另一等式得

$$v_x=-u_y=-x+2y$$

又从已有的式(1) 知

$$v_x=2y+\varphi'(x)$$

因而

$$\varphi'(x)=-x$$

从而

$$\varphi(x)=-\frac{x^2}{2}+c$$

$$v=2xy+\frac{y^2}{2}-\frac{x^2}{2}+c$$

这与解法 1 的结果一致.

**69** 试求形如 $ax^3+bx^2y+cxy^2+dy^3$ 的最一般的调和函数,并求出它的共轭调和函数及对应的解析函数.

**解** 设 $u=ax^3+bx^2y+cxy^2+dy^3$,则

$$\frac{\partial^2 u}{\partial x^2}=6ax+2by,\frac{\partial^2 u}{\partial y^2}=2cx+6dy$$

要满足

$$\frac{\partial^2 u}{\partial x^2}+\frac{\partial^2 u}{\partial y^2}=(6a+2c)x+(2b+6d)y=0$$

必须

$$\begin{cases}6a+2c=0\\2b+6d=0\end{cases}$$

即

$$\begin{cases}c=-3a\\b=-3d\end{cases}$$

于是,所求得的最一般的调和函数为

$$u=ax^3-3dx^2y-3axy^2+dy^3$$

其中 $a,d$ 为任意实数.

设 $u$ 的共轭调和函数为 $v(x,y)$,则

$$\begin{cases}\dfrac{\partial v}{\partial x}=-\dfrac{\partial u}{\partial y}=3dx^2+6axy-3dy^2\\[2mm]\dfrac{\partial v}{\partial y}=\dfrac{\partial u}{\partial x}=3ax^2-6dxy-3ay^2\end{cases}$$

由于积分与路径无关,故可取积分路线自点 $(x_0,y_0)$ 到点 $(x,y_0)$ 再到点 $(x,y)$,于是有

$$v(x,y)=\int_{x_0}^{x}(3dx^2+6axy_0-3dy_0^2)\mathrm{d}x+\int_{y_0}^{y}(3ax^2-6dxy-3ay^2)\mathrm{d}y+c$$

$$=dx^3+3ax^2y-3dxy^2-ay^3+c$$

$v(x,y)$ 也可用如下的方法求得：

先由 C-R 条件中

$$\frac{\partial v}{\partial x}=3dx^2+6axy-3dy^2$$

求得

$$v(x,y)=dx^3+3ax^2y-3dxy^2+\varphi(y)$$

而

$$\frac{\partial v}{\partial y}=3ax^2-6dxy-3ay^2=3ax^2-6dxy+\varphi'(y)$$

故

$$\varphi'(y)=-3ay^2$$

于是

$$\varphi(y)=-ay^3+c$$

所以

$$v(x,y)=dx^3+3ax^2y-3dxy^2-ay^3+c$$

故对应的解析函数为

$$f(z)=u(x,y)+\mathrm{i}v(x,y)$$

即

$$\begin{aligned}f(z)&=ax^3-3dx^2y-3axy^2+dy^3+\\&\quad\mathrm{i}(dx^3+3ax^2y-3dxy^2-ay^3+c)\\&=ax^3+3ax^2(\mathrm{i}y)+3ax(\mathrm{i}y)^2+a(\mathrm{i}y)^3+\\&\quad\mathrm{i}dx^3+3\mathrm{i}dx^2(\mathrm{i}y)+3\mathrm{i}dx(\mathrm{i}y)^2+\mathrm{i}d(\mathrm{i}y)^3+\mathrm{i}c\\&=az^3+\mathrm{i}dz^3+\mathrm{i}c\\&=(a+\mathrm{i}d)z^3+\mathrm{i}c\\&=Az^3+D\end{aligned}$$

其中，$A$ 为任意复数，$D$ 是纯虚数.

**70** 证明：若域 $G$ 是复连通域，且由闭线路 $\Gamma_0$ 的内部与 $\Gamma_1,\Gamma_2,\cdots,\Gamma_n$ 的外部构成(图 8)(每个 $\Gamma_i$，$i=1,2,\cdots,n$，都可退缩成一点，且每个 $\Gamma_i$ 都在其余 $n-1$ 的外部)，$u(x,y)$ 是域 $G$ 上的调和函数.

则函数 $u(x,y)$ 的共轭调和函数 $v(x,y)$ 是多值函数，一般有如下公式

$$v(x,y)=\int_{(x_0,y_0)}^{(x,y)}-\frac{\partial u}{\partial y}\mathrm{d}x+\frac{\partial u}{\partial x}\mathrm{d}y$$
$$=U_1(x,y)+\sum_{k=1}^{n}m_K\pi_K+C$$

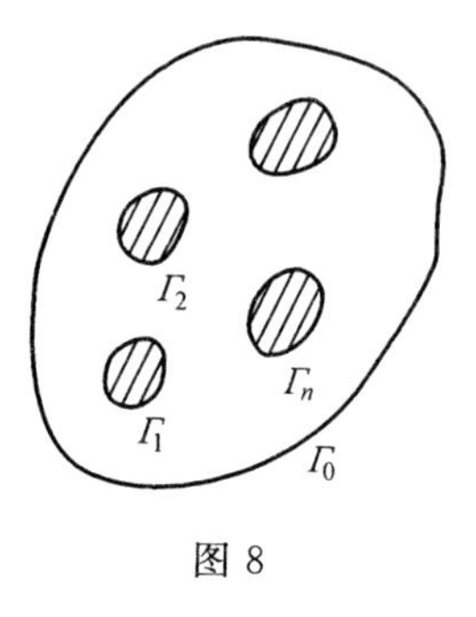

图 8

这里积分是沿 $G$ 内的路线来取的，$U_1(x,y)$ 是积分沿某一个不环绕任何 $\Gamma_i(i=1,2,\cdots,n)$ 的路线的值，$m_K$ 是整数，且

$$\pi_K=\int_{\gamma_K}-\frac{\partial u}{\partial y}\mathrm{d}x+\frac{\partial u}{\partial x}\mathrm{d}y$$

$\gamma_K$ 是简单闭路，其中每一个都包含边界 $\Gamma_i(i=1,2,\cdots,n)$ 中的一个在其内部(数 $\pi_K$ 叫作积分周期或循环常数).

**证** 为简单起见，令 $n=1$. 考虑积分

$$\int_L-\frac{\partial u}{\partial y}\mathrm{d}x+\frac{\partial u}{\partial x}\mathrm{d}y$$

其中 $L$ 是 $G$ 内的一条简单闭路.

(1) 如果 $L$ 不包括 $\Gamma_1$，则

$$\int_L-\frac{\partial u}{\partial y}\mathrm{d}x+\frac{\partial u}{\partial x}\mathrm{d}y=0$$

事实上，可以取一个单连通域 $G_1\subset G$，$L\subset G_1$ 这个线积分与路线无关，故在闭路 $L$ 上的积分等于零.

(2) 若 $\Gamma_1$ 在 $L$ 的内部，上面的积分不一定为零，但是可以证明：沿每一个包含 $\Gamma_1$ 在其内部的简单闭路上的积分值相等.

事实上，设 $L_1$ 与 $L_2$ 环绕 $\Gamma_1$ 及其内部并且彼此不相交，如图 9 所示(若 $L_1$ 与 $L_2$ 相交，便取包含 $L_1$ 与 $L_2$ 在它内部的 $L_3$，并分别研究 $L_3$ 与 $L_1$ 及 $L_3$ 与 $L_2$ 即可)，用 $A_1A_2$，$B_1B_2$ 连接 $L_1$ 与 $L_2$，则由情况(1) 知

$$\int_{(A_1M_1B_1)}+\int_{(B_1B_2)}+\int_{(B_2M_2A_2)}+\int_{(A_2A_1)}=0$$
$$\int_{(B_1N_1A_1)}+\int_{(A_1A_2)}+\int_{(A_2N_2B_2)}+\int_{(B_2B_1)}=0$$

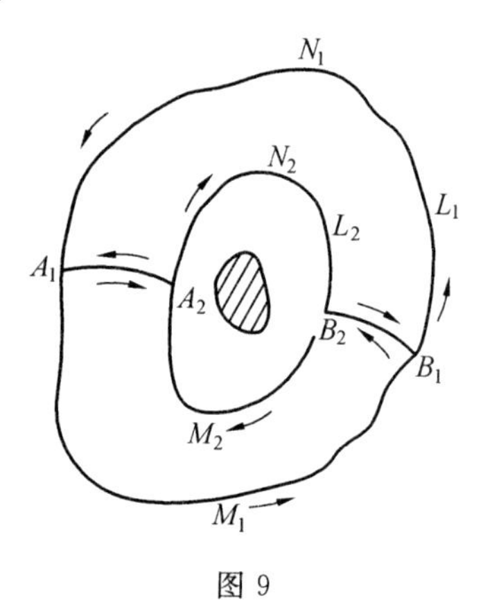

图 9

两式相加，得

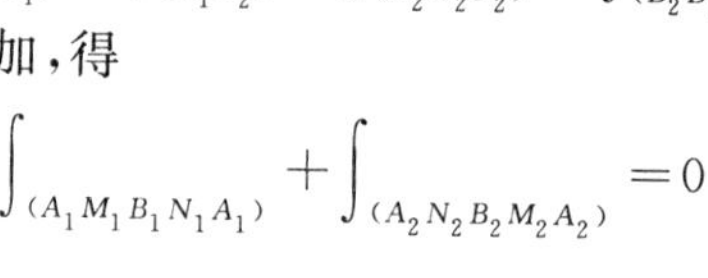

$$\int_{(A_1M_1B_1N_1A_1)}+\int_{(A_2N_2B_2M_2A_2)}=0$$

即

$$\int_{L_1}=\int_{L_2}\quad（按正方向取）$$

令

$$\int_{L_1}-\frac{\partial u}{\partial y}\mathrm{d}x+\frac{\partial u}{\partial x}\mathrm{d}y=\pi_1$$

则对 $G$ 内任一环绕 $\Gamma_1$ 及其内部的简单闭路 $v_1$，均有

$$\int_{v_1}=\pi_1$$

(3) 若 $L$ 是 $G$ 内任一条闭路(可能自身相交)，则

$$\int_{L}-\frac{\partial u}{\partial y}\mathrm{d}x+\frac{\partial u}{\partial x}\mathrm{d}y=m_1\pi_1$$

其中，$m_1$ 为整数.

特别，若 $L$ 是多角形的闭路，则它可以分解成有限个不自身相交的多角形线路，沿它们的每一个积分等于零或 $\pm\pi_1$，故积分

$$\int_{L}-\frac{\partial u}{\partial y}\mathrm{d}x+\frac{\partial u}{\partial x}\mathrm{d}y=m_1\pi_1$$

其中，$m_1$ 为一整数.

一般情形，取内接于 $L$ 的折线 $\Gamma$，于是 $\Gamma$ 是多角形的闭路，由数学分析中取在折线上的积分的逼近法(参见菲赫金哥尔茨著的《微积分学教程》第 3 卷 1 分册 P. 25) 知：取沿 $\Gamma$ 的积分，再取极限($L$ 上的小弧直径的最大值 $\lambda\to 0$ 时)即得. 这是因为

$$\lim_{\lambda\to 0}\int_{\Gamma}-\frac{\partial u}{\partial y}\mathrm{d}x+\frac{\partial u}{\partial x}\mathrm{d}y=\int_{L}-\frac{\partial u}{\partial y}\mathrm{d}x+\frac{\partial u}{\partial x}\mathrm{d}y$$

(4) $A(x_0,y_0)$，$B(x,y)$ 是 $G$ 内任意两点，对于 $G$ 内从点 $A$ 到点 $B$ 的任一条积分路线 $(AB)$，再在 $G$ 内取一条从点 $B$ 到点 $A$ 不环绕 $\Gamma_1$ 的路线 $(BA)^*$，则

$$(AB)+(BA)^*=L$$

由情况(3) 知

$$\int_{(AB)}+\int_{(BA)^*}=m_1\pi_1$$

$$\int_{(AB)}=\int_{(AB)^*}+m_1\pi_1$$

故 $-\frac{\partial u}{\partial y}\mathrm{d}x+\frac{\partial u}{\partial x}\mathrm{d}y$ 的原函数为

$$\begin{aligned}v(x,y)&=\int_{(x_0,y_0)}^{(x,y)}-\frac{\partial u}{\partial y}\mathrm{d}x+\frac{\partial u}{\partial x}\mathrm{d}y\\&=\int_{(AB)^*}-\frac{\partial u}{\partial y}\mathrm{d}x+\frac{\partial u}{\partial x}\mathrm{d}y+m_1\pi_1+c\end{aligned}$$

类似地可推广至任意的 $n$,有

$$v(x,y)=\int_{(x_0,y_0)}^{(x,y)} -\frac{\partial u}{\partial y}\mathrm{d}x+\frac{\partial u}{\partial x}\mathrm{d}y$$

$$=\int_{(A\zeta)^*} -\frac{\partial u}{\partial y}\mathrm{d}x+\frac{\partial u}{\partial x}\mathrm{d}y+\sum_{K=1}^{n} m_K\pi_K+c$$

路线 $(A\zeta)^*$ 取如 $(AB)^*$ 的一条确定的路线.

又

$$\mathrm{d}v=-\frac{\partial u}{\partial y}\mathrm{d}x+\frac{\partial u}{\partial x}\mathrm{d}y,\frac{\partial v}{\partial x}=-\frac{\partial u}{\partial y},\frac{\partial v}{\partial y}=\frac{\partial u}{\partial x}$$

于是

$$\frac{\partial^2 v}{\partial x^2}+\frac{\partial^2 v}{\partial y^2}=-\frac{\partial^2 u}{\partial y\partial x}+\frac{\partial^2 u}{\partial x\partial y}=0$$

即 $(x,y)$ 是 $u(x,y)$ 的共轭调和函数.

**注** (1) 调和函数的变元经过反演变换

$$x=\frac{\xi}{\xi^2+\eta^2},y=\frac{\eta}{\xi^2+\eta^2}$$

则变换后的函数仍为调和函数.

(2) 若调和函数 $u(x,y)$ 经过反演变换后,所得的函数 $U(\xi,\eta)$ 在原点是调和的,则称调和函数 $u(x,y)$ 在无穷点是调和的.

(3) 上例中 $\Gamma_0$ 可以不出现,只要 $u(x,y)$ 在无穷点是调和的,此时可以证明对这样的函数有

$$\sum_{K=1}^{n}\pi_K=0$$

**71** 已知调和函数 $u=\frac{1}{2}\{\ln(x^2+y^2)-\ln[(x-1)^2+y^2]\}$,求在下列区域 $G$ 内的共轭调和函数 $v(x,y)$:

(1) 在除去点 $z=0$ 与 $z=1$ 的平面上;

(2) 在除去实轴上的线段 $y=0,0\leqslant x\leqslant 1$ 的平面上;

(3) 在除去半轴 $y=0,1\leqslant x<+\infty$ 的平面上.

**解** (1) 这里 $z=0$ 与 $z=1$ 是奇点,$G$ 为复连通域,由上例知

$$v(x,y)=\int_{(x_0,y_0)}^{(x,y)} -\frac{\partial u}{\partial y}\mathrm{d}x+\frac{\partial u}{\partial x}\mathrm{d}y$$

$$=\int_{(A\zeta)^*}+\sum_{K=1}^{2} m_K\pi_K+c$$

其中 $\pi_1$ 与 $\pi_2$ 分别为 $z=0$ 与 $z=1$ 的积分周期. 当积分路线不环绕 $z=0$ 与 $z=1$ 时,有

$$\int_{(x_0,y_0)}^{(x,y)} -\frac{\partial u}{\partial y}\mathrm{d}x+\frac{\partial u}{\partial x}\mathrm{d}y=\int_{(x_0,y_0)}^{(x,y)}\left[\frac{y}{(x-1)^2+y^2}-\frac{y}{x^2+y^2}\right]\mathrm{d}x+\left[\frac{x}{x^2+y^2}-\frac{(x-1)}{(x-1)^2+y^2}\right]\mathrm{d}y$$

$$=\int_{(x_0,y_0)}^{(x,y)}\frac{-y\mathrm{d}x+x\mathrm{d}y}{x^2+y^2}-\left[\int_{(x_0,y_0)}^{(x,y)}\frac{-y\mathrm{d}x}{(x-1)^2+y^2}+\frac{(x-1)\mathrm{d}y}{(x-1)^2+y^2}\right]$$

$$=\int_{x_0}^{x}\frac{-y_0}{x^2+y_0^2}\mathrm{d}x+\int_{y_0}^{y}\frac{x\mathrm{d}y}{x^2+y^2}-\left[\int_{x_0}^{x}\frac{-y_0\mathrm{d}x}{(x-1)^2+y_0^2}+\int_{y_0}^{y}\frac{(x-1)\mathrm{d}y}{(x-1)^2+y^2}\right]$$

$$=-\arctan\frac{x}{y_0}\bigg|_{x_0}^{x}+\arctan\frac{y}{x}\bigg|_{y_0}^{y}+\arctan\frac{x-1}{y_0}\bigg|_{x_0}^{x}-\arctan\frac{y}{x-1}\bigg|_{y_0}^{y}$$

$$=\arctan\frac{y}{x}-\arctan\frac{y}{x-1}-\left(\arctan\frac{x}{y_0}+\arctan\frac{y_0}{x}\right)+\left(\arctan\frac{x-1}{y_0}+\arctan\frac{y_0}{x-1}\right)+\left(\arctan\frac{x_0}{y_0}-\arctan\frac{x_0-1}{y_0}\right)$$

$$=\arg z-\arctan(z-1)-\frac{\pi}{2}+\frac{\pi}{2}+c_1$$

$$c_1=\arctan\frac{x_0}{y_0}-\arctan\frac{x_0-1}{y_0}$$

取闭路 $L:|z|=r<1$ 与 $L_1:|z-1|=r$,则

$$\pi_1=\int_L\frac{x\mathrm{d}y-y\mathrm{d}x}{x^2+y^2}$$

$$=\int_0^{2\pi}\frac{r\cos\varphi\cdot r\cos\varphi-r\sin\varphi(-r\sin\varphi)}{r^2}\mathrm{d}\varphi$$

$$=\int_0^{2\pi}1\mathrm{d}\varphi=2\pi$$

$$\pi_2=\int_{L_1}\frac{(x-1)\mathrm{d}y-y\mathrm{d}x}{(x-1)^2+y^2}=2\pi$$

于是有

$$\sum_{K=1}^{2} m_K \pi_K = 2m\pi$$

其中,$m$ 为整数.则

$$v(x,y) = \arg z - \arg(z-1) + 2m\pi + c$$

(2)$u(x,y)$ 在无穷远点是调和的,且是上例中没有出现 $\Gamma_0$ 的情况,故积分周期的和为零.于是

$$v(x,y) = \int_{(x_0,y_0)}^{(x,y)} -\frac{\partial u}{\partial y}\mathrm{d}x + \frac{\partial u}{\partial x}\mathrm{d}y = \arg z - \arg(z-1) + c$$

(3)所指的域是复连通的,有

$$v(x,y) = \int_{(x_0,y_0)}^{(x,y)} -\frac{\partial u}{\partial y}\mathrm{d}x + \frac{\partial u}{\partial x}\mathrm{d}y = \arg z - \arg(z-1) + \sum_{K=1}^{n} m_K \pi_K + c$$

但在此域中的任一曲线 $L$,只能环绕点 $z=0$,不能环绕半直线 $y=0,1\leqslant x<+\infty$,故由情况(1)知,$\pi_1=2\pi$,$\pi_2$ 不出现或 $m_2=0$,所以

$$v(x,y) = \arg z - \arg(z-1) + 2P\pi + c \quad (P\text{ 为整数})$$

**72** 证明:为使曲线族 $\varphi(x,y)=C$,$(x,y)\in G$(其中 $\varphi$ 二次连续可微,族中任何两条曲线无交点,且域中的每一点必在族中一条曲线上),是某一调和函数的等位线族的充要条件是:关系式 $\dfrac{\Delta\varphi}{(\mathbf{grad}\ \varphi)^2}$ 只依赖于 $\varphi$.

**证** 先证明未知函数有形式 $u=f[\varphi(x,y)]$.

事实上,若曲线族 $\varphi(x,y)=C$ 是某一函数 $u=F(x,y)$ 的等位线族,则对族中任一曲线 $\varphi(x,y)=C$,即对任何确定的 $C$,都有一个确定的 $u$ 与之对应(函数 $F(x,y)$ 在这条曲线上每一点取值为 $u$).这样便建立了 $C$ 到 $u$ 的对应,设它为 $f$,即 $u=f(c)$.于是,对每一点 $(x,y)\in G$,有

$$F(x,y) = f[\varphi(x,y)]$$

反之,若 $F(x,y)=f[\varphi(x,y)]$,则显然曲线族 $\varphi(x,y)=C$ 是 $F(x,y)$ 的等位线族.所以每一条曲线是 $F(x,y)$ 的等位线,$F(x,y)=f(c)$,并且 $F(x,y)$ 的每一条等位线 $F(x,y)=u$,有一条或几条曲线 $\varphi(x,y)=C$ 与其重合(这要看 $f^{-1}$ 是单值还是多值的).

现在来证明:$u=f[\varphi(x,y)]$ 是调和函数的充要条件是 $\dfrac{\Delta\varphi}{(\mathbf{grad}\ \varphi)^2}$ 只依赖于 $\varphi$.

事实上,若 $u=f[\varphi(x,y)]$ 是调和函数,则 $\Delta u=0$,因

$$\frac{\partial u}{\partial x}=f'\frac{\partial\varphi}{\partial x},\frac{\partial u}{\partial y}=f'\frac{\partial\varphi}{\partial y}$$

$$\frac{\partial^2 u}{\partial x^2}=f''\left(\frac{\partial\varphi}{\partial x}\right)^2+f'\frac{\partial^2\varphi}{\partial x^2},\frac{\partial^2 u}{\partial y^2}=f''\left(\frac{\partial\varphi}{\partial y}\right)^2+f'\frac{\partial^2\varphi}{\partial y^2}$$

(这里用到了 $f(c)$ 是 $C$ 的二次可微函数,显然这个可微条件是充分的且非必要的). 故

$$\Delta u=f''\left[\left(\frac{\partial\varphi}{\partial x}\right)^2+\left(\frac{\partial\varphi}{\partial y}\right)^2\right]+f'\left[\frac{\partial^2\varphi}{\partial x^2}+\frac{\partial^2\varphi}{\partial y^2}\right]=0$$

即

$$\Delta u=\frac{\mathrm{d}^2 u}{\mathrm{d}\varphi^2}(\mathbf{grad}\ \varphi)^2+\frac{\mathrm{d}u}{\mathrm{d}\varphi}\cdot\Delta\varphi=0$$

于是

$$\frac{\dfrac{\mathrm{d}^2 u}{\mathrm{d}\varphi^2}}{\dfrac{\mathrm{d}u}{\mathrm{d}\varphi}}=-\frac{\Delta\varphi}{(\mathbf{grad}\ \varphi)^2}$$

这个方程当且仅当右端 $\frac{\Delta\varphi}{(\mathbf{grad}\ \varphi)^2}$ 是 $\varphi$ 的函数时,才是一个二阶微分方程,于是便能解出 $u$ 作为 $\varphi$ 的函数.

反之,若方程能解出 $u$ 作为 $\varphi$ 的函数,则 $u=f[\varphi(x,y)]$ 是调和函数.

因此,$u=f[\varphi(x,y)]$ 为调和函数 $\Leftrightarrow$ $\frac{\Delta\varphi}{(\mathbf{grad}\ \varphi)^2}$ 是 $\varphi$ 的某一函数,即只依赖于 $\varphi$.

**73** 求出解析函数,使在曲线族 $y=cx$ 的任何一条曲线上(原点除外),或者实部或者虚部保持常数值.

**解** 令 $\varphi(x,y)=\frac{y}{x}$(当 $y=cx$ 时,$\varphi=c$).

(1) 若要使解析函数的实部 $u(x,y)$ 在曲线族 $y=cx$ 的每一曲线上(原点除外) 取常数值,则

$$u(x,y)=f[\varphi(x,y)]=f\left(\frac{y}{x}\right)$$

且满足方程(参见第 72 题的证明).

$$(\mathbf{grad}\ \varphi)^2\frac{\mathrm{d}^2 u}{\mathrm{d}\varphi^2}+\Delta\varphi\frac{\mathrm{d}u}{\mathrm{d}\varphi}=0 \qquad (*)$$

但

$$(\mathbf{grad}\ \varphi)^2=\left(\frac{\partial\varphi}{\partial x}\right)^2+\left(\frac{\partial\varphi}{\partial y}\right)^2=\frac{y^2}{x^4}+\frac{1}{x^2}=\frac{x^2+y^2}{x^4}$$

$$\Delta\varphi=\frac{\partial^2\varphi}{\partial x^2}+\frac{\partial^2\varphi}{\partial y^2}=\frac{2y}{x^3}$$

故式(*)化为

$$\frac{\mathrm{d}^2u}{\mathrm{d}\varphi^2}\cdot\frac{x^2+y^2}{x^4}+\frac{2y}{x^3}\frac{\mathrm{d}u}{\mathrm{d}\varphi}=0$$

即

$$\frac{\mathrm{d}^2u}{\mathrm{d}\varphi^2}(1+\varphi^2)+2\varphi\frac{\mathrm{d}u}{\mathrm{d}\varphi}=0$$

令$\frac{\mathrm{d}u}{\mathrm{d}\varphi}=P$,于是有

$$\frac{\mathrm{d}P}{\mathrm{d}\varphi}(1+\varphi^2)+2\varphi P=0$$

所以

$$\frac{\mathrm{d}P}{P}=\frac{-2\varphi\mathrm{d}\varphi}{1+\varphi^2}$$

故得

$$\ln P=-\ln(1+\varphi^2)+\ln c_1$$

所以有

$$P=\frac{c_1}{1+\varphi^2}$$

即

$$\frac{\mathrm{d}u}{\mathrm{d}\varphi}=\frac{c_1}{1+\varphi^2}$$

故

$$u=c_1\arctan\varphi+c_2=c_1\arctan\frac{y}{x}+c_2$$

现在求与$u$共轭的调和函数$v(x,y)$.因为

$$\frac{\partial u}{\partial x}=c_1\frac{-y}{x^2+y^2},\frac{\partial u}{\partial y}=c_1\frac{x}{x^2+y^2}$$

所以

$$v(x,y)=P\cdot V\int_{(x_0,y_0)}^{(x,y)}-\frac{\partial u}{\partial y}\mathrm{d}x+\frac{\partial u}{\partial x}\mathrm{d}y+ma+c$$

其中$a$为$z=0$的积分周期.

由于

$$P \cdot V\int_{(x_0,y_0)}^{(x,y)} -\frac{\partial u}{\partial y}\mathrm{d}x+\frac{\partial u}{\partial x}\mathrm{d}y$$

$$=-c_1\left(\int_{x_0}^{x}\frac{x\mathrm{d}x}{x^2+y^2}+\int_{y_0}^{y}\frac{y\mathrm{d}y}{x^2+y^2}\right)$$

$$=-\frac{1}{2}c_1\ln(x^2+y^2)+c'$$

$$=-c_1\ln r+c' \quad (r=|z|)$$

$$a=c_1\int_0^{2\pi}(-\cos\varphi\sin\varphi+\sin\varphi\cos\varphi)\mathrm{d}\varphi=0$$

因而

$$v(x,y)=-c_1\ln r+c$$

故

$$f(z)=c_1\arctan\frac{y}{x}+c_2+\mathrm{i}(-c_1\ln r+c)$$

$$=-c_1\mathrm{i}\left(\ln r+\mathrm{i}\arctan\frac{y}{x}\right)+c_2+\mathrm{i}c$$

$$=a\mathrm{i}(\ln|z|+\mathrm{i}\arg z)+\lambda$$

$$=a\mathrm{i}\ln z+\lambda$$

这里 $a$ 为实常数,$\lambda$ 为复常数.

**注** (1) 以后将知道,$\ln|z|+\mathrm{i}\arg z=\ln z$.

(2) 若要使解析函数的虚部 $v(x,y)$ 在每一条曲线 $y=cx$ 上(原点除外)保持常数值,由情况(1)可知

$$v(x,y)=c_1\arctan\frac{y}{x}+c_2$$

与它共轭的函数 $u(x,y)$ 可如下求得:

由于

$$\frac{\partial v}{\partial x}=c_1\frac{-y}{x^2+y^2},\frac{\partial v}{\partial y}=c_1\frac{x}{x^2+y^2}$$

所以

$$u(x,y)=\int_{(x_0,y_0)}^{(x,y)}c_1\frac{x\mathrm{d}x+y\mathrm{d}y}{x^2+y^2}=c_1\ln r+c_3$$

于是

$$f(z)=u+\mathrm{i}v=(c_1\ln r+c_3)+\mathrm{i}\left(c_1\arctan\frac{y}{x}+c_2\right)=a\ln z+\lambda$$

**74** 证明以下两个公式(此公式使用简便,但只是形式的,不具有任何证明力):

(1)$f(z)$ 为 $z$ 的解析函数的充要条件是

$$\frac{\partial f}{\partial \bar{z}}=0$$

(2) 若实部为已知调和函数 $u(x,y)$,则对应的解析函数为

$$f(z)=2u\left(\frac{z}{2},\frac{z}{2\mathrm{i}}\right)-u(0,0)$$

**证明** (1) 考虑两个实变数 $x,y$ 的复值函数 $f(x,y)$,引进复变数

$$z=x+\mathrm{i}y,\bar{z}=x-\mathrm{i}y$$

则

$$x=\frac{1}{2}(z+\bar{z}),y=-\frac{\mathrm{i}}{2}(z-\bar{z})$$

于是

$$f(x,y)=f\left(\frac{z+\bar{z}}{2},\frac{-\mathrm{i}(z-\bar{z})}{2}\right)=\varphi(z,\bar{z})$$

这里形式上把 $f(x,y)$ 考虑为 $z$ 与 $\bar{z}$ 的函数,而把 $z$ 与 $\bar{z}$ 视为独立的自变量(实际上不是,因为它们是互相共轭的).求 $f(x,y)$ 关于 $z$ 与 $\bar{z}$ 的形式导数,用复合函数的微分法,有

$$\begin{aligned}\frac{\partial f}{\partial z}&=\frac{\partial f}{\partial x}\frac{\partial x}{\partial z}+\frac{\partial f}{\partial y}\frac{\partial y}{\partial z}\\&=\frac{1}{2}\frac{\partial f}{\partial x}-\frac{\mathrm{i}}{2}\frac{\partial f}{\partial y}\\&=\frac{1}{2}\left(\frac{\partial f}{\partial x}-\mathrm{i}\frac{\partial f}{\partial y}\right)\end{aligned}$$

同理

$$\frac{\partial f}{\partial \bar{z}}=\frac{1}{2}\left(\frac{\partial f}{\partial x}+\mathrm{i}\frac{\partial f}{\partial y}\right)$$

若 $f(z)$ 解析,则

$$f'(z)=\frac{\partial u}{\partial x}+\mathrm{i}\frac{\partial v}{\partial x}=-\mathrm{i}\frac{\partial u}{\partial y}+\frac{\partial v}{\partial y}$$

于是

$$\frac{\partial f}{\partial x}=-\mathrm{i}\frac{\partial f}{\partial y}$$

故

$$\frac{\partial f}{\partial \bar{z}}=0$$

(2) 由于 $f(z)=u+\mathrm{i}v,\overline{f(z)}=u-\mathrm{i}v$,且

$$u(x,y)=u\left(\frac{z+\bar{z}}{2},\frac{-\mathrm{i}(z-\bar{z})}{2}\right)$$

$$v(x,y)=v\left(\frac{z+\bar{z}}{2},\frac{-\mathrm{i}(z-\bar{z})}{2}\right)$$

于是$\overline{f(z)}$关于 $z$ 的形式导数为

$$\begin{aligned}\frac{\partial \bar{f}}{\partial z}&=\frac{\partial u}{\partial x}\frac{\partial x}{\partial z}+\frac{\partial u}{\partial y}\frac{\partial y}{\partial z}-\mathrm{i}\left(\frac{\partial v}{\partial x}\frac{\partial x}{\partial z}+\frac{\partial v}{\partial y}\frac{\partial y}{\partial z}\right)\\&=\frac{1}{2}\frac{\partial u}{\partial x}-\frac{\mathrm{i}}{2}\frac{\partial u}{\partial y}-\mathrm{i}\left(\frac{1}{2}\frac{\partial v}{\partial x}-\frac{\mathrm{i}}{2}\frac{\partial v}{\partial y}\right)\\&=\frac{1}{2}\left(\frac{\partial u}{\partial x}-\mathrm{i}\frac{\partial v}{\partial x}-\mathrm{i}\frac{\partial u}{\partial y}-\frac{\partial v}{\partial y}\right)=0\end{aligned}$$

由于$\frac{\partial \bar{f}}{\partial z}=0$,故$\overline{f(z)}$对 $z$ 来说不变化,即与 $z$ 无关,所以它是 $\bar{z}$ 的函数,记为 $\bar{f}(\bar{z})$.

于是

$$u(x,y)=\frac{1}{2}[f(x+\mathrm{i}y)+\bar{f}(x-\mathrm{i}y)]$$

这依然是形式的恒等式.

用 $x=\frac{z}{2},y=\frac{z}{2\mathrm{i}}$ 代入,得

$$u\left(\frac{z}{2},\frac{z}{2\mathrm{i}}\right)=\frac{1}{2}[f(z)+\bar{f}(0)]$$

由于我们主要求的是相应的解析函数,故常数 $\bar{f}(0)$ 可以考虑为实数. 因而可设 $\bar{f}(0)=u(0,0)$,于是

$$f(z)=2u\left(\frac{z}{2},\frac{z}{2\mathrm{i}}\right)-u(0,0)$$

**注** 在上述表达式里还可加上任意一个纯虚数的常数.

上面公式的应用举例如下:

(1) 若 $f(z)=c\bar{z}(c>0)$,而$\frac{\partial f}{\partial \bar{z}}=c\neq 0$,就是说不满足情况(1),于是 $f(z)=c\bar{z}$ 不是 $z$ 的解析函数;

(2) 若实部 $u(x,y)=ax^3-3dx^2y-3axy^2+dy^3$,则对应的解析函数为

$$f(z)=2u\left(\frac{z}{2},\frac{z}{2\mathrm{i}}\right)-u(0,0)$$

$$=2\left[a\left(\frac{z}{2}\right)^3-3d\left(\frac{z}{2}\right)^2\frac{z}{2\mathrm{i}}-3a\,\frac{z}{2}\left(\frac{z}{2\mathrm{i}}\right)^2+d\left(\frac{z}{2\mathrm{i}}\right)^3\right]$$
$$=(a+\mathrm{i}d)z^3$$

还可以加上任意一个虚常数.

所以应用上面的公式,能很快地得出答案,故可用来检验所得结果的正确性.

**75** 证明下列各式:

(1)$\exp\bar{z}=\overline{\exp z}$,即 $\mathrm{e}^{\bar{z}}=\overline{\mathrm{e}^{z}}$;

(2)$\mathrm{e}^{\overline{\mathrm{i}z}}\neq\overline{\mathrm{e}^{\mathrm{i}z}}$,除非 $z=n\pi$($n$ 为整数);

(3) $\overline{\sin z}=\sin\bar{z}$,$\overline{\cos z}=\cos\bar{z}$,$\overline{\tan z}=\tan\bar{z}$,$\cos(\mathrm{i}\bar{z})=\overline{\cos(\mathrm{i}z)}$;

(4)$\sin(\overline{\mathrm{i}z})\neq\overline{\sin(\mathrm{i}z)}$,除非 $z=n\pi\mathrm{i}$.

**证** (1) 因设 $z=x+\mathrm{i}y$,则 $\bar{z}=x-\mathrm{i}y$. 所以

$$\begin{aligned}\mathrm{e}^{\bar{z}}&=\mathrm{e}^{x-\mathrm{i}y}=\mathrm{e}^{x}(\cos y-\mathrm{i}\sin y)\\&=\mathrm{e}^{x}\overline{(\cos x+\mathrm{i}\sin y)}\\&=\overline{\mathrm{e}^{x}}\ \overline{\mathrm{e}^{\mathrm{i}y}}=\overline{\mathrm{e}^{x+\mathrm{i}y}}=\overline{\mathrm{e}^{z}}\end{aligned}$$

余可仿此.

**76** 对任意的 $z$,若 $\mathrm{e}^{z+w}=\mathrm{e}^{z}$,则 $w=2k\pi\mathrm{i}$($k$ 为整数).

**证** 由于对任意的 $z$,有 $\mathrm{e}^{z+w}=\mathrm{e}^{z}$,于是可令

$$z=0,w=a+\mathrm{i}b$$

则有

$$\mathrm{e}^{w}=\mathrm{e}^{0}=1$$

即

$$\mathrm{e}^{a}(\cos b+\mathrm{i}\sin b)=1$$

所以

$$\mathrm{e}^{a}=1$$

故

$$\cos b+\mathrm{i}\sin b=1$$

于是,有

$$a=0,\cos b=1$$

因此

$$b=2k\pi$$

故 $w=a+\mathrm{i}b=2k\pi\mathrm{i}$($k$ 为整数).

**77** 试确定 $\mathrm{e}^{\mathrm{e}^z}$ 的实部与虚部.

**解** 设 $z=x+\mathrm{i}y$,则

$$\mathrm{e}^z=\mathrm{e}^x(\cos y+\mathrm{i}\sin y)$$

于是

$$\begin{aligned}\mathrm{e}^{\mathrm{e}^z}&=\mathrm{e}^{\mathrm{e}^x\cos y+\mathrm{i}\mathrm{e}^x\sin y}\\&=\mathrm{e}^{\mathrm{e}^x\cos y}[\cos(\mathrm{e}^x\sin y)+\mathrm{i}\sin(\mathrm{e}^x\sin y)]\end{aligned}$$

故

$$\mathrm{Re}(\mathrm{e}^{\mathrm{e}^z})=\mathrm{e}^{\mathrm{e}^x\cos y}\cos(\mathrm{e}^x\sin y)$$
$$\mathrm{Im}(\mathrm{e}^{\mathrm{e}^z})=\mathrm{e}^{\mathrm{e}^x\cos y}\sin(\mathrm{e}^x\sin y)$$

**78** 证明:$m$ 是整数时,$(\mathrm{e}^z)^m=\mathrm{e}^{mz}$.

**证**

$$\begin{aligned}(\mathrm{e}^z)^m&=[\mathrm{e}^x(\cos y+\mathrm{i}\sin y)]^m\\&=\mathrm{e}^{mx}(\cos y+\mathrm{i}\sin y)^m\\&=\mathrm{e}^{mx}(\cos my+\mathrm{i}\sin my)\\&=\mathrm{e}^{mx+\mathrm{i}my}=\mathrm{e}^{mz}\quad(\text{中间用了 De moivre 公式})\end{aligned}$$

**79** 设点 $z$ 沿从原点出发的半射线运动,其模无限增加,问:对于这条半射线的哪些方向 $\lim \mathrm{e}^z$ 存在?又哪些方向它不存在?

**解** 令 $z=r\mathrm{e}^{\mathrm{i}\varphi}=r(\cos\varphi+\mathrm{i}\sin\varphi)$,则

$$\mathrm{e}^z=\mathrm{e}^{r\cos\varphi+\mathrm{i}r\sin\varphi}=\mathrm{e}^{r\cos\varphi}[\cos(r\sin\varphi)+\mathrm{i}\sin(r\sin\varphi)]$$
$$|\mathrm{e}^z|=\mathrm{e}^{r\cos\varphi}$$

(1) 当 $-\frac{\pi}{2}<\varphi<\frac{\pi}{2}$,$\cos\varphi>0$,且 $r\to+\infty$ 时,有

$$r\cos\varphi\to+\infty$$

于是

$$\lim_{|z|=r\to\infty}|\mathrm{e}^z|=\lim_{r\to\infty}\mathrm{e}^{r\cos\varphi}=+\infty$$

故

$$\lim_{|z|\to\infty}\mathrm{e}^z=\infty$$

(2) 当 $\frac{\pi}{2}<\varphi<\pi$ 或 $-\pi<\varphi<-\frac{\pi}{2}$,$\cos\varphi<0$,且 $r\to+\infty$ 时,有

$$r\cos\varphi \to -\infty$$

$$\lim_{|z|\to\infty} |e^z| = \lim_{r\to\infty} e^{r\cos\varphi} = 0$$

故

$$\lim_{|z|\to\infty} e^z = 0$$

(3) 当 $\varphi = \frac{\pi}{2}$ 时,$e^z = \cos r + i\sin r$,且 $|z| = r \to +\infty$ 时,$\lim\limits_{r\to\infty} \sin r$ 不存在.

故 $\lim\limits_{|z|\to\infty} e^z$ 不存在.

(4) 当 $\varphi = -\frac{\pi}{2}$,有

$$e^z = \cos r - i\sin r$$

由情况(3),知 $\lim\limits_{|z|\to\infty} e^z$ 不存在.

**80** 试证明:$\lim\limits_{n\to\infty}\left(1+\frac{z}{n}\right)^n = e^z$.

**证** (1) 令 $p_n = \left|\left(1+\frac{z}{n}\right)^n\right| = \left[\left(1+\frac{x}{n}\right)^2 + \frac{y^2}{n^2}\right]^{\frac{n}{2}}$

所以

$$\ln p_n = \frac{n}{2}\ln\left[\left(1+\frac{x}{n}\right)^2 + \left(\frac{y}{n}\right)^2\right]$$

令 $\zeta = \frac{1}{n}$ 视为连续变量,由洛必达法则,有

$$\lim_{n\to\infty} \ln p_n = \lim_{\zeta\to 0}\frac{1}{2\zeta}\ln[(1+\zeta x)^2 + \zeta^2 y^2] = x$$

即

$$\lim_{n\to\infty} p_n = e^x$$

(2) 令 $\varphi_n = \arg\left(1+\frac{z}{n}\right)^n = n\arctan\frac{y}{n+x}$,又

$$\lim_{n\to\infty}\varphi_n = \lim_{\zeta\to 0}\frac{\arctan\dfrac{y}{\dfrac{1}{\zeta}+x}}{\zeta} = y$$

故

$$\lim_{n\to\infty}\left(1+\frac{z}{n}\right)^n = e^x(\cos y + i\sin y) = e^z$$

**81** 函数 $f(z)=\mathrm{e}^{-\frac{1}{z}}$ 除 $z=0$ 外都有定义，试证明：

(1) 在半圆 $0<|z|\leqslant 1$，$|\arg z|\leqslant\frac{\pi}{2}$ 上，函数 $f(z)$ 有界；

(2) 在上述半圆内 $f(z)$ 连续，但不一致连续；

(3) 在扇形 $0<|z|\leqslant 1$，$|\arg z|\leqslant\alpha<\frac{\pi}{2}$ 上，$f(z)$ 一致连续.

**证** (1) 令 $z=r\mathrm{e}^{\mathrm{i}\varphi}=r(\cos\varphi+\mathrm{i}\sin\varphi)$，$r\neq 0$，因为

$$f(z)=\mathrm{e}^{-\frac{1}{z}}=\mathrm{e}^{-\frac{\cos\varphi-\mathrm{i}\sin\varphi}{r}}$$

所以

$$|f(z)|=\mathrm{e}^{-\frac{\cos\varphi}{r}}$$

当 $|\varphi|=|\arg z|\leqslant\frac{\pi}{2}$ 时，$\cos\varphi\geqslant 0$，由于 $\mathrm{e}^{x}$ 是增函数，故有

$$|f(z)|=\mathrm{e}^{-\frac{\cos\varphi}{r}}\leqslant\mathrm{e}^{0}=1\quad(r\neq 0)$$

(2) 由 $z\neq 0$，知 $-\frac{1}{z}$ 是 $z$ 的连续函数.

因而 $f(z)=\mathrm{e}^{-\frac{1}{z}}$ 是连续函数，但在上述半圆内不一致连续.

事实上，对 $\varepsilon_0=\frac{1}{2}$，无论 $\delta$ 多么小，总存在两点 $z'=\frac{\mathrm{i}}{\left(2k+\frac{1}{2}\right)\pi}$ 与 $z''=-\frac{\mathrm{i}}{\left(2k+\frac{1}{2}\right)\pi}$，虽然 $|z'-z''|=\frac{4}{(4k+1)\pi}<\delta$（只要 $k$ 充分大），但

$$\begin{aligned}\left|\mathrm{e}^{-\frac{1}{z'}}-\mathrm{e}^{-\frac{1}{z''}}\right|&=\left|\mathrm{e}^{\mathrm{i}(2k+\frac{1}{2})\pi}-\mathrm{e}^{-\mathrm{i}(2k+\frac{1}{2})\pi}\right|\\&=2\left|\sin\left(2k+\frac{1}{2}\right)\pi\right|\\&=2>\frac{1}{2}=\varepsilon_0\end{aligned}$$

(3) 由情况(1)，知

$$|f(z)|=\mathrm{e}^{-\frac{\cos\varphi}{r}}$$

而当 $|\varphi|\leqslant\alpha<\frac{\pi}{2}$ 时，有

$$\cos\varphi\geqslant\cos\alpha$$

所以

$$|f(z)|=\mathrm{e}^{-\frac{\cos\varphi}{r}}\leqslant\mathrm{e}^{-\frac{\cos\alpha}{r}}\to 0\quad(r\to 0)$$

若定义:当 $z=0$ 时,$f(0)=0$,则

$$f(z)=\begin{cases}e^{-\frac{1}{z}},z\neq 0\\0,z=0\end{cases}$$

在闭扇形 $0\leqslant|z|\leqslant 1,|\arg z|\leqslant\alpha<\frac{\pi}{2}$ 上连续,故在其上一致连续.

因此,$w=e^{-\frac{1}{z}}$ 在 $0<|z|\leqslant 1,|\arg z|\leqslant\alpha<\frac{\pi}{2}$ 上一致连续.

**82** 证明:$f(z)=e^{\bar{z}}$ 不是 $z$ 的解析函数.

**证** 令 $z=x+iy$,有

$$\begin{aligned}f(z)=u+iv&=e^{x-iy}\\&=e^{x}[\cos(-y)+i\sin(-y)]\\&=e^{x}\cos y-ie^{x}\sin y\end{aligned}$$

于是

$$u=e^{x}\cos y,v=-e^{x}\sin y$$

故

$$\frac{\partial u}{\partial x}=e^{x}\cos y=-\frac{\partial v}{\partial y}$$

$$\frac{\partial u}{\partial y}=-e^{x}\sin y=\frac{\partial v}{\partial x}$$

而 $e^{x}\neq 0$,又 $\cos y$ 和 $\sin y$ 不能同时为零,所以,对任何 $z=x+iy$,均不能使下面两个等式

$$\frac{\partial u}{\partial x}=\frac{\partial v}{\partial y}$$

$$\frac{\partial u}{\partial y}=-\frac{\partial v}{\partial x}$$

同时成立.

故 $f(z)=e^{\bar{z}}$ 在任意一点 $z$ 均不可导.

**83** 求 $|\sin z|^{2}$.

**解** 因为

$$\begin{aligned}\sin(x+iy)&=\frac{e^{i(x+iy)}-e^{-i(x+iy)}}{2i}\\&=\frac{e^{-y+xi}-e^{y-xi}}{2i}\end{aligned}$$

$$=\frac{(e^{-y}-e^{y})\cos x+i(e^{-y}+e^{y})\sin x}{2i}$$

$$=\sin x\cdot \text{ch } y+i\cos x\cdot \text{sh } y$$

所以

$$\begin{aligned}|\sin z|^2&=\sin^2 x\cdot \text{ch}^2 y+\cos^2 x\cdot \text{sh}^2 y\\&=\sin^2 x(\text{ch}^2 y-\text{sh}^2 y)+(\cos^2 x+\sin^2 x)\text{sh}^2 y\\&=\sin^2 x+\text{sh}^2 y\end{aligned}$$

**84** 试确定 $\tan z$ 的模及实部与虚部.

**解** 令 $z=x+iy$,有

$$\begin{aligned}\tan z&=\frac{\sin z}{\cos z}\\&=\frac{\sin(x+iy)}{\cos(x+iy)}=\frac{\sin x\text{ch } y+i\cos x\text{sh } y}{\cos x\text{ch } y-i\sin x\text{sh } y}\\&=\frac{\sin x\cos x+i\text{sh } y\text{ch } y}{\cos^2 x\text{ch}^2 y+(1-\cos^2 x)\text{sh}^2 y}\\&=\frac{1}{2}\ \frac{\sin 2x+i\text{sh } 2y}{\cos^2 x+\text{sh}^2 y}\end{aligned}$$

故有

$$\text{Re}(\tan z)=\frac{\sin 2x}{2(\cos^2 x+\text{sh}^2 y)}$$

$$\text{Im}(\tan z)=\frac{\text{sh } 2y}{2(\cos^2 x+\text{sh}^2 y)}$$

$$|\tan z|=\frac{1}{2}\sqrt{\frac{\sin^2 2x+\text{sh}^2 2y}{(\cos^2 x+\text{sh}^2 y)^2}}=\frac{\sqrt{\sin^2 2x+\text{sh}^2 2y}}{2(\cos^2 x+\text{sh}^2 y)}$$

**85** 求 $w=\arccos z$ 的实部和虚部.

**解法一** 设 $z=x+iy,w=u+iv$. 则

$$\begin{aligned}x+iy&=\cos(u+iv)\\&=\cos u\cos iv-\sin u\sin iv\\&=\cos u\text{ch } v-i\sin u\text{sh } v\end{aligned}$$

所以

$$\begin{cases}\cos u\text{ch } v=x & (1)\\ \sin u\text{sh } v=-y & (2)\end{cases}$$

消去 $u$,得

$$\frac{x^2}{\operatorname{ch}^2 v}+\frac{y^2}{\operatorname{sh}^2 v}=1$$

即

$$\operatorname{ch}^4 v-(x^2+y^2+1)\operatorname{ch}^2 v+x^2=0$$

所以

$$\operatorname{ch}^2 v=\frac{x^2+y^2+1\pm\sqrt{(x^2+y^2+1)^2-4x^2}}{2}$$

但这里负号不适用,因 $\operatorname{ch}^2 v\geqslant 1$,故需

$$x^2+y^2+1-\sqrt{(x^2+y^2+1)^2-4x^2}\geqslant 2$$

即

$$(x^2+y^2-1)^2\geqslant(x^2+y^2+1)^2-4x^2$$

所以应有

$$4x^2\geqslant 2(2x^2+2y^2)$$

即

$$y=0$$

但当 $y=0$ 时,$x^2+y^2+1-\sqrt{(x^2+y^2+1)^2-4x^2}<2$.于是

$$\operatorname{ch}^2 v=\frac{x^2+y^2+1+\sqrt{[(x+1)^2+y^2][(x-1)^2+y^2]}}{2}$$

$$=\frac{\left[\sqrt{(x+1)^2+y^2}+\sqrt{(x-1)^2+y^2}\right]^2}{4}$$

所以

$$\operatorname{ch} v=\frac{\sqrt{(x+1)^2+y^2}+\sqrt{(x-1)^2+y^2}}{2}\quad(因\ \operatorname{ch} v\geqslant 1)\tag{3}$$

由式(1),得

$$\cos u=\frac{x}{\operatorname{ch} v}=\frac{2x}{\sqrt{(x+1)^2+y^2}+\sqrt{(x-1)^2+y^2}}$$

$$=\frac{\sqrt{(x+1)^2+y^2}-\sqrt{(x-1)^2+y^2}}{2}$$

所以

$$u=\arccos\frac{\sqrt{(x+1)^2+y^2}-\sqrt{(x-1)^2+y^2}}{2}\tag{4}$$

由式(3)(4)即得 $u,v$,但由式(2)需注意 $u,v$ 之选择应使 $\sin u\operatorname{sh} v$ 与 $y$ 异号.

**解法二**　如图 10 所示，考虑 $\triangle(-1)1z$，而 $Oz$ 恰为其中线，故

$$|z+1|^2+|z-1|^2=2(|z|^2+1)$$
$$=2(|\cos w|^2+1) \quad (5)$$

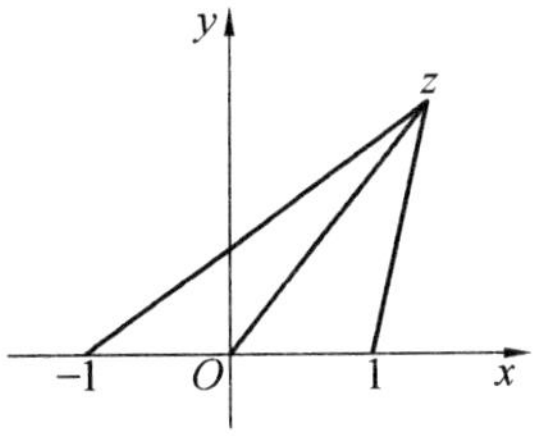

又因

$$|z+1||z-1|=|z^2-1|=|\sin w|^2 \quad (6)$$

图 10

式(5)$+2\times$(6)，得

$$(|z+1|+|z-1|)^2=2(|\cos w|^2+|\sin w|^2+1)$$

但

$$|\cos w|^2=\cos^2 u+\text{sh}^2 v$$
$$|\sin w|^2=\sin^2 u+\text{sh}^2 v$$

所以

$$(|z+1|+|z-1|)^2=2(1+2\text{sh}^2 v+1)=2^2\text{ch}^2 v$$

于是

$$\text{ch}\, v=\frac{|z+1|+|z-1|}{2} \quad (7)$$

式(5)$-2\times$(6)，得

$$(|z+1|-|z-1|)^2=2(|\cos w|^2-|\sin w|^2+1)$$
$$=2(\cos^2 u-\sin^2 u+1)$$
$$=4\cos^2 u$$

所以

$$\cos u=\frac{|z+1|-|z-1|}{2} \quad (8)$$

**86** 求 $w=\arcsin z$ 的实、虚部.

**解**　设 $w=u+\mathrm{i}v, z=x+\mathrm{i}y$，则

$$x+\mathrm{i}y=\sin(u+\mathrm{i}v)=\sin u\text{ch}\, v+\mathrm{i}\cos u\text{sh}\, v$$

所以

$$x=\sin u\text{ch}\, v \quad (1)$$
$$y=\cos u\text{sh}\, v \quad (2)$$

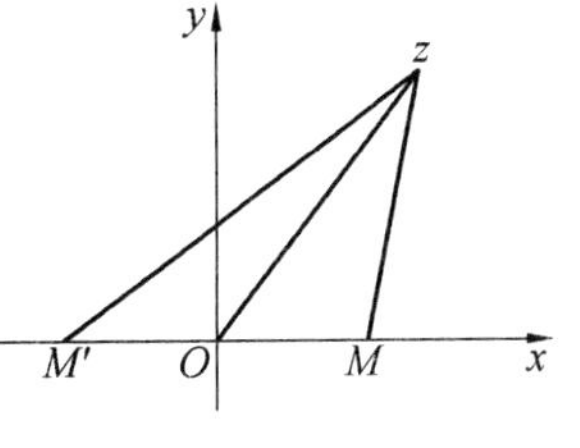

图 11

如图 11 所示，考虑 $\triangle M'Mz$，则 $Oz$ 恰为其中线，于是

$$\begin{aligned}&|z+1|^2+|z-1|^2\\=&2(|z|^2+1)\\=&2(|\sin w|^2+1)\end{aligned} \tag{3}$$

又因

$$|z+1||z-1|=|z^2-1|=|\sin^2 w-1|=|\cos^2 w| \tag{4}$$

由式(3)$+2x$(4),得

$$(|z+1|+|z-1|)^2=2(|\cos w|^2+|\sin w|^2+1)$$

但

$$|\cos w|^2=\cos^2 u+\operatorname{sh}^2 v$$

$$|\sin w|^2=\sin^2 u+\operatorname{sh}^2 v$$

所以

$$(|z+1|+|z-1|)^2=2(2\operatorname{sh}^2 v+1+1)=4\operatorname{ch}^2 v$$

从而

$$\begin{aligned}\operatorname{ch} v&=\frac{|z+1|+|z-1|}{2}\\&=\frac{\sqrt{(x+1)^2+y^2}+\sqrt{(x-1)^2+y^2}}{2}\end{aligned}$$

又由式(1),得

$$\begin{aligned}\sin u&=\frac{x}{\operatorname{ch} v}=\frac{2x}{\sqrt{(x+1)^2+y^2}+\sqrt{(x-1)^2+y^2}}\\&=\frac{\sqrt{(x+1)^2+y^2}-\sqrt{(x-1)^2+y^2}}{2}\end{aligned}$$

故

$$u=\arcsin\left(\frac{\sqrt{(x+1)^2+y^2}-\sqrt{(x-1)^2+y^2}}{2}\right)$$

$$v=\operatorname{arcch}\left(\frac{\sqrt{(x+1)^2+y^2}+\sqrt{(x-1)^2+y^2}}{2}\right)$$

**87** 求 $w=\arctan z$ 的实、虚部.

**解法一**

$$\begin{aligned}x+\mathrm{i}y&=\tan(u+\mathrm{i}v)\\&=\frac{\sin(u+\mathrm{i}v)}{\cos(u+\mathrm{i}v)}\\&=\frac{2\sin(u+\mathrm{i}v)\cos(u-\mathrm{i}v)}{2\cos(u+\mathrm{i}v)\cos(u-\mathrm{i}v)}\end{aligned}$$

$$=\frac{\sin 2u+\sin 2v\mathrm{i}}{\cos 2u+\cos 2v\mathrm{i}}$$

$$=\frac{\sin 2u+\mathrm{i}\,\mathrm{sh}\,2v}{\cos 2u+\mathrm{ch}\,2v}$$

所以

$$x=\frac{\sin 2u}{\cos 2u+\mathrm{ch}\,2v} \tag{1}$$

$$y=\frac{\mathrm{sh}\,2v}{\cos 2u+\mathrm{ch}\,2v} \tag{2}$$

由式$(1)^2+(2)^2$,得

$$x^2+y^2=\frac{\sin^2 2u+\mathrm{sh}^2 2v}{(\cos 2u+\mathrm{ch}\,2v)^2}$$

$$=\frac{-\cos^2 2u+\mathrm{ch}^2 2v}{(\cos 2u+\mathrm{ch}\,2v)^2}$$

$$=\frac{-\cos 2u+\mathrm{ch}\,2v}{\cos 2u+\mathrm{ch}\,2v}$$

由此得

$$1-x^2-y^2=\frac{2\cos 2u}{\cos 2u+\mathrm{ch}\,2v} \tag{3}$$

$$1+x^2+y^2=\frac{2\mathrm{ch}\,2v}{\cos 2u+\mathrm{ch}\,2v} \tag{4}$$

由式$(1)\times 2\div(3)$,得

$$\tan 2u=\frac{2x}{1-x^2-y^2}$$

所以

$$u=\frac{1}{2}\arctan\frac{2x}{1-x^2-y^2} \tag{5}$$

由式$(2)\times 2\div(4)$,得

$$\tan 2v=\frac{2y}{1+x^2+y^2}$$

所以

$$v=\frac{1}{2}\arctan\frac{2y}{1+x^2+y^2} \tag{6}$$

**注** 由式(1),因为$\frac{\sin 2u}{x}=\cos 2u+\mathrm{ch}\,2v\geqslant 0$,故由式(5)所得的$u$值还要限制必须取$\sin 2u$与$x$有相同的符号.

**解法二** 设$x+\mathrm{i}y=z$,$u+\mathrm{i}v=w$,因$z=\tan w$,故

$$\begin{aligned}\frac{z+\mathrm{i}}{z-\mathrm{i}}&=\frac{\sin w+\mathrm{i}\cos w}{\sin w-\mathrm{i}\cos w}\\&=-\frac{\cos w-\mathrm{i}\sin w}{\cos w+\mathrm{i}\sin w}\\&=-\frac{\mathrm{e}^{-\mathrm{i}w}}{\mathrm{e}^{\mathrm{i}w}}=-\mathrm{e}^{-2\mathrm{i}w}\\&=-\mathrm{e}^{2(v-\mathrm{i}u)}\\&=-\mathrm{e}^{2v}(\cos 2u-\mathrm{i}\sin 2u)\end{aligned}$$

由此知

$$\mathrm{Re}\left(\frac{z+\mathrm{i}}{z-\mathrm{i}}\right)=-\mathrm{e}^{2v}\cos 2u$$

$$\mathrm{Im}\left(\frac{z+\mathrm{i}}{z-\mathrm{i}}\right)=\mathrm{e}^{2v}\sin 2u$$

所以

$$\frac{\mathrm{Re}\left(\frac{z+\mathrm{i}}{z-\mathrm{i}}\right)}{\mathrm{Im}\left(\frac{z+\mathrm{i}}{z-\mathrm{i}}\right)}=-\tan 2u$$

但因

$$\frac{z+\mathrm{i}}{z-\mathrm{i}}=\frac{x+(y+1)\mathrm{i}}{x+(y-1)\mathrm{i}}=\frac{x^2+y^2-1+2x\mathrm{i}}{x^2+(y-1)^2}$$

于是

$$\tan 2u=\frac{2x}{1-x^2-y^2}$$

又 $\left|\frac{z+\mathrm{i}}{z-\mathrm{i}}\right|=\mathrm{e}^{2v}$,即

$$\frac{x^2+(y+1)^2}{x^2+(y-1)^2}=\mathrm{e}^{4v}$$

因此

$$\frac{x^2+y^2+2y+1}{x^2+y^2-2y+1}=\frac{\mathrm{e}^{2v}}{\mathrm{e}^{-2v}}$$

所以

$$\frac{2y}{x^2+y^2+1}=\frac{\mathrm{e}^{2v}-\mathrm{e}^{-2v}}{\mathrm{e}^{2v}+\mathrm{e}^{-2v}}=\mathrm{th}\ 2v$$

**88** 证明:$\tan z$ 的所有周期都是 $\pi$ 的倍数.

**证** 由定义,知

$$\tan z=\frac{\sin z}{\cos z}=\frac{e^{2iz}-1}{i(e^{2iz}+1)}$$

若 $\omega$ 是 $\tan z$ 的任意的周期，则有

$$\tan(z+\omega)=\tan z$$

而由上述 $\tan z$ 的表达式知

$$\tan(z+\omega)=\tan z \Leftrightarrow e^{2i(z+\omega)}=e^{2iz}$$

又知 $e^{z+2k\pi i}=e^{z}$（$k$ 为整数），所以

$$2i(z+\omega)=2iz+2k\pi i$$

故得

$$\omega=k\pi \quad (k\text{ 为整数})$$

**89** 试证明：

(1) 对任意的 $z=x+iy$，均有

$$|\operatorname{sh} y|\leqslant|\sin z|\leqslant\operatorname{ch} y,\ |\operatorname{sh} y|\leqslant|\cos z|\leqslant\operatorname{ch} y$$

(2) $\sin z$ 与 $\cos z$ 是无界的；

(3) 仅当 $z=k\pi$ 与 $z=(2k+1)\dfrac{\pi}{2}$ 时，才使 $\sin z=0$ 与 $\cos z=0$.

**证** (1)

$$\begin{aligned}|\sin z|&=|\sin(x+iy)|\\&=\sqrt{\sin^2 x\operatorname{ch}^2 y+(1-\sin^2 x)\operatorname{sh}^2 y}\\&=\sqrt{\operatorname{sh}^2 y+\sin^2 x}\end{aligned}$$

同理

$$|\cos z|=\sqrt{\operatorname{ch}^2 y-\sin^2 x}$$

所以

$$\begin{aligned}|\operatorname{sh} y|&\leqslant\sqrt{\operatorname{sh}^2 y+\sin^2 x}\\&=|\sin z|\\&\leqslant\sqrt{\operatorname{sh}^2 y+1}\\&=\operatorname{ch} y\end{aligned}$$

$$\begin{aligned}|\operatorname{sh} y|&=\sqrt{\operatorname{ch}^2 y-1}\\&\leqslant\sqrt{\operatorname{ch}^2 y-\sin^2 x}\\&=|\cos z|\leqslant\sqrt{\operatorname{ch}^2 y}\\&=\operatorname{ch} y\end{aligned}$$

(2) 由于$\lim\limits_{y\to\infty}|\operatorname{sh} y|=\lim\limits_{y\to\infty}\left|\frac{e^{y}-e^{-y}}{2}\right|=+\infty$,所以 $\sin z$ 与 $\cos z$ 均是无界的;

(3) 当 $y\neq 0$ 时,$\operatorname{sh} y\neq 0$,而

$$|\sin z|\geqslant|\operatorname{sh} y|,|\cos z|\geqslant|\operatorname{sh} y|$$

所以

$$\sin z\neq 0,\cos z\neq 0$$

即在实轴之外,$\sin z$ 与 $\cos z$ 均不为零.故 $\sin z$ 与 $\cos z$ 的零点和 $\sin x$ 与 $\cos x$ 相同.

因此,仅当 $z=x=k\pi$ 与 $z=(2k+1)\frac{\pi}{2}$ 时,才能分别使 $\sin z=0$ 与 $\cos z=0$.

**90** 当 $z\to\infty$ 时,研究 $\sin z,\cos z,\tan z$ 的性态.

**解** $\sin z=\frac{e^{iz}-e^{-iz}}{2i}$,$\cos z=\frac{e^{iz}+e^{-iz}}{2}$,$\tan z=-i\frac{e^{iz}-e^{-iz}}{e^{iz}+e^{-iz}}$,而

$$|e^{iz}|=|e^{-y+ix}|=e^{-y},|e^{-iz}|=e^{y}$$

(1) 当 $z$ 沿直线 $z=a+bt(-\infty<t<+\infty,0<\arg b<\pi)$ 的正方向趋于 $+\infty$ 时,有

$$y\to+\infty$$

于是

$$|e^{-iz}|\to+\infty,|e^{iz}|\to 0$$

故此时有

$$\sin z\to\infty,\cos z\to\infty$$

$$\tan z=-i\frac{e^{2iz}-1}{e^{2iz}+1}\to i$$

(2) 当 $z$ 沿直线 $z=a+bt$ 的负方向 $\to\infty$ 时,有

$$y\to-\infty$$

于是

$$|e^{iz}|=e^{-y}\to+\infty,|e^{-iz}|=e^{y}\to 0$$

故此时有

$$\sin z\to\infty,\cos z\to\infty$$

$$\tan z=-i\frac{1-e^{-2iz}}{1+e^{-2iz}}\to-i$$

(3) 当 $z$ 沿直线 $z=a+bt(\arg b=0$ 或 $\pi)$ 趋于 $\infty$ 时(此时 $b$ 为正实数或负实数),有

$$\begin{aligned}|e^{iz}| &= |e^{i(\operatorname{Re} z+i\operatorname{Im} z)}| \\ &= |e^{i[\operatorname{Re}(a+bt)+i\operatorname{Im}(a+bt)]}| \\ &= |e^{-\operatorname{Im}(a+bt)+i\operatorname{Re}(a+bt)}| \\ &= e^{-\operatorname{Im}(a+bt)} = e^{-\operatorname{Im} a} \quad (\text{因为 } bt \text{ 为实数})\end{aligned}$$

同理，$|e^{-iz}|=e^{\operatorname{Im} a}$，即 $|e^{-iz}|$ 与 $|e^{iz}|$ 均是常数.

所以 $e^{iz}$ 的实部 $\operatorname{Re}(e^{iz})=e^{-\operatorname{Im} a}\cos[\operatorname{Re}(a+bt)]$ 在 $-e^{-\operatorname{Im} a}$ 与 $e^{-\operatorname{Im} a}$ 之间摆动；

$e^{-iz}$ 的实部 $\operatorname{Re}(e^{-iz})=e^{\operatorname{Im} a}\cos[-\operatorname{Re}(a+bt)]=e^{\operatorname{Im} a}\cos[\operatorname{Re}(a+bt)]$ 在 $-e^{\operatorname{Im} a}$ 与 $e^{\operatorname{Im} a}$ 之间摆动.

故 $\cos z$ 的实部 $\operatorname{Re}(\cos z)=\frac{1}{2}(e^{-\operatorname{Im} a}+e^{\operatorname{Im} a})\cos[\operatorname{Re}(a+bt)]$ 在 $-M$ 与 $M$ 之间摆动. 其中，$M=\frac{1}{2}(e^{-\operatorname{Im} a}+e^{\operatorname{Im} a})$ 为常数.

所以，此时 $\cos z$ 的极限不存在.

$\sin z$ 的虚部 $\operatorname{Im}(\sin z)=-\frac{1}{2}(e^{-\operatorname{Im} a}-e^{\operatorname{Im} a})\cos[\operatorname{Re}(a+bt)]$ 在 $-M$ 与 $M'$ 之间摆动. 其中，$M'=-\frac{1}{2}(e^{-\operatorname{Im} a}-e^{\operatorname{Im} a})$ 为常数.

故 $\sin z$ 的极限也不存在.

类似可证 $\tan z$ 极限也不存在.

**91** 求和

$$s_n(x)=1+\cos x+\cos 2x+\cdots+\cos nx$$

**解法一**

$$\begin{aligned}s_n(x) &= 1+\sum_{k=1}^{n}\frac{e^{ikx}+e^{-ikx}}{2} \\ &= \frac{1}{2}+\frac{1}{2}\sum_{k=-n}^{n}e^{ikx} \\ &= \frac{1}{2}+\frac{1}{2}\frac{e^{-nix}[1-e^{(2n+1)ix}]}{1-e^{ix}} \\ &= \frac{1}{2}+\frac{1}{2}\frac{e^{-inx}-e^{i(n+1)x}}{1-e^{ix}} \\ &= \frac{1}{2}+\frac{1}{2}\left[\frac{e^{i(n+\frac{1}{2})x}-e^{-i(n+\frac{1}{2})x}}{e^{i\frac{1}{2}x}-e^{-i\frac{1}{2}x}}\right] \\ &= \frac{1}{2}+\frac{1}{2}\left[\frac{e^{i(n+\frac{1}{2})x}-e^{-i(n+\frac{1}{2})x}}{2i}\Big/\frac{e^{i\frac{1}{2}x}-e^{-i\frac{1}{2}x}}{2i}\right]\end{aligned}$$

$$=\frac{1}{2}+\frac{1}{2}\frac{\sin(n+\frac{1}{2})x}{\sin\frac{1}{2}x}$$

$$=\frac{\sin\frac{n+1}{2}x\cos\frac{n}{2}x}{\sin\frac{x}{2}}$$

**注** 这里用到初等代数中求几何级数前 $n$ 项和的公式,此公式显然对公比是复数时也适用(证明相同).

**解法二** $s_n(x)=\mathrm{Re}\left(1+\sum_{k=1}^{n}\mathrm{e}^{\mathrm{i}kx}\right)$

$$=\mathrm{Re}\left[1+\frac{\mathrm{e}^{\mathrm{i}x}-\mathrm{e}^{\mathrm{i}(n+1)x}}{1-\mathrm{e}^{\mathrm{i}x}}\right]$$

$$=\mathrm{Re}\left[1+\frac{\mathrm{e}^{\mathrm{i}x}-\mathrm{e}^{\mathrm{i}(n+1)x}-1+\mathrm{e}^{\mathrm{i}nx}}{(1-\mathrm{e}^{\mathrm{i}x})(1-\mathrm{e}^{-\mathrm{i}x})}\right]$$

$$=1+\frac{\cos x-1-[\cos(n+1)x-\cos nx]}{2(1-\cos x)}$$

$$=\frac{1-\cos x+2\sin\frac{(2n+1)x}{2}\sin\frac{x}{2}}{2(1-\cos x)}$$

$$=\frac{\sin\frac{x}{2}+\sin\frac{(2n+1)}{2}x}{2\sin\frac{x}{2}}$$

$$=\frac{\sin\frac{(n+1)x}{2}\cos\frac{nx}{2}}{\sin\frac{x}{2}}$$

**92** 证明:$\int_0^{2\pi}\cos^{2m}x\,\mathrm{d}x=\frac{C_{2m}^{m}\pi}{2^{2m-1}}$.

**证** 因为

$$\cos^{2m}x=\left(\frac{\mathrm{e}^{\mathrm{i}x}+\mathrm{e}^{-\mathrm{i}x}}{2}\right)^{2m}$$

$$=\frac{1}{2^{2m}}[\mathrm{e}^{\mathrm{i}2mx}+C_{2m}^{1}\mathrm{e}^{\mathrm{i}(2m-2)x}+C_{2m}^{2}\mathrm{e}^{\mathrm{i}(2m-4)x}+\cdots+$$

$$C_{2m}^{m}+\cdots+C_{2m}^{2m-2}\mathrm{e}^{\mathrm{i}(2m-4)x}+C_{2m}^{2m-1}\mathrm{e}^{-\mathrm{i}(2m-2)x}+\mathrm{e}^{-\mathrm{i}2mx}]$$

$$=\frac{1}{2^{2m-1}}\left[\frac{e^{i2mx}+e^{-i2mx}}{2}+C_{2m}^{1}\frac{e^{i(2m-2)x}+e^{-i(2m-2)x}}{2}+\right.$$

$$C_{2m}^{2}\frac{e^{i(2m-4)x}+e^{-i(2m-4)x}}{2}+\cdots+$$

$$\left.C_{2m}^{m-1}\frac{e^{i2x}+e^{-i2x}}{2}+\frac{1}{2}C_{2m}^{m}\right]$$

$$=\frac{1}{2^{2m-1}}[\cos 2mx+C_{2m}^{1}\cos 2(m-1)x+$$

$$C_{2m}^{2}\cos 2(m-2)x+\cdots+C_{2m}^{m-2}\cos 4x+C_{2m}^{m-1}\cos 2x+\frac{1}{2}C_{2m}^{m}\Big]$$

$$=\frac{1}{2^{2m-1}}\left[\sum_{k=0}^{n-1}C_{2m}^{k}\cos 2(m-k)x+\frac{1}{2}C_{2m}^{m}\right]$$

由于

$$\int_0^{2\pi}C_{2m}^{k}\cos 2(m-k)x\,dx$$

$$=C_{2m}^{k}\frac{\sin 2(m-k)x}{2(m-k)}\Bigg|_0^{2\pi}=0\quad(k=0,1,\cdots,m-1)$$

所以

$$\int_0^{2\pi}\cos^{2m}x\,dx=\frac{1}{2^{2m-1}}\cdot\frac{1}{2}C_{2m}^{m}x\Bigg|_0^{2\pi}=C_{2m}^{m}\frac{\pi}{2^{2m-1}}$$

**注** 在数学分析中,此题系用分部积分法导出递推公式而得.

**93** 证明

$$(\sin^{2m}x)^{(n)}=\sum_{k=0}^{m-1}(-1)^{m+k}C_{2m}^{k}2^{n-2m+1}(m-$$

$$k)^{n}\cos\left[2(m-k)x+\frac{n\pi}{2}\right]$$

**证** 因为

$$\sin^{2m}x=\left(\frac{e^{ix}-e^{-ix}}{2i}\right)^{2m}$$

$$=\frac{(-1)^m}{2^{2m}}[e^{i2mx}-C_{2m}^{1}e^{i2(m-1)x}+C_{2m}^{2}e^{i2(m-2)x}+\cdots+$$

$$(-1)^mC_{2m}^{m}+C_{2m}^{2m-2}e^{-i2(m-2)x}-C_{2m}^{2m-1}e^{-i2(m-1)x}+e^{-i2mx}]$$

$$=\frac{(-1)^m}{2^{2m-1}}\left[\frac{e^{i2mx}+e^{-i2mx}}{2}-C_{2m}^{1}\frac{e^{i2(m-1)x}+e^{-i2(m-1)x}}{2}+\right.$$

$$C_{2m}^{2}\frac{e^{i2(m-2)x}+e^{-i2(m-2)x}}{2}+\cdots+$$

$$\frac{e^{i2x}+e^{-i2x}}{2}+(-1)^m C_{2m}^m\Big]$$

$$=\frac{(-1)^m}{2^{2m-1}}\Big[\sum_{k=0}^{m-1}(-1)^k\cdot C_{2m}^k\cos 2(m-k)x+(-1)^m C_{2m}^m\Big]$$

由于

$$[\cos 2(m-k)x]^{(n)}=[2(m-k)]^n\cos\left[2(m-k)x+\frac{n\pi}{2}\right]$$

故

$$(\sin^{2m}x)^{(n)}=\frac{(-1)^m}{2^{2m-1}}\sum_{k=0}^{m-1}(-1)^k C_{2m}^k[2(m-k)]^n\cdot\cos\left[2(m-k)x+\frac{n\pi}{2}\right]$$

$$=\sum_{k=0}^{m-1}(-1)^{m+k}C_{2m}^k 2^{n-2m+1}(m-k)^n\cdot\cos\left[2(m-k)x+\frac{n\pi}{2}\right]$$

**94** 试把函数 $f(x)$ 的“三角式”傅里叶级数写为“指数式”的傅里叶级数：

即若

$$f(x)\sim\frac{a_0}{2}+\sum_{n=1}^{+\infty}(a_n\cos nx+b_n\sin nx)$$

其中

$$a_n=\frac{1}{\pi}\int_{-\pi}^{\pi}f(x)\cos nx\,dx\quad(n=0,1,2,\cdots)$$

$$b_n=\frac{1}{\pi}\int_{-\pi}^{\pi}f(x)\sin nx\,dx\quad(n=1,2,\cdots)$$

则有形式

$$f(x)\sim\sum_{n=-\infty}^{+\infty}c_n e^{inx}$$

其中

$$c_n=\frac{1}{2\pi}\int_{-\pi}^{\pi}f(x)e^{-inx}\,dx\quad(n=0,\pm1,\cdots)$$

**解** 因为 $f(x)\sim\frac{a_0}{2}+\sum_{n=1}^{+\infty}(a_n\cos nx+b_n\sin nx)$，所以

$$\begin{aligned}f(x) &\sim \frac{a_0}{2}+\sum_{n=1}^{+\infty}\left(a_n\frac{\mathrm{e}^{\mathrm{i}nx}+\mathrm{e}^{-\mathrm{i}nx}}{2}+b_n\frac{\mathrm{e}^{\mathrm{i}nx}-\mathrm{e}^{-\mathrm{i}nx}}{2}\right)\\ &=\frac{a_0}{2}+\sum_{n=1}^{+\infty}\left(\frac{a_n-\mathrm{i}b_n}{2}\mathrm{e}^{\mathrm{i}nx}+\frac{a_n+\mathrm{i}b_n}{2}\mathrm{e}^{-\mathrm{i}nx}\right)\\ &=c_0+\sum_{n=1}^{+\infty}(c_n\mathrm{e}^{\mathrm{i}nx}+c_{-n}\mathrm{e}^{-\mathrm{i}nx})\\ &=\sum_{n=-\infty}^{+\infty}c_n\mathrm{e}^{\mathrm{i}nx}\end{aligned}$$

其中

$$c_0=\frac{a_0}{2}=\frac{1}{2\pi}\int_{-\pi}^{\pi}f(x)\mathrm{d}x$$

$$\begin{aligned}c_n&=\frac{a_n-\mathrm{i}b_n}{2}\\ &=\frac{1}{2\pi}\int_{-\pi}^{\pi}f(x)(\cos nx-\mathrm{i}\sin nx)\mathrm{d}x\\ &=\frac{1}{2\pi}\int_{-\pi}^{\pi}f(x)\mathrm{e}^{-\mathrm{i}nx}\mathrm{d}x\quad(n=1,2,\cdots)\end{aligned}$$

$$\begin{aligned}c_{-n}&=\frac{a_n+\mathrm{i}b_n}{2}=\overline{c_n}\\ &=\frac{1}{2\pi}\int_{-\pi}^{\pi}f(x)(\cos nx+\mathrm{i}\sin nx)\mathrm{d}x\\ &=\frac{1}{2\pi}\int_{-\pi}^{\pi}f(x)\mathrm{e}^{\mathrm{i}nx}\mathrm{d}x\quad(n=1,2,\cdots)\end{aligned}$$

故可改写为统一的系数公式

$$c_n=\frac{1}{2\pi}\int_{-\pi}^{\pi}f(x)\mathrm{e}^{-\mathrm{i}nx}\mathrm{d}x\quad(n=0,\pm1,\pm2,\cdots)$$

**95** 问：$z$ 为何值时，$\mathrm{e}^z=4,\frac{\mathrm{i}}{2},-2+3\mathrm{i},\frac{1+\mathrm{i}}{\sqrt{2}}$？

**解** 若 $\mathrm{e}^z=4$，则

$$z=\ln 4=\ln 4+2k\pi\mathrm{i}\quad(k=0,\pm1,\cdots)$$

若 $\mathrm{e}^z=\frac{\mathrm{i}}{2}$，则

$$\begin{aligned}z&=\ln\frac{\mathrm{i}}{2}=\ln\left|\frac{\mathrm{i}}{2}\right|+\left(2k\pi+\frac{\pi}{2}\right)\mathrm{i}\\ &=-\ln 2+\left(2k+\frac{1}{2}\right)\pi\mathrm{i}\end{aligned}$$

若 $e^z=-2+3i$,则

$$\begin{aligned}z&=\ln(-2+3i)\\&=\ln|-2+3i|+\left(\pi-\arctan\frac{3}{2}\right)i+2k\pi i\\&=\frac{1}{2}\ln 13+\left[(2k+1)\pi-\arctan\frac{3}{2}\right]i\end{aligned}$$

若 $e^z=\frac{1+i}{\sqrt{2}}$,则

$$\begin{aligned}z&=\ln\left(\frac{1+i}{\sqrt{2}}\right)\\&=\ln\left|\frac{1+i}{\sqrt{2}}\right|+\frac{\pi}{4}i+2k\pi i\\&=\left(2k+\frac{1}{4}\right)\pi i\end{aligned}$$

**96** 若 $w=\sqrt[3]{z}$ 确定在沿正实轴剪开了的平面 $D$(此时它必为一单值分支)上,又已知 $w(i)=\frac{-\sqrt{3}+i}{2}$,求 $w(-i)$.

解 第一步,由 $w(i)=\frac{-\sqrt{3}+i}{2}$ 确定此时 $w=\sqrt[3]{z}$ 是哪一分支.因为当 $i\in D$ 时,$|i|=1,\theta=\arg i=\frac{\pi}{2}$,故欲使 $w(i)=\sqrt[3]{|i|}e^{i\frac{\frac{\pi}{2}+2(k-1)\pi}{3}}$ 与 $\frac{-\sqrt{3}+i}{2}$ 相等,必取 $k=2$.于是断定此时的一分支为 $w=\sqrt[3]{|z|}e^{i\frac{\theta+2\pi}{3}}$.

第二步,求 $w(-i)$.注意在区域 $D$ 内 $-i$ 的幅角是 $\frac{3\pi}{2}$,因此

$$w(-i)=\sqrt[3]{1}e^{i\frac{\frac{3\pi}{2}+2\pi}{3}}=e^{i\frac{7}{6}\pi}=\frac{-\sqrt{3}-i}{2}$$

**97** 在上题中,若已知 $w(i)=-i$,求 $w(-i)$.

解 在 $D$ 中 $-i$ 的幅角是 $\frac{3\pi}{2}$,故欲使 $w(i)=e^{i\frac{\frac{\pi}{2}+2(k-1)\pi}{3}}$ 与 $-i=e^{i\frac{3\pi}{2}}$ 相等,则必有 $k=3$.因此此时单值分支为

$$w=\sqrt[3]{|z|}e^{i\frac{\theta+4\pi}{3}}$$

于是

$$w(-\mathrm{i})=\mathrm{e}^{\mathrm{i}\frac{\frac{3}{2}\pi+4\pi}{3}}=\mathrm{e}^{\mathrm{i}\frac{11\pi}{6}}=\frac{\sqrt{3}-\mathrm{i}}{2}$$

**98** 指出下面论断中的错误(伯努利(Bernoulli)提出的诡论):

**命题** 对于任意的 $z\neq 0$,$\ln(-z)=\ln z$.

**证** (1) 因为$(-z)^2=z^2$;

(2) 所以 $\ln(-z)^2=\ln z^2$;

(3) 于是,$\ln(-z)+\ln(-z)=\ln z+\ln z$;

(4) 所以 $2\ln(-z)=2\ln z$;

(5) 故得 $\ln(-z)=\ln z$.

**解** 这个命题显然不成立.

因为若令 $\operatorname{arc} z$ 的主值为 $\varphi$,则

$$\ln z=\ln|z|+(\varphi+2k\pi)\mathrm{i}\quad(k=0,\pm1,\cdots)$$

$$\ln(-z)=\ln|z|+[\varphi+(2k+1)\pi]\mathrm{i}$$

显然 $\ln z$ 与 $\ln(-z)$ 不相等.

由于两个奇数之和一定是偶数,反之任一个偶数可以表为两个奇数之和,所以上面证明步骤(1)(2)(3)都正确.但由(3)⇒(4)是错误的,因为 $\ln z+\ln z$ 可以视为由两个相同集合内各取一个元素相加所得的和的集,即作为一个加项的一个集中任一个数加上另一个加项的集中的任一个数(可以是自身)而得的和所构成的集.而 $2\ln z$ 只是集 $\ln z$ 中每一个数的两倍而构成的集,显然 $2\ln z$ 仅是 $\ln z+\ln z$ 的一个真子集.

所以,$\ln z+\ln z\neq 2\ln z$.

同理,$\ln(-z)+\ln(-z)\neq 2\ln(-z)$.

因此,不能得出 $2\ln z$ 和 $2\ln(-z)$ 相等.

**99** 求$(-1)^{-\mathrm{i}}$.

**解** $(-1)^{-\mathrm{i}}=\mathrm{e}^{-\mathrm{i}\ln(-1)}=\mathrm{e}^{-\mathrm{i}(2k+1)\pi\mathrm{i}}=\mathrm{e}^{(2k+1)\pi}(k=0,\pm1,\pm2,\cdots)$.

当取 $k=0$ 时,得到$(-1)^{-\mathrm{i}}$ 的一个值 $\mathrm{e}^{\pi}$.著名的德国数学家希尔伯特(Hilbert)于1900年提出的问题:当$\beta$是代数数而非有理数,$\alpha$是代数数而非0和1时,$\alpha^{\beta}$ 是否一定为超越数? 1934年,盖尔丰德(Гельфонд)和施奈德(Schneider)证明了 $\alpha^{\beta}$ 此时必是超越数.由此即知 $\mathrm{e}^{\pi}$ 是超越数,因为 $-\mathrm{i}$ 是代数数(因为 $-\mathrm{i}$ 是 $x^2+1=0$ 的根)而非有理数,又 $-1$ 是代数数而非0和1.

**100** 求 $2^{1+i}$.

解
$$\begin{aligned}2^{1+i}&=e^{(1+i)\ln 2}\\&=e^{(1+i)(\ln 2+2k\pi i)}\\&=e^{(\ln 2-2k\pi)+i(\ln 2+2k\pi)}\\&=2e^{-2k\pi}[\cos(\ln 2)+i\sin(\ln 2)]\quad(k=0,\pm 1,\pm 2,\cdots)\end{aligned}$$

**101** 求 $i^{ii}$.

解 因
$$\begin{aligned}i^{i}&=e^{i\ln i}=e^{i[\ln 1+i(\frac{\pi}{2}+2k\pi)]}\\&=e^{-(\frac{\pi}{2}+2k\pi)}\quad(k=0,\pm 1,\pm 2,\cdots)\end{aligned}$$
所以
$$\begin{aligned}i^{ii}&=e^{ii\ln i}=e^{e^{-(\frac{\pi}{2}+2k\pi)}[\ln 1+i(\frac{\pi}{2}+2k'\pi)]}\\&=e^{i(\frac{\pi}{2}+2k'\pi)e^{-(\frac{\pi}{2}+2k\pi)}}\quad(k,k'=0,\pm 1,\pm 2,\cdots)\end{aligned}$$

**102** 求 $1^{z},z=x+iy$.

解
$$\begin{aligned}1^{z}&=1^{x+iy}\\&=e^{(x+iy)\ln 1}\\&=e^{(x+iy)(\ln 1+i2k\pi)}\\&=e^{(x+iy)(i2k\pi)}\\&=e^{-2k\pi y}e^{2k\pi xi}\\&=e^{-2k\pi y}(\cos 2k\pi x+i\sin 2k\pi)\end{aligned}$$
当 $k=0$ 时得出函数的一个分支为 1.

**103** 试确定 $(-2)^{\sqrt{2}}i^{i},(-3+4i)^{1+i}$ 的值.

解
$$\begin{aligned}(-2)^{\sqrt{2}}&=e^{\sqrt{2}\ln(-2)}\\&=e^{\sqrt{2}[\ln 2+(2k+1)\pi i]}\\&=2^{\sqrt{2}}[\cos(2k+1)\sqrt{2}\pi+i\sin(2k+1)\sqrt{2}\pi]\end{aligned}$$
$$i^{i}=e^{i\ln i}=e^{i(\frac{\pi}{2}i+2k\pi i)}=e^{-(4k+1)\frac{\pi}{2}}$$
因为 $k=0,\pm 1,\cdots$,所以
$$i^{i}=e^{(4k-1)\frac{\pi}{2}}$$
即 $i^{i}$ 是部分实数组成的集.

$$
\begin{aligned}
(-3+4\mathrm{i})^{1+\mathrm{i}} &= \mathrm{e}^{(1+\mathrm{i})\ln(-3+4\mathrm{i})} \\
&= \mathrm{e}^{(1+\mathrm{i})[\ln 5+(\pi-\arctan\frac{4}{3})\mathrm{i}+2k\pi\mathrm{i}]} \\
&= 5\mathrm{e}^{-(2k+1)\pi+\arctan\frac{4}{3}}(-1)\cdot \\
&\quad \left[\cos\left(\ln 5-\arctan\frac{4}{3}\right)+\mathrm{i}\sin\left(\ln 5-\arctan\frac{4}{3}\right)\right] \\
&= -5\mathrm{e}^{\arctan\frac{4}{3}-(2k+1)\pi}\left[\cos\left(\ln 5-\arctan\frac{4}{3}\right)+\right. \\
&\quad \left.\mathrm{i}\sin\left(\ln 5-\arctan\frac{4}{3}\right)\right]
\end{aligned}
$$

**104** 试求函数 $f(z)=z^z$ 的实部与虚部.

**解法一** 设 $z\neq 0, r=(x^2+y^2)^{\frac{1}{2}}, \theta=\arctan\frac{y}{x}+2m\pi, m=0,\pm 1,$ $\pm 2,\cdots$，则

$$
\begin{aligned}
f(z)=z^z=\mathrm{e}^{z\log z}&=\mathrm{e}^{(x+\mathrm{i}y)(\log r+\mathrm{i}\theta)} \\
&=\mathrm{e}^{x\log r-\theta y+\mathrm{i}(y\log r+\theta x)}
\end{aligned}
$$

因此

$$
\mathrm{Re}(f(z))=\mathrm{e}^{x\log r-\theta y}\cos(y\log r+\theta x)
$$

$$
\mathrm{Im}(f(z))=\mathrm{e}^{x\log r-\theta y}\sin(y\log r+\theta x)
$$

**解法二** 因为

$$
\begin{aligned}
f(z)=z^z=\mathrm{e}^{z\ln z}&=\mathrm{e}^{(x+\mathrm{i}y)(\ln|z|+\mathrm{i}\arg z)} \\
&=\mathrm{e}^{x\ln\sqrt{x^2+y^2}-y\arg z+(y\ln\sqrt{x^2+y^2}+x\arg z)\mathrm{i}} \\
&=\mathrm{e}^{\frac{x}{2}\ln(x^2+y^2)-y\arg z}\left\{\cos\left[x\arg z+\frac{y}{2}\ln(x^2+y^2)\right]+\right. \\
&\quad \left.\mathrm{i}\sin\left[x\arg z+\frac{y}{2}\ln(x^2+y^2)\right]\right\}
\end{aligned}
$$

所以

$$
\mathrm{Re}(f(z))=\mathrm{e}^{\frac{x}{2}\ln(x^2+y^2)-y\arg z}\cos\left[x\arg z+\frac{y}{2}\ln(x^2+y^2)\right]
$$

$$
\mathrm{Im}(f(z))=\mathrm{e}^{\frac{x}{2}\ln(x^2+y^2)-y\arg z}\sin\left[x\arg z+\frac{y}{2}\ln(x^2+y^2)\right]
$$

**105** 当 $a\neq 0$ 时，$(a^\alpha)^2,(a^2)^\alpha,a^{2\alpha}$ 的值的集合是否相等？

**解** 由于 $\ln a^2\neq 2\ln a$，故当 $\alpha$ 为无理数时，有

$$
(a^2)^\alpha=\mathrm{e}^{\alpha\ln a^2}\neq \mathrm{e}^{2\alpha\ln a}=a^{2\alpha}
$$

但

$$(a^{\alpha})^2=(e^{\alpha\ln a})^2=e^{2\ln e^{\alpha\ln a}}$$

令 $\alpha\ln a=p+i\theta$,则

$$\begin{aligned}(a^{\alpha})^2&=e^{2\ln e^{p+i\theta}}\\&=e^{2[\ln e^{p}+i(\theta+2k\pi)]}\\&=e^{2(p+i\theta+2k\pi i)}\\&=e^{2(p+i\theta)}\\&=e^{2\alpha\ln a}=a^{2\alpha}\end{aligned}$$

所以集合 $(a^{\alpha})^2$ 与 $a^{2\alpha}$ 相等,但不等于 $(a^2)^{\alpha}$.

**106** 在什么意义下,$(a^b)^c=a^{bc}$ 是正确的?

**解**

$$a^{bc}=e^{bc\ln a}$$

$$\begin{aligned}(a^b)^c&=e^{c\ln a^b}=e^{c\ln e^{b\ln a}}\\&=e^{c\ln e^{\mathrm{Re}(b\ln a)+i\mathrm{Im}(b\ln a)}}\\&=e^{c[\ln e^{\mathrm{Re}(b\ln a)+i\mathrm{Im}(b\ln a)+2k\pi i}]}\\&=e^{c[\mathrm{Re}(b\ln a)+i\mathrm{Im}(b\ln a)+2k\pi i]}\\&=e^{c(b\ln a+2k\pi i)}=e^{bc\ln a}\cdot e^{2kc\pi i}\\&=a^{bc}\cdot e^{2kc\pi i}\end{aligned}$$

所以,只有在 $c$ 为整数时,才有

$$(a^b)^c=a^{bc}$$

**107** 试求下列二式之值:

(1) $\ln[(1+i)^{1-i}]$;

(2) $[(1+i)^{1-i}]^{1+i}$.

**解** (1)

$$\begin{aligned}\ln[(1+i)^{1-i}]&=\ln e^{(1-i)\ln(1+i)}\\&=\ln e^{(1-i)[\ln\sqrt{2}+i(\frac{\pi}{4}+2k\pi)]}\\&=\ln e^{(\ln\sqrt{2}+\frac{\pi}{4}+2k\pi)+i(\frac{\pi}{4}-\ln\sqrt{2}+2k\pi)}\\&=\ln\sqrt{2}+\frac{\pi}{4}+2k\pi+i\left(\frac{\pi}{4}-\ln\sqrt{2}\right)\end{aligned}$$

其中 $k=0,\pm1,\pm2,\cdots$.

(2)

$$\begin{aligned}[(1+i)^{1-i}]^{1+i}&=e^{(1+i)\ln(1+i)^{1-i}}\\&=e^{(1+i)\ln e^{(1-i)\ln(1+i)}}\end{aligned}$$

$$
\begin{aligned}
&= e^{(1+i)\ln e^{(\ln\sqrt{2}+\frac{\pi}{4}+2k\pi)+i(\frac{\pi}{4}-\ln\sqrt{2}+2k\pi)}} \\
&= e^{(1+i)[\ln\sqrt{2}+\frac{\pi}{4}+2k\pi]+i(\frac{\pi}{4}-\ln\sqrt{2}+2k'\pi)} \\
&= 2ie^{2n\pi}
\end{aligned}
$$

**108** 证明以下等式：

(1) $\arccos z = -i\ln(z+\sqrt{z^2-1})$；

(2) $\arctan z = \dfrac{i}{2}\ln\dfrac{i+z}{i-z} = \dfrac{1}{2i}\ln\dfrac{1+iz}{1-iz}$；

(3) $\operatorname{arcth} z = \dfrac{1}{2}\ln\dfrac{1+z}{1-z}$.

**证** (1) 因为 $z=\cos w=\dfrac{e^{iw}+e^{-iw}}{2}$，所以

$$e^{2iw}-2zw^{iw}+1=0$$

故

$$e^{iw}=z+\sqrt{z^2-1}$$

于是

$$w=\arccos z=-i\ln(z+\sqrt{z^2-1})$$

(2) 因为

$$z=\tan w=\frac{\sin w}{\cos w}=\frac{1}{i}\ \frac{e^{iw}-e^{-iw}}{e^{iw}+e^{-iw}}=\frac{1}{i}\ \frac{e^{2iw}-1}{e^{2iw}+1}$$

所以

$$e^{2iw}=\frac{1+iz}{1-iz}$$

故

$$w=\arctan z=\frac{1}{2i}\ln\frac{1+iz}{1-iz}=\frac{1}{2i}\ln\frac{i-z}{i+z}=\frac{i}{2}\ln\frac{i+z}{i-z}$$

(3) 因为

$$z=\operatorname{th} w=\frac{\operatorname{sh} w}{\operatorname{ch} w}=\frac{e^{w}-e^{-w}}{e^{w}+e^{-w}}=\frac{e^{2w}-1}{e^{2w}+1}$$

所以

$$e^{2w}=\frac{1+z}{1-z}$$

故

$$w=\operatorname{arcth} z=\frac{1}{2}\ln\frac{1+z}{1-z}$$

**109** 求下列方程的全部解：

(1) $\sin z=2$；

(2) $\tan z=1+2\mathrm{i}$；

(3) $\operatorname{th} z=1-\mathrm{i}$.

**解** (1) 因为 $\sin z=2$，所以

$$z=\arcsin 2=\frac{1}{\mathrm{i}}\ln(2\mathrm{i}\pm \mathrm{i}\sqrt{3})$$

即

$$\begin{aligned}\arcsin 2&=-\mathrm{i}\ln[(2\pm\sqrt{3})\mathrm{i}]\\&=-\mathrm{i}[\ln(2\pm\sqrt{3})+(2k+\frac{1}{2})\pi \mathrm{i}]\\&=(2k+\frac{1}{2})\pi\pm \mathrm{i}\ln(2+\sqrt{3})\quad (k=0,\pm 1,\cdots)\end{aligned}$$

这里

$$\ln(2-\sqrt{3})=\ln\frac{2^2-3}{2+\sqrt{3}}=-\ln(2+\sqrt{3})$$

(2) 因为 $\tan z=1+2\mathrm{i}$，所以

$$\begin{aligned}z&=\arctan(1+2\mathrm{i})\\&=\frac{\mathrm{i}}{2}\ln\frac{1+3\mathrm{i}}{-1-\mathrm{i}}\\&=\frac{\mathrm{i}}{2}\ln[(-1)(2+\mathrm{i})]\\&=\frac{\mathrm{i}}{2}\left[(2k+1)\pi \mathrm{i}+\frac{1}{2}\ln 5+\mathrm{i}\arctan\frac{1}{2}\right]\\&=\frac{1}{2}\left[(2k+1)\pi-\arctan\frac{1}{2}\right]+\frac{\mathrm{i}}{4}\ln 5\end{aligned}$$

(3) 因为 $\operatorname{th} z=1-\mathrm{i}$，所以

$$\begin{aligned}z&=\operatorname{arcth}(1-\mathrm{i})\\&=\frac{1}{2}\ln\frac{2-\mathrm{i}}{\mathrm{i}}\\&=\frac{1}{2}\ln(-1-2\mathrm{i})\\&=\frac{1}{2}\left[\frac{1}{2}\ln 5+\mathrm{i}\arctan 2+(2k-1)\pi \mathrm{i}\right]\\&=\frac{1}{4}\ln 5+\left[\frac{1}{2}\arctan 2+(k-\frac{1}{2})\pi\right]\mathrm{i}\quad (k=0,\pm 1,\pm 2,\cdots)\end{aligned}$$

**110** 若 $a$ 为实数，求方程 $\cos z=a$ 的解.

**解** 因为 $\cos z=a$，所以

$$z=\arccos a=-\mathrm{i}\ln(z+\sqrt{z^2-1})$$

(1) 若 $|a|\leqslant 1$，则 $\sqrt{a^2-1}$ 为纯虚数.

所以

$$|a+\sqrt{a^2-1}|=1$$

故

$$\begin{aligned}z&=\arccos a\\&=-\mathrm{i}\left[\ln 1+\mathrm{i}\left(\arctan\frac{\sqrt{1-a^2}}{a}+2k\pi\right)\right]\\&=\arccos a+2k\pi\end{aligned}$$

这里 $\arccos a$ 表示通常的反余弦的主值，即在 $|a|\leqslant 1$ 的情形，复数意义下的解与通常的意义相同.

(2) 若 $|a|>1$，则 $\sqrt{a^2-1}$ 是实数.

当 $a>1$ 时，$a\pm\sqrt{a^2-1}$ 是正数，这时

$$\begin{aligned}z&=\arccos a\\&=-\mathrm{i}\ln(a\pm\sqrt{a^2-1})\\&=-\mathrm{i}[\ln(a\pm\sqrt{a^2-1})+\mathrm{i}2k\pi]\\&=2\pi k\pm\mathrm{i}\ln(a+\sqrt{a^2-1})\end{aligned}$$

当 $a<-1$ 时，$a\pm\sqrt{a^2-1}$ 都是负数，这时

$$\begin{aligned}z&=\arccos a\\&=-\mathrm{i}[\ln|a\pm\sqrt{a^2-1}|+\mathrm{i}(2k+1)\pi]\\&=(2k+1)\pi\pm\mathrm{i}\ln|a+\sqrt{a^2-1}|\end{aligned}$$

故方程的解为

$$z=\begin{cases}2k\pi+\arccos a, & |a|\leqslant 1\\2k\pi\pm\mathrm{i}\ln(a+\sqrt{a^2-1}), & a>1\\(2k+1)\pi\pm\mathrm{i}\ln(-a-\sqrt{a^2-1}), & a<-1\end{cases}$$

这里 $\arccos a$ 表示通常的反余弦的主值，而 $k=0,\pm 1,\pm 2,\cdots$.

**111** 试问：(1) 对怎样的 $z$，函数 $\arccos z$ 的值是实数？(2) 对怎样的 $z$，$\operatorname{sh} z$ 的值是纯虚数？

**解** (1) 因为 $\arccos z=-\mathrm{i}\ln(z+\sqrt{z^2-1})$，所以

$$\operatorname{Im}\arccos z=-\ln|z+\sqrt{z^2-1}|$$

故必须且只需

$$\ln|z+\sqrt{z^2-1}|=0$$

于是

$$|z+\sqrt{z^2-1}|=1$$

即

$$z+\sqrt{z^2-1}=\mathrm{e}^{\mathrm{i}\varphi}\quad(-\pi<\varphi\leqslant\pi)$$

所以

$$\sqrt{z^2-1}=\mathrm{e}^{\mathrm{i}\varphi}-z$$

这里根式可取两值中的任一值.

解上面的方程，得

$$z=\cos\varphi$$

由于 $-\pi<\varphi\leqslant\pi$，所以 $z\in[-1,1]$.

即 $z$ 是实数，且 $|z|\leqslant 1$.

(2) 由于 $\operatorname{arcsh} z=\ln(z+\sqrt{z^2+1})$，故必须且只需

$$\operatorname{Re}\operatorname{arcsh} z=0$$

即

$$\ln|z+\sqrt{z^2+1}|=0$$

因为

$$|z+\sqrt{z^2+1}|=1$$

所以

$$z+\sqrt{z^2+1}=\mathrm{e}^{\mathrm{i}\varphi}\quad(-\pi<\varphi\leqslant\pi)$$

解上方程，得

$$z=\mathrm{i}\sin\varphi\quad(-\pi<\varphi\leqslant\pi)$$

即 $z$ 是纯虚数，且 $|z|\leqslant 1$.

**112** 讨论由 $w=z^a=\mathrm{e}^{a\ln z}$ 定义的一般幂函数($a=\alpha+\mathrm{i}\beta$).

**解** 设 $z=r\mathrm{e}^{\mathrm{i}\theta}$，则 $\ln z=\ln r+\mathrm{i}(\theta+2k\pi)$，因而

$$z^a=\mathrm{e}^{(\alpha+\mathrm{i}\beta)\ln z}=\mathrm{e}^{\alpha\ln r-\beta(\theta+2k\pi)}\mathrm{e}^{\mathrm{i}[\alpha(\theta+2k\pi)+\beta\ln r]}\tag{1}$$

由此知当 $\beta\neq 0$ 时函数 $z^a$ 永远是无限多值的，它的值对于固定的 $z$ 与 $a$ 分布在圆周族

$$|w|=e^{\alpha\ln r-\beta(\theta+2k\pi)}\quad(k=0,\pm1,\pm2,\cdots)$$

上,它们的半径

$$\rho_k=e^{\alpha\ln r-\beta\theta}\cdot e^{-2k\pi\beta}=\rho_0 e^{-2k\pi\beta} \tag{2}$$

形成两个几何级数,对于正的 $k$,公比为 $e^{-2\pi\beta}$;而对于负的 $k$,公比为 $e^{2\pi\beta}$,同时 $z^a$ 的值的幅角

$$\theta_k=\alpha(\theta+2k\pi)+\beta\ln r=\theta_0+2k\pi\alpha \tag{3}$$

形成公差为 $\pm 2\pi\alpha$ 的算术级数. 当 $\beta=0$,即当 $\alpha$ 为实数时,由式(2) 可见,$z^a$ 的所有值都分布在圆周

$$|w|=e^{a\ln r}=r^a \tag{4}$$

上,由式(3) 可得,$z^a$ 的值的幅角为

$$\theta_k=a\theta+2k\pi a \tag{5}$$

若 $a$ 为有理数,设它表为既约分数 $a=\frac{p}{q}$,则式(5) 中就只有 $q$ 个幅角的值,以确定 $z^a$ 的各种不同的值,事实上若令 $k=0,1,2,\cdots,q-1$,则在 $\theta_k$ 的值

$$\theta_0=a\theta$$

$$\theta_1=a\theta+\frac{p}{q}2\pi$$

$$\vdots$$

$$Q_{q-1}=a\theta+\frac{p}{q}(q-1)2\pi \tag{6}$$

中彼此相差不是 $2\pi$ 的倍数(若对某一整数 $k<q$,$k\frac{p}{q}$ 等于整数 $n$,则 $\frac{p}{q}=\frac{n}{k}$ 就能用分母小于 $q$ 的分数来表示,这与 $\frac{p}{q}$ 的既约性矛盾). 但从另一方面看,$k$ 的其他值,显然给出与式(6) 相差为 $2\pi$ 的倍数的 $\theta_k$.

于是,对于有理的 $a=\frac{p}{q}$,函数 $z^a$ 与函数 $\sqrt[q]{z^p}$ 一致,即

$$z^{\frac{p}{q}}=\sqrt[q]{z^p}$$

而且是有限多值的.

对于无理的(实的)$a$,式(5) 的诸值中,没有相差 $2\pi$ 的倍数的值(因若对某整数 $k_1$ 与 $k_2$,$k_1\neq k_2$ 有 $2k_1\pi a-2k_2\pi a=2n\pi$($n$ 为整数),则 $a=\frac{n}{k_1-k_2}$ 将成为有理数),因此这时函数 $z^a=e^{a\ln z}$ 是无限多值的.

**113** 下面的公式常是正确的吗?

(1)$a^b a^c = a^{b+c}$;

(2)$a^c b^c = (ab)^c$;

(3)当 $a = b$ 时,$a^c = b^c$.

**解** (1)令 $a = r(\cos\theta + \mathrm{i}\sin\theta)$,$a \neq 0$.则

$$a^b = \mathrm{e}^{b\ln a} = \mathrm{e}^{b\ln r + b(\theta + 2\pi n)\mathrm{i}}$$

$$a^c = \mathrm{e}^{c\ln a} = \mathrm{e}^{c\ln r + c(\theta + 2n'\pi)\mathrm{i}}$$

而

$$a^b a^c = [\mathrm{e}^{b\ln r + b(\theta + 2n\pi)\mathrm{i}}] \cdot [\mathrm{e}^{c\ln r + c(\theta + 2n'\pi)\mathrm{i}}] = \mathrm{e}^{(b+c)\ln r + (b+c)\theta\mathrm{i} + 2(nb + n'c)\pi\mathrm{i}} \tag{1}$$

另一方面

$$a^{b+c} = \mathrm{e}^{(b+c)\ln a} = \mathrm{e}^{(b+c)\ln r + (b+c)\theta\mathrm{i} + 2m(b+c)\pi\mathrm{i}} \tag{2}$$

要式(1)(2)相等,必须且只需其指数上的二式之差为 $2\pi\mathrm{i}$ 的整数倍,但对任何整数 $m,n,n'$,只要 $b,c$ 中有一个不是整数时

$$(m-n)b + (m-n')c$$

也不是整数,此时它们不能相等(但对 $m,n,n'$ 的某些特殊值,如 $m=n=n'$,它们相等).

(2)令 $a = r(\cos\theta + \mathrm{i}\sin\theta)$,$b = \rho(\cos\phi + \mathrm{i}\sin\phi)$,则

$$a^c = \mathrm{e}^{c\ln r + c(\theta + 2n\pi)\mathrm{i}}$$

$$b^c = \mathrm{e}^{c\ln \rho + c(\phi + 2n'\pi)\mathrm{i}}$$

所以

$$a^c b^c = e^{c\ln r\rho + c(\theta + \phi + 2n\pi + 2n'\pi)\mathrm{i}}$$

而

$$(ab)^c = \mathrm{e}^{c\ln ab} = \mathrm{e}^{c\ln r\rho + \mathrm{i}(\theta + \phi + 2m\pi)\mathrm{i}}$$

此二式的指数上的差是 $2\pi c[(n+n') - m]\mathrm{i}$,故知当 $c$ 不是整数时,$a^c b^c$ 与 $(ab)^c$ 一般也不相等.

(3)令 $a = r(\cos\theta + \mathrm{i}\sin\theta)$,$b = r(\cos\theta' + \mathrm{i}\sin\theta')$,而 $a = b \neq 0$,则

$$a^c = \mathrm{e}^{c\ln r + c(\theta + 2n\pi)\mathrm{i}}$$

$$b^c = \mathrm{e}^{c\ln r + c(\theta' + 2n'\pi)\mathrm{i}}$$

作出指数上二式之差

$$c[\theta - \theta' + (2n - 2n')\pi]\mathrm{i}$$

当 $\theta - \theta' = 2m\pi$ 时,指数之二式之差即为

$$2c(m + n - n')\pi\mathrm{i}$$

故当 $c$ 为非整数时，本题一般也不成立.

**114** 考察 $n$ 为复数时的 De moivre 公式

$$(\cos\theta+\mathrm{i}\sin\theta)^n=\cos n\theta+\mathrm{i}\sin n\theta$$

**解** 由一般幂的定义

$$(\cos\theta+\mathrm{i}\sin\theta)^n=\mathrm{e}^{n\ln(\cos\theta+\mathrm{i}\sin\theta)}=\mathrm{e}^{n\mathrm{i}(\theta+2p\pi)}\quad(p\text{ 为整数})\tag{1}$$

另一方面，由正、余弦定义知

$$\cos n\theta+\mathrm{i}\sin n\theta=\frac{\mathrm{e}^{n\mathrm{i}\theta}+\mathrm{e}^{-n\mathrm{i}\theta}}{2}+\frac{\mathrm{e}^{n\mathrm{i}\theta}-\mathrm{e}^{-\mathrm{i}n\theta}}{2}=\mathrm{e}^{\mathrm{i}n\theta}\tag{2}$$

故对任意复数 $n$，De moivre 公式若成立，则式(1) 与式(2) 应相等，因而

$$\mathrm{i}n(\theta+2p\pi)=\mathrm{i}n\theta+2q\pi\mathrm{i}\quad(q\text{ 为整数})$$

即

$$pn=q$$

但此式对任意复数 $n$ 成立，必有

$$p=q=0$$

反之，$p=0$ 时式(1) 与(2) 显然相等.

故得结论：若限定 $\ln(\cos\theta+\mathrm{i}\sin\theta)$ 的值只取 $\mathrm{i}\theta$ 时，De moivre 公式对复数 $n$ 也成立.

**115** 当 $x$ 是实数 $|x|>1$ 时，$\arcsin x$ 与 $\arccos x$ 取什么值？

**解**

$$\begin{aligned}\arcsin x&=\mathrm{i}\ln\{-(x\pm\sqrt{x^2-1})\mathrm{i}\}\quad(|x|>1)\\&=\begin{cases}\mathrm{i}\left[\ln(x\pm\sqrt{x^2-1})+\left(-\dfrac{\pi}{2}-2n\pi\right)\mathrm{i}\right]&(x>0)\\\mathrm{i}\left[\ln(-x\mp\sqrt{x^2-1})+\left(\dfrac{\pi}{2}-2n\pi\right)\mathrm{i}\right]&(x<0)\end{cases}\\&=\begin{cases}\left(\dfrac{\pi}{2}+2n\pi\right)+\mathrm{i}\ln(|x|\pm\sqrt{x^2-1})&(x>0)\\\left(-\dfrac{\pi}{2}+2n\pi\right)+\mathrm{i}\ln(|x|\mp\sqrt{x^2-1})&(x<0)\end{cases}\\&=\left(2n\pi\pm\frac{\pi}{2}\right)+\mathrm{i}\operatorname{arcch}|x|\end{aligned}$$

当 $x>1$ 时，上式取正；当 $x<-1$ 时，上式取负.

$$\begin{aligned}\arccos x&=\mathrm{i}\ln(x\pm\sqrt{x^2-1})\quad(|x|>1)\\&=\begin{cases}\mathrm{i}[\ln(x\pm\sqrt{x^2-1})-2m\pi\mathrm{i}]&(x>0)\\\mathrm{i}[\ln(-x\mp\sqrt{x^2-1})-(2m+1)\pi\mathrm{i}]&(x<0)\end{cases}\end{aligned}$$

$$=\begin{cases}2m\pi+\mathrm{i}\ln(|x|\pm\sqrt{x^2-1}) & (x>0)\\(2m+1)\pi+\mathrm{i}\ln(|x|\mp\sqrt{x^2-1}) & (x<0)\end{cases}$$

$$=k\pi+\mathrm{i}\operatorname{arcch}|x|$$

此处随 $x>0$ 或 $x<0$，$k$ 为偶数或奇数.

**116** 求 $\mathrm{i}^{\ln(1+\mathrm{i})}$ 的一切值.

**解**

$$\mathrm{i}^{\ln(1+\mathrm{i})}=\exp[\ln(1+\mathrm{i})\ln \mathrm{i}]$$

$$=\exp\left\{\left[\ln\sqrt{2}+\mathrm{i}\left(\frac{\pi}{4}+2n\pi\right)\right]\left[\mathrm{i}\left(\frac{\pi}{2}+2m\pi\right)\right]\right\}$$

$$=\exp\left[-(4m+1)(8n+1)\frac{\pi^2}{8}+\mathrm{i}(4m+1)\frac{\pi}{4}\ln 2\right]$$

**117** 证明：在复数域里，$\sin z$，$\cos z$ 是无界的.

**证** 如当 $x=\frac{\pi}{2}$，$y>0$ 时，$\sin z$ 取实数值，即

$$\sin z=\frac{1}{2\mathrm{i}}[\mathrm{e}^{\frac{\pi}{2}\mathrm{i}}\mathrm{e}^{-y}-\mathrm{e}^{-\frac{\pi}{2}\mathrm{i}}\mathrm{e}^{y}]=\frac{1+\mathrm{e}^{2y}}{2\mathrm{e}^{y}}$$

由于

$$(1-\mathrm{e}^{y})^2\geqslant 0,1+\mathrm{e}^{2y}\geqslant 2\mathrm{e}^{y}$$

所以 $\sin z$ 之模大于 1.

而且可以变得任意大，因为

$$|\sin z|=|\sin(x+\mathrm{i}y)|$$

$$=\sqrt{\left(\frac{\mathrm{e}^{y}+\mathrm{e}^{-y}}{2}\right)^2\sin^2 x+\left(\frac{\mathrm{e}^{y}-\mathrm{e}^{-y}}{2}\cos x\right)^2}$$

$$=\frac{1}{2}\sqrt{\mathrm{e}^{2y}+\mathrm{e}^{-2y}-2\cos 2x}$$

所以当 $|y|\to\infty$ 时，$|\sin z|\to\infty$.

同样因

$$|\cos z|=\sqrt{\cos^2 x+\operatorname{sh}^2 y}=\sqrt{\cos^2 x-\frac{1}{2}+\frac{\mathrm{e}^{2y}+\mathrm{e}^{-2y}}{4}}$$

所以当 $|\operatorname{Im} z|\to\infty$ 时，$|\cos z|\to\infty$.

**118** 证明：方程 $\cos z=c$，不论 $c$ 为何数时皆有解.

**证** 因 $\xi=\mathrm{e}^{\mathrm{i}z}$ 除 $\xi=0$ 一值外，可取得任何值，此可由

$$e^{iz}=e^{-y}(\cos x+i\sin x)$$

见之.

故选择 $\xi$,使满足 $c=\cos z=\dfrac{\xi+\dfrac{1}{\xi}}{2}$,此为一个二次方程,必有一根如:$\xi=c\pm\sqrt{c^2-1}$,又此根不等于零,故必有一个 $z$.

**119** 问:$c$ 为何数时,方程 $\tan z=c$ 不可解.

**解** 令 $\xi=e^{iz}$,则

$$\tan z=\frac{1}{i}\frac{\xi-\dfrac{1}{\xi}}{\xi+\dfrac{1}{\xi}}=c$$

由此得

$$\xi=\sqrt{\frac{1+ci}{1-ci}}$$

由此可见唯有 $c\neq\pm i$ 时,$\xi$ 有有限值不等于 0.

故 $c\neq\pm i$ 时 $\tan z=c$ 始可解.

**120** 求 $\arcsin(\sqrt{2}-i)$ 的所有值.

**解** 因

$$\arcsin(\sqrt{2}-i)=-i\ln(iz+\sqrt{1-z^2})$$

而

$$z=\sqrt{2}-i$$

故

$$z^2=(\sqrt{2}-i)^2=1-2\sqrt{2}i$$

从而

$$\begin{aligned}\sqrt{1-z^2}&=\sqrt{2\sqrt{2}i}\\&=\sqrt{2\sqrt{2}}\left(\cos\frac{\dfrac{\pi}{2}+2k\pi}{2}+i\sin\frac{\dfrac{\pi}{2}+2k\pi}{2}\right)\\&=\begin{cases}8^{\frac{1}{4}}\left(\cos\dfrac{\pi}{4}+i\sin\dfrac{\pi}{4}\right) & (k=0)\\8^{\frac{1}{4}}\left[\cos\left(\dfrac{\pi}{4}+\pi\right)+i\sin\left(\dfrac{\pi}{4}+\pi\right)\right] & (k=1)\end{cases}\end{aligned}$$

$$=\begin{cases}8^{\frac{1}{4}}\left(\dfrac{1+\mathrm{i}}{\sqrt{2}}\right) & (k=0)\\ -8^{\frac{1}{4}}\left(\dfrac{1+\mathrm{i}}{\sqrt{2}}\right) & (k=1)\end{cases}$$

$$=\pm\sqrt[4]{2}(1+\mathrm{i})$$

$$\mathrm{i}z=1+\mathrm{i}\sqrt{2}$$

故

$$\ln(\mathrm{i}z+\sqrt{1-z^2})=\begin{cases}\ln[(1+\mathrm{i}\sqrt{2})+2^{\frac{1}{4}}(1+\mathrm{i})]\\ \ln[(1+\mathrm{i}\sqrt{2})-2^{\frac{1}{4}}(1+\mathrm{i})]\end{cases}$$

$$=\begin{cases}\ln[(1+2^{\frac{1}{4}})+\mathrm{i}(\sqrt{2}+2^{\frac{1}{4}})]\\ \ln[(1-2^{\frac{1}{4}})+\mathrm{i}(\sqrt{2}-2^{\frac{1}{4}})]\end{cases}$$

由于

$$(1\pm 2^{\frac{1}{4}})^2+(\sqrt{2}\pm 2^{\frac{1}{4}})^2=(1\pm 2^{\frac{1}{4}})^2(1+\sqrt{2})$$

$$\arctan\frac{\sqrt{2}\pm 2^{\frac{1}{4}}}{1\pm 2^{\frac{1}{4}}}=\pm\arctan\sqrt[4]{2}$$

所以

$$\ln(\mathrm{i}z+\sqrt{1-z^2})=\ln|\mathrm{i}z+\sqrt{1-z^2}|+\mathrm{i}[\arg(\mathrm{i}z+\sqrt{1-z^2})+2k\pi]$$

$$=\frac{1}{2}\ln(1\pm 2^{\frac{1}{4}})^2(1+\sqrt{2})+\mathrm{i}[\arg(\mathrm{i}z+\sqrt{1-z^2})+2k\pi]$$

由于

$$\arg(\mathrm{i}z+\sqrt{1-z^2})=\begin{cases}\arctan\sqrt[4]{2}\\ \pi-\arctan\sqrt[4]{2}\end{cases}$$

(因$(1-2^{\frac{1}{4}})+\mathrm{i}(\sqrt{2}-2^{\frac{1}{4}})$在第二象限),所以

$$\arcsin(\sqrt{2}-\mathrm{i})=\begin{cases}2k\pi+\arctan\sqrt[4]{2}-\mathrm{i}\left[(\ln(1+\sqrt[4]{2})+\dfrac{1}{2}\ln(1+\sqrt{2})\right]\\ (2k+1)\pi-\arctan\sqrt[4]{2}-\mathrm{i}\left[\ln(\sqrt[4]{2}-1)+\dfrac{1}{2}\ln(1+\sqrt{2})\right]\end{cases}$$

**121** 求 $\arctan(1+2\mathrm{i})$.

**解** $\arctan(1+2\mathrm{i})=\dfrac{1}{2\mathrm{i}}\ln\dfrac{1+\mathrm{i}(1+2\mathrm{i})}{1-\mathrm{i}(1+2\mathrm{i})}$

$$=\frac{1}{2\mathrm{i}}\ln\frac{-2+\mathrm{i}}{5}$$

$$=\frac{1}{2\mathrm{i}}\left[\ln\left|\frac{-2+\mathrm{i}}{5}\right|+\mathrm{i}\left(\arg\frac{-2+\mathrm{i}}{5}+2k\pi\right)\right]$$

$$=\frac{1}{2\mathrm{i}}\left[\ln\frac{1}{\sqrt{5}}+\mathrm{i}\left(\pi-\arctan\frac{1}{2}+2k\pi\right)\right]$$

$$=k\pi+\frac{\pi}{2}+\frac{\mathrm{i}}{4}\ln 5-\frac{1}{2}\arctan\frac{1}{2}$$

**122** 求 $\sin z=\operatorname{ch}4$ 的所有根.

**解** 令 $z=x+\mathrm{i}y$,则

$$\sin z=\sin(x+\mathrm{i}y)=\sin x\operatorname{ch}y+\mathrm{i}\cos x\operatorname{sh}y=\operatorname{ch}4$$

所以

$$\begin{cases}\cos x\operatorname{sh}y=0\Rightarrow y=0\text{ 或 }x=k\pi+\dfrac{\pi}{2}\\ \sin x\operatorname{ch}y=\operatorname{ch}4\Rightarrow x=2n\pi+\dfrac{\pi}{2},y=4\end{cases}$$

前一式不适用(因 $\operatorname{ch}y\geqslant 1$),故

$$z=\frac{\pi}{2}+2n\pi+4\mathrm{i}$$

**123** 设 $0<|z|<1$,试证:$\frac{1}{4}|z|<|\mathrm{e}^z-1|>\frac{7}{4}|z|$.

**证** 因

$$\mathrm{e}^z-1=\frac{z}{1!}+\frac{z^2}{2!}+\cdots+\frac{z^n}{n!}+\cdots$$

故

$$|\mathrm{e}^z-1|=|z|\left|1+\frac{z}{2!}+\cdots+\frac{z^{n-1}}{n!}+\cdots\right|$$

$$<|z|\left(1+\frac{1}{2!}+\cdots+\frac{1}{n!}+\cdots\right)$$

$$=|z|\left[1+\frac{1}{2}+\frac{1}{2}\left(\frac{1}{3}+\frac{1}{4\times 3}+\cdots+\frac{1}{n(n-1)\cdots 4\times 3}+\cdots\right)\right]$$

$$\leqslant|z|\left[1+\frac{1}{2}+\frac{1}{2}\left(\frac{1}{3}+\frac{1}{3^2}+\cdots+\frac{1}{3^n}+\cdots\right)\right]$$

$$=|z|\left[1+\frac{1}{2}+\frac{1}{2}\times\frac{1}{3}\times\frac{1}{1-\frac{1}{3}}\right]$$

$$=|z|\left(1+\frac{1}{2}+\frac{1}{4}\right)$$
$$=\frac{7}{4}|z|$$

又因

$$\begin{aligned}\left|1+\frac{z}{2!}+\cdots+\frac{z^{n-1}}{n!}+\cdots\right| &\geqslant 1-\left|\frac{z}{2!}+\cdots+\frac{z^{n-1}}{n!}+\cdots\right| \\ &>1-\left(\frac{1}{2!}+\frac{1}{3!}+\cdots+\frac{1}{n!}+\cdots\right) \\ &=1-\left[\frac{1}{2}+\frac{1}{2}\left(\frac{1}{3}+\frac{1}{3\times 4}+\cdots\right)\right] \\ &\geqslant 1-\left[\frac{1}{2}+\frac{1}{2}\left(\frac{1}{3}+\frac{1}{3^2}+\cdots+\frac{1}{3^n}+\cdots\right)\right] \\ &=1-\left[\frac{1}{2}+\frac{1}{2}\times\frac{1}{3}\times\frac{1}{1-\frac{1}{3}}\right] \\ &=1-\left(\frac{1}{2}+\frac{1}{4}\right) \\ &=\frac{1}{4}\end{aligned}$$

**124** 证明:对任何 $z$,$|e^z-1|\leqslant e^{|z|}-1\leqslant|z|e^{|z|}$.

**证**

$$\begin{aligned}|e^z-1| &=\left|\left(1+\frac{z}{1!}+\frac{z^2}{2!}+\cdots\right)-1\right| \\ &=\left|\frac{z}{1!}+\frac{z^2}{2!}+\cdots+\frac{z^n}{n!}+\cdots\right| \\ &\leqslant\frac{|z|}{1!}+\frac{|z|^2}{2!}+\cdots+\frac{|z|^n}{n!}+\cdots \\ &=e^{|z|}-1\end{aligned}$$

又

$$\begin{aligned}e^{|z|}-1 &=\frac{|z|}{1!}+\frac{|z|^2}{2!}+\cdots+\frac{|z|^n}{n!}+\cdots \\ &=|z|\left(1+\frac{|z|}{2!}+\cdots+\frac{|z|^{n-1}}{n!}+\cdots\right) \\ &\leqslant|z|\left(1+\frac{|z|}{1!}+\frac{|z|^2}{2!}+\cdots+\frac{|z|^n}{n!}+\cdots\right) \\ &=|z|e^{|z|}\end{aligned}$$

(因为 $n!\geqslant(n-1)!,n=1,2,\cdots$).

**125** 设 $0=a_0<a_1<a_2<\cdots$ 是整数，证明：$\sum_{n=0}^{+\infty}z^{a_n}$ 在 $|z|<\frac{\sqrt{5}-1}{2}$ 内没有零点；再有，这是最好的可能常数.

**证** 令 $\alpha=\frac{\sqrt{5}-1}{2}$，则

$$\alpha^2+\alpha-1=0$$

(1) 若 $a_1>1$，则对 $|z|<\alpha$，我们有

$$\left|\sum_{n=1}^{+\infty}z^{a_n}\right|<\left|\sum_{n=2}^{+\infty}\alpha^n\right|=\frac{\alpha^2}{1-\alpha}=1$$

因此

$$\sum_{n=0}^{+\infty}z^{a_n}\neq 0$$

(2) 若 $a_1=1$，考虑

$$(1-z)\sum_{n=0}^{+\infty}z^{a_n}=1-z^{b_1}+z^{b_2}-z^{b_3}+\cdots$$

这里

$$2\leqslant b_1<b_2<\cdots$$

这恰好如同(1) 的证明.

(3) 对函数

$$f(z)=1+z+z^3+z^5+\cdots\quad(|z|<1)$$

我们有

$$f(z)=1+\frac{z}{1-z^2}=\frac{1+z-z^2}{1-z^2}$$

因此

$$f(-\alpha)=0$$

**126** 讨论：幂函数与根式的映射.

**解** 这里所谓幂函数，是指正整数幂的函数 $w=f(z)=z^n$，$z$ 为任意复数，$f(z)$ 在整个复平面内是解析的，且当 $z\neq 0$ 时，$f'(z)=nz^{n-1}\neq 0$.

以下分五个步骤进行讨论：

(1) 确定幂函数 $w=z^n$($n$ 为自然数) 的单叶性区域. 令

$$z_1=r_1e^{i\varphi_1},z_2=r_2e^{i\varphi_2}$$

则

$$w_1 = z_1^n = r_1^n \mathrm{e}^{\mathrm{i}n\varphi_1}, w_2 = z_2^n = r_2^n \mathrm{e}^{\mathrm{i}n\varphi_2}$$

若 $r_1 \neq r_2$ 时,则 $w_1 \neq w_2$;

若 $r_1 = r_2 = r$ 时,当 $\varphi_1 \neq \varphi_2$ 时,此时只有当 $\varphi_1 - \varphi_2 = \frac{2k\pi}{n}$($k$ 为整数),才有 $w_1 = w_2$.

事实上,若 $w_1 = w_2$,即 $\mathrm{e}^{\mathrm{i}n\varphi_1} = \mathrm{e}^{\mathrm{i}n\varphi_2}$,这仅在 $n\varphi_1 = n\varphi_2 + 2k\pi$ 时才可能,即

$$\varphi_1 - \varphi_2 = \frac{2k\pi}{n} \quad (k = 0, \pm 1, \pm 2, \cdots)$$

所以,以一个以原点为顶点,夹角为 $\frac{2\pi}{n}$ 的角域是函数 $f(z) = z^n$ 的单叶性区域.

故以下 $n$ 个角形域 $G_k$

$$k\frac{2\pi}{n} < \varphi < (k+1)\frac{2\pi}{n} \quad (k = 0, 1, \cdots, n-1)$$

中的任何一个,都是函数 $f(z) = z^n$ 的单叶性区域.

(2) 确定单叶性区域 $G_k$ 的象区域 $E$,即 $E = f(G_k)$.

我们以 $G_0$ 为例(其他也一样). $G_0$ 为

$$0 < \arg z = \varphi < \frac{2\pi}{n}$$

令 $z = r\mathrm{e}^{\mathrm{i}\varphi}, w = \rho\mathrm{e}^{\mathrm{i}\theta}$,由 $w = z^n$ 得

$$\rho\mathrm{e}^{\mathrm{i}\theta} = r^n \mathrm{e}^{\mathrm{i}n\varphi}$$

故

$$\rho = r^n, \theta = n\varphi$$

于是,$z$ 平面的射线从正实轴($\varphi = 0$)起,扫过角形域 $G_0$ 到幅角 $\varphi = \frac{2\pi}{n}$ 的射线为止时,对应的 $w$ 平面上的射线从正实轴($\theta = 0$)起,扫过整个 $w$ 平面又回到正实轴($\theta = 2\pi$)为止(如图 12(a)),并且 $z$ 平面上从原点出发幅角分别为 $\varphi = 0, \frac{\pi}{2n}, \frac{\pi}{n}, \frac{2\pi}{n}$ 的射线,通过映射 $w = z^n$ 在 $w$ 平面上的象,也是从原点出发幅角分别为 $\theta = 0, \frac{\pi}{2}, \pi, 2\pi$ 的射线(如图 12(b)).

所以,$G_0: 0 > \arg z = \varphi < \frac{2\pi}{n} \xrightarrow{w = z^n} E$:$w$ 平面去掉实轴上$[0, +\infty)$的点.

并且 $z$ 平面上的角域 $0 < \arg z < \frac{\pi}{n}$ 在映射 $w = z^n$ 之下,其象为 $w$ 平面

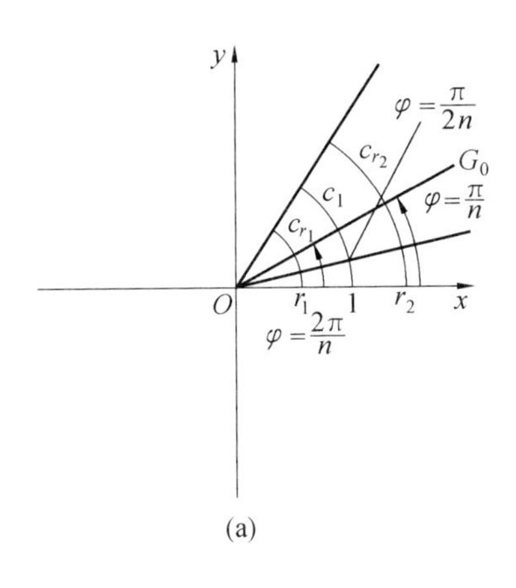


(a)

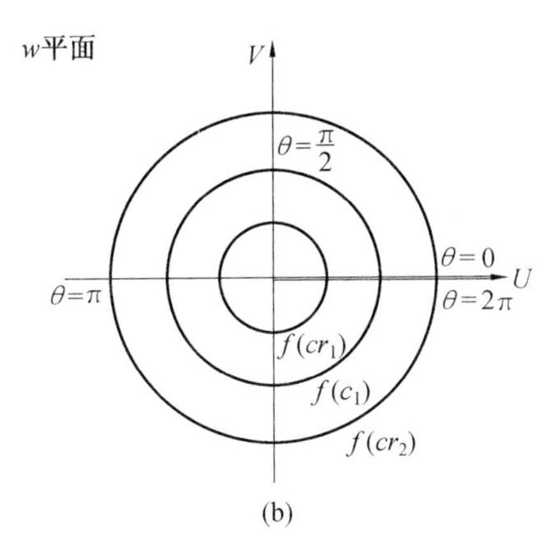


(b)

图 12

的上半平面.

从另外的观点看,$G_0$ 与 $E$ 对应,也可视为圆弧与圆的扩张(如水中投石)一样.

例如,$z$ 平面角域 $G_0$ 内的圆弧 $c_{r_1}$(半径 $r_1<1$),$c_1$(半径为 1),$c_{r_2}$(半径 $r_2>1$),在 $w$ 平面的象为圆周 $f(c_{r_1})$,$f(c_1)$(单位圆),$f(c_{r_2})$(图 12(a)).

注意:在映射 $w=z^n$ 之下,所有 $G_k(k=1,2,\cdots,n-1)$ 的象都是 $E$,即 $f(G_k)=E$.

我们可知,在 $E$ 内 $w=z^n$ 的反函数根式 $z=\sqrt[n]{w}$ 是解析函数,且

$$(\sqrt[n]{w})'=\frac{1}{nz^{n-1}}=\frac{\sqrt[n]{w}}{nw}$$

这里 $w\in E$,$z$ 属于任何一个确定的 $G_k$.

为了不易混淆,我们把 $w=z^n$ 的反函数根式只写为 $z=\sqrt[n]{w}$ 的形式,不再写成通常的 $w=\sqrt[n]{z}$ 的形式.

(3) 根式 $z=\sqrt[n]{w}$($w\in E,n>1$) 的多值性.

因为角域 $G_k$:$k\frac{2\pi}{n}<\arg z=\varphi<(k+1)\frac{2\pi}{n}(k=0,1,\cdots,n-1)$ 变换到 $w$ 平面的象均是 $E$,如在 $z$ 平面上用射线由 $\varphi=\frac{2\pi}{n}$ 起,扫过 $G_1$:$\frac{2\pi}{n}<\arg z=\varphi<\frac{4\pi}{n}$ 时,相应的 $w$ 平面上的射线也是从正实轴起,扫过整个 $w$ 平面又回到正实轴为止,所不同的只是正实轴的幅角 $\theta$ 视为 $2\pi$ 与 $4\pi$ 而已(如图 13).

所以,幂函数 $w=z^n$ 的反函数根式 $z=\sqrt[n]{w}$($w\in E$) 是多值($n$ 个值) 的,$\sqrt[n]{w}$ 有 $n$ 个分支,即

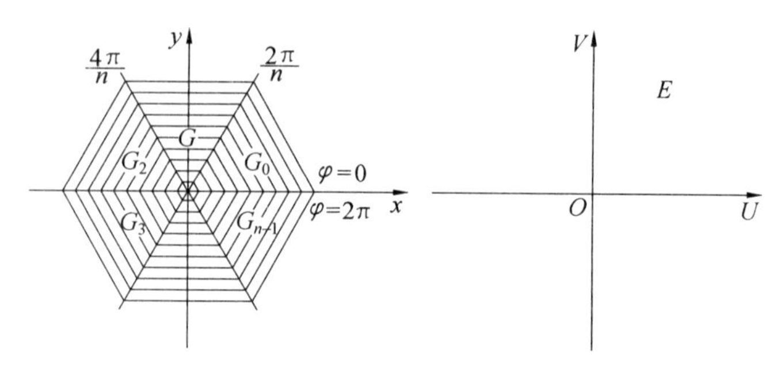


图 13

$$(\sqrt[n]{w})_k = z_k \in G_k \quad (k=0,1,\cdots,n-1)$$

每个函数 $z_k=(\sqrt[n]{w})_k$ 都是 $E$ 上的单值解析函数,故称为函数 $z=\sqrt[n]{w}$ 的单值分支.要想确定某一支,只要指明 $z$ 在哪个角形域 $G_k$ 就够了.

根式 $z=\sqrt[n]{w}$ 的 $n$ 个分支,也可用下面的方法得到:

令 $z=re^{i\varphi}, w=\rho e^{i\theta}$,由 $w=z^n$ 解得 $\sqrt[n]{w}=z$ 的 $n$ 个根为

$$z_k=\sqrt[n]{\rho}\, e^{i\left(\frac{\theta}{n}+\frac{2k\pi}{n}\right)} \quad (k=0,1,\cdots,n-1)$$

对每一个固定的 $w$,这 $n$ 个根是内接于圆周 $|z|=\sqrt[n]{\rho}$ 的正 $n$ 边形的顶点.

当 $w$ 视为变数时,而函数 $z_k=\sqrt[n]{\rho}\, e^{i\left(\frac{\theta}{n}+\frac{2k\pi}{n}\right)}$ $(k=0,1,\cdots,n-1, w=\rho e^{i\theta})$ 是 $n$ 个定义在 $E$ 上的解析函数,即是根式 $z=\sqrt[n]{w}$ 的 $n$ 个单值分支,即

$$(\sqrt[n]{w})_k \quad (k=0,1,\cdots,n-1)$$

我们要注意,分支是与单叶性区域选法有关的,某一选择下两个不同的分支的部分,换一种选法,就可能成为同一分支.因此,不能把同一多值函数的分支,视为个别的函数.

例如,选取角形域为 $g_4$,即

$$\frac{2k\pi}{n}-\frac{\pi}{n}<\arg z=\varphi<\frac{2k\pi}{n}+\frac{\pi}{n} \quad (k=0,1,\cdots,n-1)$$

即每一个 $g_k$ 的两条边,是角形域 $G_k$ 中相邻两个角形域的分角线(如图 14),亦即每个 $g_k$ 是 $G_k$ 中相邻两个角形域的一半所组成.

由于每个 $g_k$ 的夹角为 $\frac{2\pi}{n}$,所以每个 $g_k$ 均是函数 $w=z^n$ 的单叶性区域,它的象区域为 $e$,即 $f(g_k)=e(k=0,1,\cdots,n-1)$,$e$ 表示 $w$ 平面去掉实轴上 $(-\infty,0)$ 的点.

同样,根式 $z=\sqrt[n]{w}$ 在 $e$ 上亦有 $n$ 个单值分支,即

$$(\sqrt[n]{w})'_k = z'_k \in g_k \quad (k=0,1,\cdots,n-1)$$

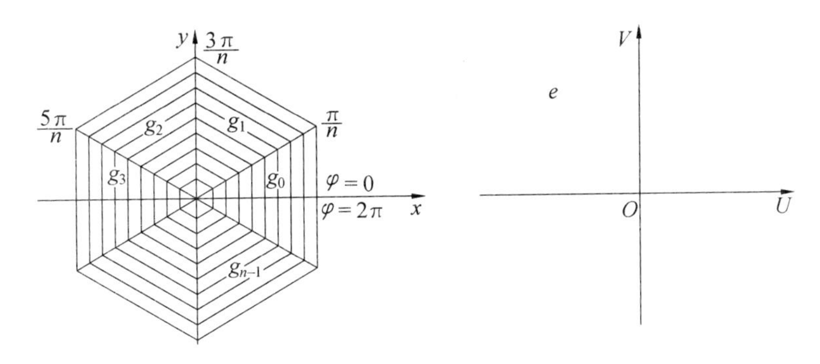


图 14

归纳(2)与(3)可知,$z$ 平面上由原点出发的射线 $\varphi=p\pi$($p$ 为实常数),在映射 $w=z^n$ 下,在 $w$ 平面上的象也是一条由原点引出的射线 $\theta=np\pi$,$z$ 越过射线 $\varphi=\frac{(k+1)\pi}{n}$ 与 $\varphi=\frac{2(k+1)\pi}{n}$ 时,对应的点 $w$ 便越过负实轴与正实轴,$z$ 平面上画一个圆周 $|z|=r$,$w$ 平面上也画一个圆周 $|w|=r^n$,只不过重叠了 $n$ 次,反之也成立.

(4) 支点.

若在某点的任意邻域内,围绕该点转一圈,可使多值函数从一个分支变到另一个分支,则此点称为多值函数的支点.

上面说明,若 $z=\sqrt[n]{w}$,$w\in E$ 在 $w$ 平面上从任意一点起,围绕原点转一圈(即幅角增加 $\pm 2\pi$),当点 $w$ 越过正实轴时,则对应的函数值 $z$ 便越过射线 $\varphi=\frac{2(k+1)\pi}{n}$($k=0,1,\cdots,n-1,n=re^{i\varphi}$),即多值函数 $z=\sqrt[n]{w}$ 从一支变到另一支,所以 $w=0$ 是函数 $z=\sqrt[n]{w}$ 的支点.当 $w$ 绕原点 $w=0$ 转一圈时,也就是等于绕 $w=\infty$ 转一圈(在复数球面上则是直观的),故 $w=\infty$ 也是函数 $z=\sqrt[n]{w}$ 的支点.又当点 $w$ 绕 $w=0$ 转 $n$ 圈时,对应的点 $z$ 绕 $z=0$ 转一圈又回到原来的位置,我们称 $w=0$ 与 $w=\infty$ 为有穷级($n-1$ 级)支点,或代数支点.

注意:点 $w$ 绕某一闭曲线转一圈,若此闭曲线的内部不包含原点时,则连续改变的 $w$ 的幅角 $\theta$ 依然回到原来的值,与此对应的函数值 $z=\sqrt[n]{w}$ 也在 $z$ 平面绕某一闭曲线一周又回到原来的位置,即 $z$ 值不变,故函数 $z=\sqrt[n]{w}$ 仅有 $w=0$ 与 $w=\infty$ 是支点.

(5) 多值函数 $z=\sqrt[n]{w}$($w\in E$)的 Riemann 曲面.

我们知道多值函数 $z=\sqrt[n]{w}$ 有 $n$ 个单值分支,即对 $w$ 平面上一点,在 $z$ 平

面上有 $n$ 个点(内接于圆周 $|z|=\sqrt[n]{|w|}$ 的正 $n$ 边形的顶点)与之对应,为使 $z$ 与 $w$ 一一对应,我们作一个几何模型来代替 $w$ 平面,取 $n$ 个平面作为 $n$ 个 $w$ 平面,并且都沿正实轴剪开,然后将每一片的下剪口(顺时针旋转 $\frac{\pi}{2}$ 成为负虚轴的)与另一片的上剪口粘在一起,最后将第一张(片)的上剪口与最末一张的下剪口粘在一起,所成的几何模型——$n$ 片封闭曲面,称之为 $z=\sqrt[n]{w}$ 的 Riemann 曲面.

一般的所谓 Riemann 曲面,就是由沿某条线剪开的许多张平面(称为叶片),用适当的方法粘在一起而成的曲面,它是多值函数的单值分支之间相互关系的直观描述的几何模型.

为简单起见,研究 $z=\sqrt[3]{w}$ 的 Riemann 曲面.

如图 15(a),$z$ 平面分成三个角形域 $G_k(k=0,1,2)$,对应于沿实轴剪开的三片 $w$ 平面 $w_k(k=0,1,2)$.

将 $\text{I}_下$ 与 $\text{II}_上$;$\text{II}_下$ 与 $\text{III}_上$(如图 15(b))分别粘在一起,为直观起见,画为如图 16,最后将 $\text{I}_上$ 与 $\text{III}_下$ 粘在一起.在三维空间,我们无法直观画出来.实际上,这也只是一个想象,因为中间已经隔着两张已经粘好的无限平面.

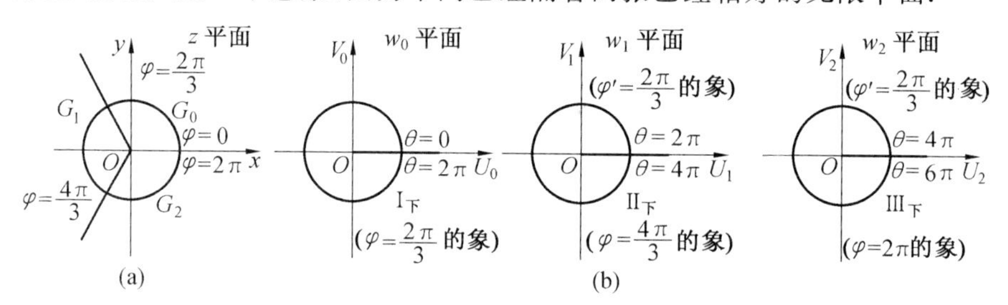

图 15

从对着所剪缺口的侧面看,便如图 17 所示.支点 $w=0,\infty$ 是 Riemann 曲面中各叶片的公共点.

现在来考虑函数 $w=z^n$ 及反函数 $z=\sqrt[n]{w}$,$w\in$ Riemann 曲面(简称 $R$ 面),则有:

① 显然 $z$ 平面上的点 $z$ 与 $R$ 面上的点 $w$ 是一一对应的,故 $z=\sqrt[n]{w}$ 便是定义在 $R$ 面上的单值函数.

② $z$ 平面上的动点 $z$ 绕原点画一个闭曲线时,则对应的 $R$ 面上的点 $w$ 便通过所有的叶片也画一个闭曲线.

③ 对于 $R$ 面上的任一张叶片上的任一区域 $E^*$(它不包含互相重叠的部分)内的任一点 $w$,与它对应的便只有唯一的点 $z$ 在某个角形域 $G_k$ 内,这时与

域 $E^*$ 对应的便是某个角形域内的区域 $G^*$，它就是函数 $w=z^n$ 的一个单叶性区域.

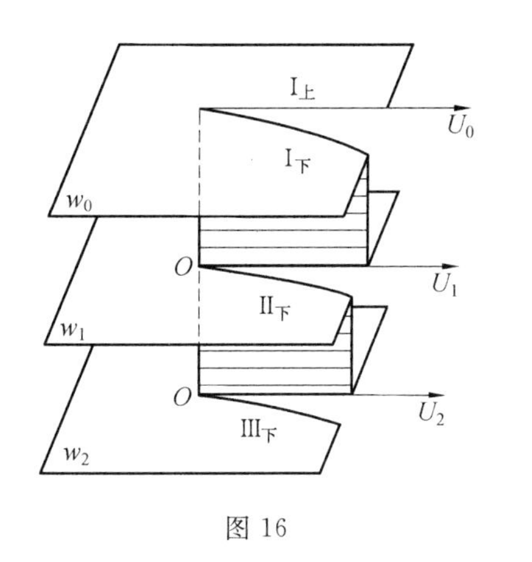


图 16

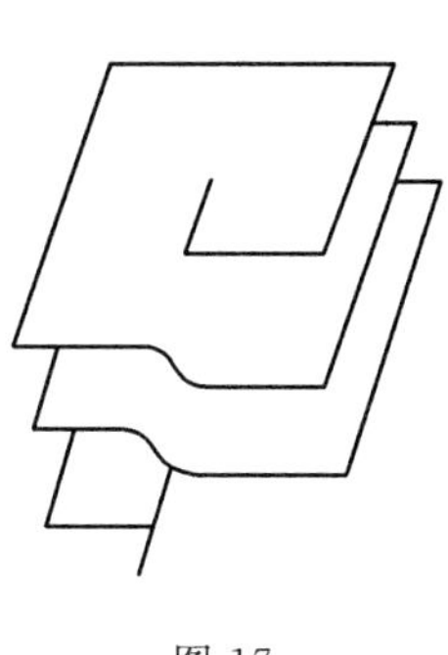

图 17

**127** 讨论：指数函数与对数函数的映射.

**解** (1) 确定指数函数 $w=f(z)=e^z=e^x(\cos y+i\sin y)$ 的单叶性区域.

令

$$z_1=x_1+iy_1, z_2=x_2+iy_2$$

则

$$|e^{z_1}|=e^{x_1}, |e^{z_2}|=e^{x_2}$$

若 $x_1\neq x_2$ 时，则 $e^{z_1}\neq e^{z_2}$，即 $w_1\neq w_2$.

若 $x_1=x_2$ 时，但 $y_1\neq y_2$，若要 $w_1=w_2$，即 $e^{iy_1}=e^{iy_2}$，这只有当 $y_1=y_2+2k\pi$（$k$ 为整数）时才成立. 反之若 $x_1=x_2$，$y_1-y_2=2\pi k$（$k$ 为整数）时，则有 $e^{z_1}=e^{z_2}$，即 $w_1=w_2$.

所以，任一个其边平行于实轴，而宽度为 $2\pi$ 的带形域 $g$，都是指数函数的单叶性区域.

为确定起见，选取 $g_k$ 为

$$2k\pi<\mathrm{Im}(z)=y<2(k+1)\pi$$

$(k=0,\pm1,\pm2,\cdots)$（如图 18）.

(2) 确定单叶性区域 $g_k$ 的象区域 $E$，即

$$E=f(g_k)$$

我们以 $g_0$ 为例，其他一样.

$$g_0: 0<\mathrm{Im}(z)=y<2\pi$$

令 $z=x+iy\in g_0$，对应的 $w=\rho e^{i\theta}$.

由 $w=f(z)=e^z$,得

$$\rho e^{i\theta}=e^{x+iy}$$

所以

$$p=e^x, y=\theta+2k\pi \quad (k\text{ 为整数})$$

(如图 19).

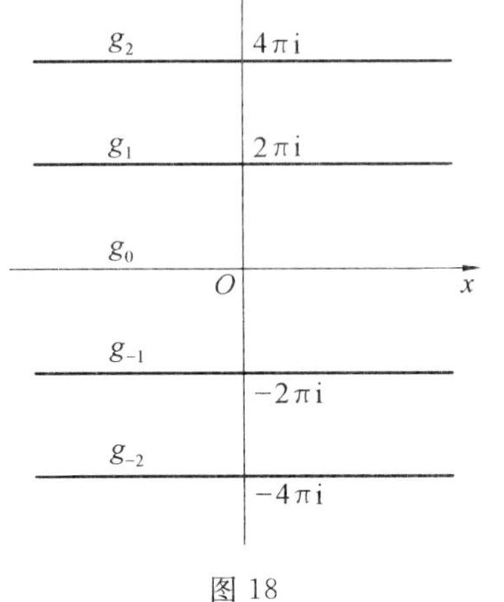


图 18

$z$ 平面上平行于 $x$ 轴的直线,从实轴($y=0$)起,平行上升扫过带形域 $g_0$ 到直线 $y=2\pi$ 为止,对应的 $w$ 平面是射线从正半实轴($\theta=0$)起,逆时针方向扫过整个平面,又回到正半实轴($\theta=2\pi$)为止.

所以得对应如下

$$g_0: 0<\mathrm{Im}(z)=y<2\pi \xrightarrow{w=f(z)=e^z} E$$

而 $E$ 为 $w$ 平面去掉实轴上右边射线$[0,+\infty)$,并且带形域 $0<\mathrm{Im}(z)<\pi \xrightarrow{e^z=w} w$ 平面的上半平面.

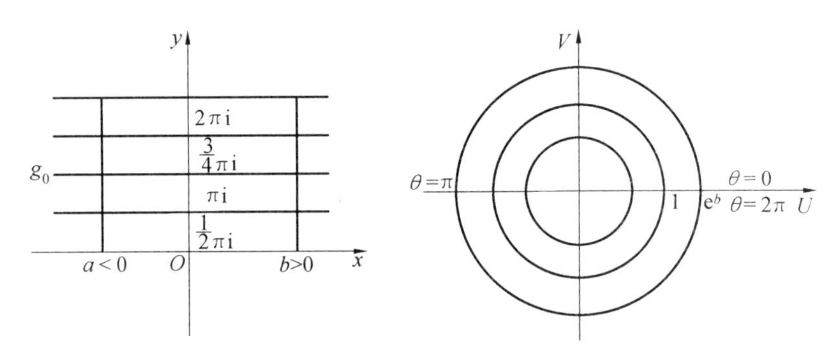


图 19

从另外的观点看:$z$ 平面上平行于虚轴的直线段 $x=p, 0<y<2\pi$,自左至右,扫过整个带形域 $g_0$ 时(即 $x=p$ 从 $-\infty$ 沿实轴到 $+\infty$),对应的 $w$ 是圆 $|w|=e^p$,从原点起扩张到整个 $w$ 面(如水中投石),但除去实轴上右边射线 $[0,+\infty)$ 即是 $E$.

例如,$z$ 平面上的线段 $x=a<0, x=0, x=b, y$ 均是 $0\leqslant y\leqslant 2\pi$,对应的 $w$ 平面上是圆 $|w|=e^a<1, |w|=e^0=1, |w|=e^b>1$(如图 19).

若将 $g_0$ 均分成四个平行的小带形域 $g_{0k}(k=1,2,3,4)$,则恰好对应 $w$ 平面的四个象限,而且第一个小带形域 $g_{01}$ 的左半带形 $g'_{01}$ 与右半带形 $g''_{01}$ 分别对应第一象限内的单位圆的内部与外部(如图 20).

注意:在映射 $w=f(z)=e^z$ 之下,所有的带形域 $g_k$ 的象都是 $E$,即

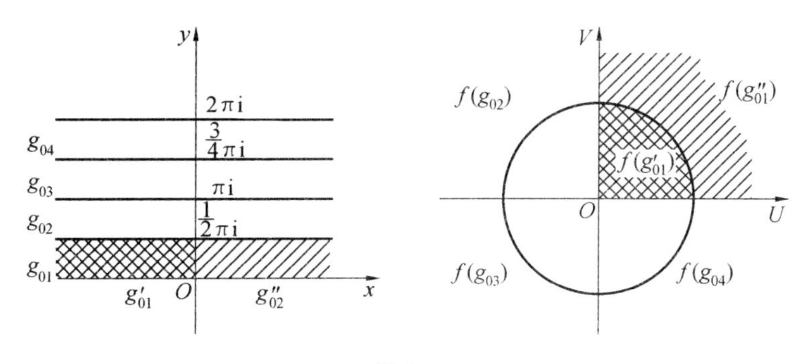


图 20

$$f(g_k)=E \quad (k\text{ 为整数})$$

在 $E$ 内 $w=f(z)=e^z$ 的反函数 $z=\ln w$ 是解析函数，且

$$(\ln w)'=\frac{1}{(e^z)'}=\frac{1}{e^z}=\frac{1}{w}$$

这里 $\ln w=z$ 属于任一个确定的带形域 $g_k$，即要理解为 $E$ 内所分出的任意分支(见下面的(3))的导数.

(3) 对数函数 $z=\ln w(w\in E)$ 的多值性.

由于 $f(g_k)=E(k=0,\pm 1,\pm 2,\cdots)$，如果当 $z\in g_1:2\pi<\mathrm{Im}(z)=y<4\pi$ 时，$z$ 平面上平行于实轴的直线从 $y=2\pi$ 起，平行上升扫过整个带形域 $g_1$ 到 $y=4\pi$ 时(如图 18)，对应的 $w$ 平面上是射线，从原点引出的正半实轴($\theta=2\pi$)起，旋转一个 $2\pi$ 角，即扫过整个 $w$ 平面，又回到正半实轴($\theta=4\pi$)为止. 所不同的，只是正实轴的幅角视为 $2\pi$ 与 $4\pi$ 而已.

所以 $w=e^z$ 的反函数，即对数函数 $z=\ln w(w\in E)$ 有无穷多个(可数个)单值分支，要确定一个分支，只要指明对应的 $z$ 在哪个带形域内就够了(以上方法是几何法).

关于 $z=\ln w$ 有可数多个单值分支，也可以由如下的分析法得到：

令

$$z=x+iy,w=\rho e^{i\theta}$$

则可知

$$z=x+iy=\ln w=\ln\rho+i(\theta+2k\pi)$$

所有 $\ln w$ 有无穷个不同的值，对应着 $\ln w$ 的无穷个(可数个)分支.

注意：$E$ 的形状也可为 $w$ 平面去掉正半虚轴或负半实轴等，因为 $w=e^z$ 的单叶性区域可以是任意一个宽度为 $2\pi$ 而平行于实轴的带形域，故 $\ln w$ 除对 $w=0$ 外，对任意的复数 $w\neq 0$ 都有意义.

(4) 支点.

$w=0,\infty$ 是 $z=\ln w$ 的支点.

因为动点 $w$ 绕原点旋转一周,幅角就改变 $2\pi$,对应的点 $z$(在某个确定的分支内)的纵坐标也就改变了 $2\pi$,即从一个分支变到另一个分支.但动点不论绕原点转多少周(同方向转 $k$ 周),对应的点 $z$ 按虚轴正方向或反方向移动 $2k\pi$,永远不能回到原来的一支.这样的支点,比如这里的 $w=0$ 或 $\infty$ 称为无穷级支点或超越支点,也称对数支点.函数在这种点的邻域内具有较复杂的性质.

若点 $w$ 画一条不含原点的闭曲线,那么点 $z=\ln w$(在某确定的分支内)也画一条闭曲线.

(5) $z=\ln w$ 的 Riemann 曲面.

我们取 $w=e^z$ 的单叶区域为

$$g_k:2k\pi<\operatorname{Im}(z)=y<2(k+1)\pi$$

与之对应的 $w$ 平面记为 $w_k$(去掉原点与正实轴),这里 $k=0,\pm1,\pm2,\cdots$.

将所有相邻的 $w_k$ 和 $w_{k+1}$ 平面(沿正半实轴剪开的平面,$k=0,\pm1,\pm2,\cdots$)剪口标记为 $I_{k+1}$ 的两沿粘在一起(图 21),构成无限多个叶片连成一起的曲面,称为函数 $z=\ln w$ 的 Riemann 曲面.

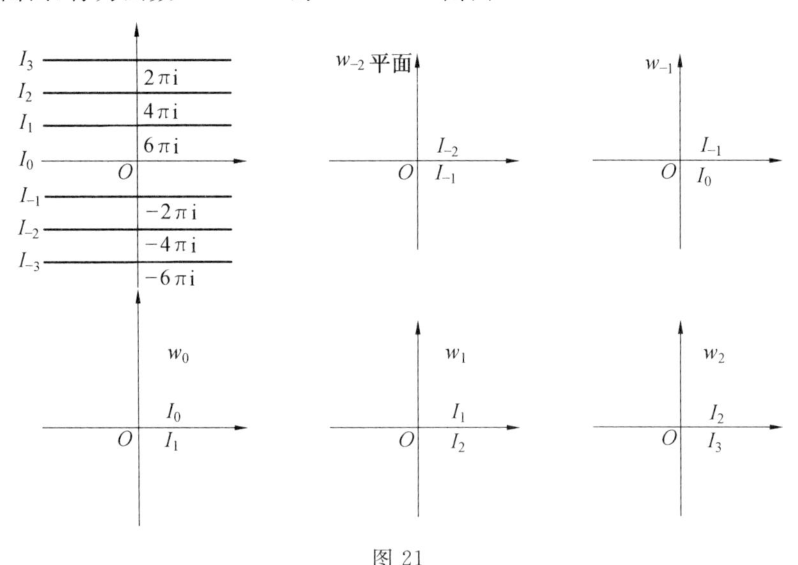


图 21

所以,函数 $z=\ln w$ 的 Riemann 曲面是无穷多叶的,图 22 仅画了五个叶片,而且为了直观,将两粘在一起的半直线,画成了带阴影的部分面.

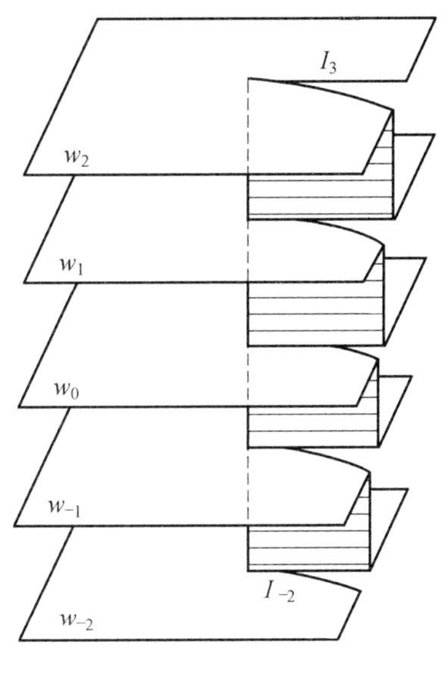


图 22

**128** 讨论:三角函数与反三角函数的映射.

我们仅以函数 $w=f(z)=\sin z$ 与反函数 $z=\arcsin w$ 来讨论.

**解** (1) 确定正弦函数 $w=f(z)=\sin z$ 的单叶性区域.

令

$$z_1=x_1+\mathrm{i}y_1,z_2=x_2+\mathrm{i}y_2$$

由于

$$\sin z_1-\sin z_2=2\sin\frac{z_1-z_2}{2}\cos\frac{z_1+z_2}{2}=0$$

的充要条件是

$$\sin\frac{z_1-z_2}{2}=0$$

或

$$\cos\frac{z_1+z_2}{2}=0$$

当 $\sin\frac{z_1-z_2}{2}=0$,即 $z_1-z_2=2k\pi$($k$ 为整数),亦即 $(x+\mathrm{i}y_1)-(x_2+\mathrm{i}y_2)=2k\pi$($k$ 为整数)时,有

$$y_1=y_2,x_1-x_2=2k\pi\quad(k\text{ 为整数})$$

当 $\cos\frac{z_1+z_2}{2}=0$,即 $z_1+z_2=(2k+1)\pi$,亦即 $(x_1+\mathrm{i}y_1)+(x_2+\mathrm{i}y_2)=$

$(2k+1)\pi$ 时，有

$$y_1=-y_2, x_1+x_2=(2k+1)\pi \quad (k\text{ 为整数})$$

故函数 $w=\sin z$ 的单叶性区域 $\gamma$ 内，不含有适合于 $z_1-z_2=2k\pi$（即 $y_1=y_2, x_1-x_2=2k\pi$）或 $z_1+z_2=(2k+1)\pi$（即 $y_1=-y_2, x_1+x_2=(2k+1)\pi$）的点 $z_1$ 与 $z_2$.

为确定起见，选取 $\gamma_k$ 为

$$(2k-1)\frac{\pi}{2}<\operatorname{Re}(z)=x<(2k+1)\frac{\pi}{2} \quad (k=0,\pm 1,\cdots)$$

所以，在每一个带形域 $\gamma_k(k=0,\pm 1,\cdots)$ 内，函数 $w=\sin z$ 是单叶的.

(2) 确定单叶性区域 $\gamma_k$ 的象区域 $E^*$，即

$$f(\gamma_k)=E^*$$

以 $\gamma_0$ 为例（如图 23），其他同样.

$$\gamma_0: -\frac{\pi}{2}<\operatorname{Re}(z)=x<\frac{\pi}{2}$$

当 $x+\mathrm{i}y=z\in\gamma_0$ 时，有

$$w=u+\mathrm{i}v=\sin(x+\mathrm{i}y)=\sin x\operatorname{ch} y+\mathrm{i}\cos x\operatorname{sh} y$$

所以

$$u=\sin x\operatorname{ch} y, v=\cos x\operatorname{sh} y$$

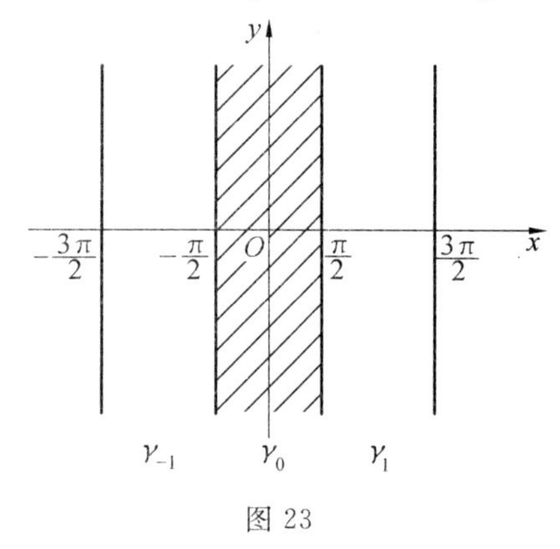


图 23

而

$$\operatorname{ch} y=\frac{\mathrm{e}^y+\mathrm{e}^{-y}}{2}>0, \operatorname{sh} y=\frac{\mathrm{e}^y-\mathrm{e}^{-y}}{2}\gtreqless 0 \quad (\text{随 } y)$$

于是有：

① 当 $\begin{cases}0<x<\dfrac{\pi}{2}\\ y>0\end{cases}$ 时，有

$$\begin{cases} u > 0 \\ v > 0 \end{cases}$$

② 当$\begin{cases} -\dfrac{\pi}{2} < x < 0 \\ y < 0 \end{cases}$时，有

$$\begin{cases} u < 0 \\ v < 0 \end{cases}$$

故可推得

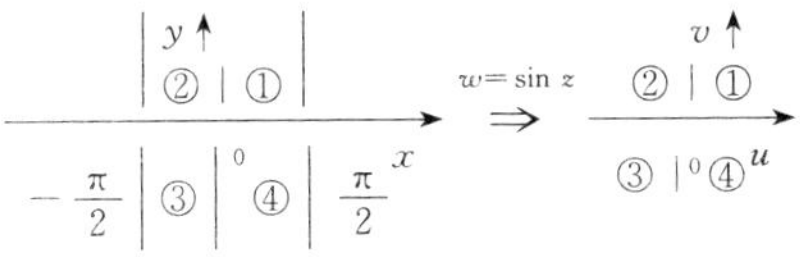

$y$ ② ① ③ ④ $-\dfrac{\pi}{2}$ $0$ $\dfrac{\pi}{2}$ $x$ $\xrightarrow{w=\sin z}$ $v$ ② ① ③ ④ $0$ $u$

又因为有

$$\frac{u^2}{\sin^2 x} - \frac{v^2}{\cos^2 x} = 1$$

与

$$\frac{u^2}{\mathrm{ch}^2 y} + \frac{v^2}{\mathrm{sh}^2 y} = 1$$

所以，当 $x = 0$（虚轴）时，$u = 0$，$v = \mathrm{sh}\ y$，从 $-\infty$ 变到 $+\infty$，故虚轴的象仍为虚轴；

当 $x = -\dfrac{\pi}{2}$ 时，$v = 0$，$u = -\mathrm{ch}\ y$，从 $-\infty$ 变到 $-1$；

当 $x = \dfrac{\pi}{2}$ 时，$v = 0$，$u = \mathrm{ch}\ y$，从 $1$ 变到 $+\infty$；

当 $x = c \neq 0$，$-\dfrac{\pi}{2} < x < \dfrac{\pi}{2}$ 时，其象为双曲线

$$\frac{u^2}{\sin^2 c} - \frac{v^2}{\cos^2 c} = 1$$

它以 $(\pm 1, 0)$ 为焦点，其半轴是 $|\sin c|$ 与 $\cos c$，其中 $x = c < 0$ 与 $x = c > 0$ 分别对应于双曲线左边的一支与右边的一支（如图 24）.

$z$ 平面上平行于虚轴的直线，从 $x = -\dfrac{\pi}{2}$ 起自左向右扫过整个区域 $\gamma_0$ 到直线 $x = \dfrac{\pi}{2}$ 为止时，对应的全部双曲线与虚轴填满了在 $w$ 平面上除去实轴上从 $-\infty$ 到 $-1$ 及从 $+1$ 到 $+\infty$ 这两条射线之后的区域 $E^*$（如图 24）.

从另外的观点看：

当 $y = b \neq 0$，$-\infty < b < +\infty$，$-\dfrac{\pi}{2} < x < \dfrac{\pi}{2}$ 时，直线段的象为椭圆：$\dfrac{u^2}{\mathrm{ch}^2 b} +$

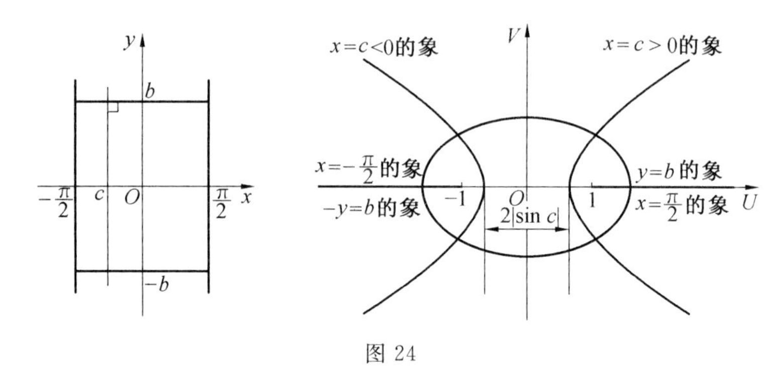


图 24

$\frac{v^2}{\mathrm{sh}^2 b}=1$,它以$(\pm 1,0)$为焦点,其半轴为 ch $b$ 与 $|\mathrm{sh}\ b|$.共焦点的有心二次曲线是正交的(如图 24).

直线段 $y=b>0$ 与 $y=b<0$,分别对应于椭圆的上半部分(在上半平面的半个椭圆)与下半部分,但除去实轴上的两点.

当 $y=b=0,-\frac{\pi}{2}<x<\frac{\pi}{2}$ 时,有

$$u=\sin x\mathrm{ch}\ 0=\sin x, v=\cos x\mathrm{sh}\ 0=0$$

即是实轴 $u$ 上的空间$(-1,1)$.

故 $z$ 平面上平行于实轴的直线段 $y=b,-\frac{\pi}{2}<x<\frac{\pi}{2}$,自下而上扫过整个竖带形域 $\gamma_0$ 时,对应的全部椭圆与实轴 $u$ 上的开区间$(-1,1)$填满了 $w$ 平面的区域 $E^*$(如图 24).

在 $E^*$ 内,$w=\sin z$ 的反函数为 $z=\arcsin w$ 是解析函数,且

$$(\arcsin w)'=\frac{1}{(\sin z)'}=\frac{1}{\cos z}=\frac{1}{\sqrt{1-w^2}}$$

这里 $\arcsin w=z$ 属于某个确定的 $\gamma_k(k=0,\pm 1,\cdots)$.

(3) 反正弦函数 $z=\arcsin w$ 的多值性.

因为所有带形域 $\gamma_k$

$$(2k-1)\frac{\pi}{2}<\mathrm{Re}(z)=x<(2k+1)\frac{\pi}{2}\quad(k=0,\pm 1,\cdots)$$

在映射 $w=f(z)=\sin z$ 之下,其象均是 $w$ 平面上的区域 $E^*$,即

$$f(\gamma_k)=E^*$$

所以,$w=f(z)=\sin z$ 的反函数 $z=\arcsin w$ 有无穷多个单值分支,要确定某一支,只要指明对应的 $z$ 在哪个带形域内就够了.

关于 $z=\arcsin w$ 有无穷个单值分支,也可由如下的方法(分析法)得到.

因为 $w=\sin z=\frac{e^{iz}-e^{-iz}}{2i}$,则可知

$$z=\arcsin w=\frac{1}{i}\ln(iw\pm\sqrt{1-w^2})$$

由对数函数的多值性,得到反正弦函数 $z=\arcsin w$ 有无穷多个单值分支.

若用记号 $\zeta_1=iw+\sqrt{1-w^2}$,$\zeta_2=iw-\sqrt{1-w^2}$,则

$$\zeta_1\cdot\zeta_2=-1$$

于是

$$|\zeta_1|\cdot|\zeta_2|=1,\arg\zeta_1+\arg\zeta_2=(2k+1)\pi$$

假定 $\zeta_1$ 与 $\zeta_2$ 的幅角的绝对值不超过 $\pi$,于是只有两种可能性

$$\arg\zeta_1+\arg\zeta_2=\pi$$

或

$$\arg\zeta_1+\arg\zeta_2=-\pi$$

因此,这两个幅角或者全是非负数或者全是非正数,并且其中至少有一个绝对值不超过$\frac{\pi}{2}$,用 $s$ 表示 $\zeta_1$ 与 $\zeta_2$ 中幅角 $\varphi$ 的绝对值不超过$\frac{\pi}{2}$ 的那一个,则另一个的值是 $-\frac{1}{s}$,与此相对应的

$$z=\arcsin w=\frac{1}{i}\ln(iw\pm\sqrt{1-w^2})$$

可以写为

$$z=\frac{1}{i}\ln s$$

与

$$z=\frac{1}{i}\ln\left(-\frac{1}{s}\right)$$

因为 $\arg\left(-\frac{1}{s}\right)=-\varphi\pm\pi$,所以又可写为

$$\begin{aligned}z&=\frac{1}{i}[\ln|s|+i(\varphi+2k_1\pi)]\\&=-i\ln|s|+\varphi+2k_1\pi\end{aligned}$$

与

$$\begin{aligned}z&=\frac{1}{i}[-\ln|s|+i(-\varphi+\overline{2k_2+1}\pi)]\\&=i\ln|s|-\varphi+(2k_2+1)\pi\end{aligned}$$

合起来可以写成一个公式

$$z_k=(-1)^k(\varphi_1-\mathrm{i}\ln|s|)+k\pi \quad (k\text{ 为整数})$$

由于 $|\varphi|\leqslant\frac{\pi}{2}$,$z_0=\varphi-\mathrm{i}\ln|s|$ $(\mathrm{Re}(z_0)=\varphi,\mathrm{Im}(z_0)=-\ln|s|)$.

故 $z_0$ 落在图23中的区域 $\gamma_0$ 内($\varphi=\pm\frac{\pi}{2}$ 时,在 $\gamma_0$ 的边界上),其他的点分别落在 $\gamma_k$ 内,并使得在相邻区域内的点分别对于点(实数)$x=(2k+1)\frac{\pi}{2}$ $(k=0,\pm1,\pm2,\cdots)$ 成为对称.

(4) 支点.

$w=\pm1$ 与 $w=\infty$ 是函数 $z=\arcsin w$ 的超越支点.

因为动点 $w$ 沿某一闭曲线转圈,若这闭曲线只包含 $-1$ 与 $+1$ 中的一点,那么根式 $\sqrt{1-w^2}$ 就要变号($w=\pm1$ 是根式的一级支点),这表明二次方程 $\mathrm{e}^{2\mathrm{i}z}-2\mathrm{i}w\mathrm{e}^{\mathrm{i}z}-1=0$(由 $w=\sin z=\frac{\mathrm{e}^{\mathrm{i}z}-\mathrm{e}^{-\mathrm{i}z}}{2\mathrm{i}}$ 推得)的一个根 $\zeta_1=\mathrm{e}^{\mathrm{i}z}=\mathrm{i}w+\sqrt{1-w^2}$,变成了另一个根 $\zeta_2=-\frac{1}{\zeta_1}$. 因而,$z=\frac{1}{\mathrm{i}}\ln s$ 变成了 $z=\frac{1}{\mathrm{i}}\ln\left(-\frac{1}{s}\right)$,这就是说,点 $z$ 变成了关于点(实数)$x=(2k+1)\frac{\pi}{2}$ 与 $z$ 对称的另一点,这里 $k$ 为整数,故 $w=\pm1$ 为超越支点.

若点 $w$ 沿某一条内部包含点 $+1$ 与 $-1$ 的闭曲线转一圈,就可视为绕 $w=\infty$ 转一圈,我们来证明 $s=\mathrm{i}w\pm\sqrt{1-w^2}$ 的幅角改变了 $2\pi$.

事实上,$s=\mathrm{i}w\pm\sqrt{1-w^2}$ 是方程

$$s^2-2\mathrm{i}ws-1=0$$

的根,亦即是

$$w=\frac{1}{2\mathrm{i}}\left(s-\frac{1}{s}\right)$$

的根.

在 $s$ 平面上考虑半径大于1的圆周 $\Gamma$

$$s=r\mathrm{e}^{\mathrm{i}\varphi} \quad (0\leqslant\varphi\leqslant2\pi,r>1)$$

这时

$$\begin{aligned}w&=\frac{1}{2\mathrm{i}}\left(r\mathrm{e}^{\mathrm{i}\varphi}-\frac{1}{r}\mathrm{e}^{-\mathrm{i}\varphi}\right)\\&=\frac{1}{2\mathrm{i}}\left[\left(r-\frac{1}{r}\right)\cos\varphi+\left(r+\frac{1}{r}\right)\sin\varphi\right]\end{aligned}$$

$$=\frac{1}{2}\left(r+\frac{1}{r}\right)\sin\varphi-\frac{1}{2}\mathrm{i}\left(r-\frac{1}{r}\right)\cos\varphi$$

若 $w=u+\mathrm{i}v$,则

$$u=\frac{1}{2}\left(r+\frac{1}{r}\right)\sin\varphi,v=-\frac{1}{2}\left(r-\frac{1}{r}\right)\cos\varphi \qquad (*)$$

于是有

$$\frac{u^2}{\left[\frac{1}{2}\left(r+\frac{1}{r}\right)\right]^2}+\frac{v^2}{\left[\frac{1}{2}\left(r-\frac{1}{r}\right)\right]^2}=1$$

这是在 $w$ 平面上以 $a=\frac{1}{2}\left(r+\frac{1}{r}\right)$ 与 $b=\frac{1}{2}\left(r-\frac{1}{r}\right)$ 为半轴,以 $w=\pm1$ 为焦点的椭圆方程.

当点 $s$ 沿 $\Gamma$ 正方向转一圈时($\varphi$ 由零连续增加到 $2\pi$),由公式($*$)推知,对应的点 $w$ 也依正方向沿椭圆转一周(从点$(0,-b)$开始),反之亦真.

所以当点 $w$ 绕以 $\pm1$ 为焦点的椭圆转一圈时,对应的点 $s$ 沿圆周 $\Gamma$ 转一圈,即 $\arg s$ 改变了 $2\pi$,因此 $z=\frac{1}{\mathrm{i}}\ln s$ 也改变了 $2\pi$. 这就是说,点 $z$ 沿实轴的方向平移了 $2\pi$ 的距离,故 $w=\infty$ 是函数 $z=\arcsin w$ 的支点,且显然是超越支点.

(5)$z=\arcsin w$ 的 Riemann 曲面.

我们从(2)已知函数 $w=f(z)=\sin z$ 将所有的带形域 $\gamma_k$:$(2k-1)\frac{\pi}{2}<\mathrm{Re}(z)=x<(2k+1)\frac{\pi}{2}$($k$ 为整数)映射为 $w$ 平面上的区域 $E^*$,并且 $\gamma_0$ 中的四个小半带形①②③④分别映射为 $w$ 平面按顺序的四个象限(如图 25),$\gamma_0$ 的上半部分(带阴影的)映射为 $w$ 平面的上半平面,$\gamma_0$ 的下半部分映射为 $w$ 平面的下半平面.

又如 P246(2) 中①当 $-\pi<x<-\frac{\pi}{2},y>0$ 时,由 $u=\sin x\,\mathrm{ch}\,y,v=\cos x\,\mathrm{sh}\,y$ 推知

$$u<0,v<0$$

即是第三象限;如 P246(2) 中②,当 $-\pi<x<-\frac{\pi}{2},y<0$ 时,可得

$$u<0,v>0$$

即是第二象限.

类似可以推得别的带形的对应情况(如图 25),即所有带阴影的(不带阴

影的）半带形对应于 $w$ 平面的上半（下半）平面，所有带序号ⓘ$(i=1,2,3,4)$的小半带形，分别对应 $w$ 面的第 $i$ 个象限$(i=1,2,3,4)$（如图 25）.

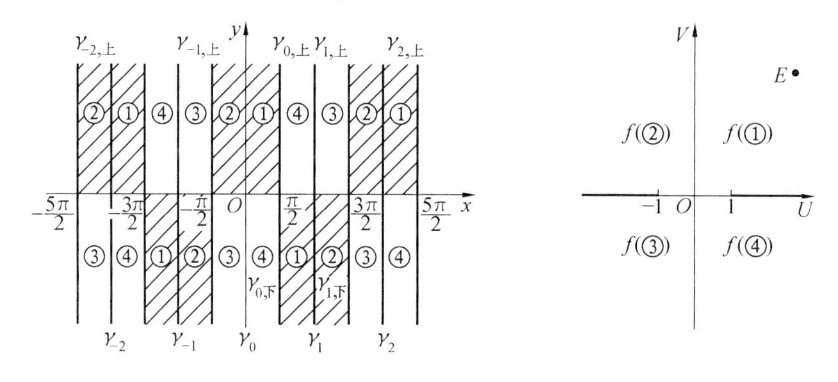


图 25

每一个带阴影的半带形都与三个不带阴影的半带形相邻，反之亦然.

于是任一 $\gamma_k(k=0,\pm 1,\pm 2,\cdots)$ 的半带形（带阴影的或不带阴影的），与它相邻的任一个半带形合起来就是函数 $w=f(z)=\sin z$ 的一个单叶性区域.

事实上，由(2)在同一个半带形内不同的两点，$\sin z$ 的值不同；而在不同半带形内的两点，由于两个半带形对应于不同的半平面，所以 $\sin z$ 的值亦不相同.

注意：半直线 $z=(2k-1)\frac{\pi}{2}+\mathrm{i}y(y\geqslant 0$ 或 $y\leqslant 0)$ 的象也是一条半直线.因为由 $w=\sin z=(-1)^{k-1}\operatorname{ch} y$ 知：当 $k$ 为奇数时，它是实轴上区间$[1,+\infty)$；当 $k$ 为偶数时，则是区间$(-\infty,1]$.

下面具体作出 $z=\arcsin w$ 的 Riemann 曲面.

为明显起见，先作对应于 $z$ 的上半平面的 $R$ 面，再作出对应于 $z$ 的下半平面的 $R$ 面，然后将两部分粘在一起.

取 $\gamma_0$ 的上半部分 $\gamma_{0,上}$（带阴影的半带形，它对应于 $w$ 平面的上半平面）与右边相邻的半带形 $\gamma_{1,上}$（不带阴影的，它对应于 $w$ 平面的下半平面）连接起来（图 25），则对应的是将 $w_0$ 平面的上半平面 $D_{0,上}$ 与 $w_1$ 的下半平面 $D_{1,下}$ 沿正实轴从 1 到 $+\infty$ 粘在一起.再将 $\gamma_{1,上}$ 与 $\gamma_{2,上}$ 连接起来，则对应的是将 $w_1$ 平面的下半平面 $D_{1,下}$ 与 $w_2$ 平面的上半平面 $D_{2,上}$（对应于 $\gamma_{2,上}$ 的）沿负实轴从 $-\infty$ 到 $-1$ 粘贴在一起，…… 如此继续.即对应的两个半平面一次沿正实轴的区间$[1,+\infty)$黏合，下一次便沿负实轴的部分$(-\infty,-1]$黏合，如此交替，但每一次实轴上从 $-1$ 到 $+1$ 的部分没有黏合，且第一个上半平面 $D_{0,上}$ 的负实轴上从 $-\infty$ 到 $-1$ 也仍然保持原状.

再将半带形 $\gamma_{0,上}$ 与左边的半带形 $\gamma_{-1,上}$ 连接起来，则对应的是将上半平面 $D_{0,上}$ 与下半平面 $D_{-1,下}$ 沿实轴上的$(-\infty,-1]$黏合起来，同右边一样，顺次黏合. 这样便得到函数 $z=\arcsin w$ 的$R$ 面与 $z$ 的上半平面的对应部分，这一部分是由无穷多个叶片组成，且这些叶片中，既没有第一个，也没有最后一个. 在每一个叶片上，都保留着两个未黏合的边缘：线段$[-1,+1]$，其中一个边缘属于上半平面，另一个边缘属于下半平面.

对应于 $z$ 的下半平面的 $R$ 曲面与上面讨论的完全类似地作出.

例如，将半带形 $\gamma_{0,下}$ 与右边的半带形 $\gamma_{1,下}$ 连接起来，则对应的将下半平面 $D_{0,下}$ 与上半面 $D_{1,上}$ 沿正实轴从 1 到 $+\infty$ 黏合起来，…….

这样得到的函数 $z=\arcsin w$ 的$R$ 曲面与 $z$ 的下半平面的对应部分，即和上面完全一样，是由无穷多个叶片所组成.

最后，我们来将这两部分连接在一起. 只需注意：在任一个带形 $\gamma_k(k=0,\pm 1,\pm 2,\cdots)$ 中，把上、下两个半带形 $\gamma_{k,上}$ 与 $\gamma_{k,下}$ 连接起来，则对应的将 $w$ 平面的上半平面 $D_{k,上}$ 与下半平面 $D_{k,下}$ 沿实轴上线段$[-1,1]$黏合起来，使得到 $z=\arcsin w$ 的 Riemann 曲面.

实际上，这里是假想的理论上的作法，因为最后黏合线段$[-1,1]$的步骤，只能进行一次，把某两个从$-1$到1的边缘黏合好以后，则其余的应黏合的两个边缘均在已粘好叶片的两边，再也无法真正黏合起来.

$z=\arcsin w$ 的 Riemann 曲面是无穷多叶的，既指不出第一片，也找不着最后一片，图 26 只是一个示意的几何模型.

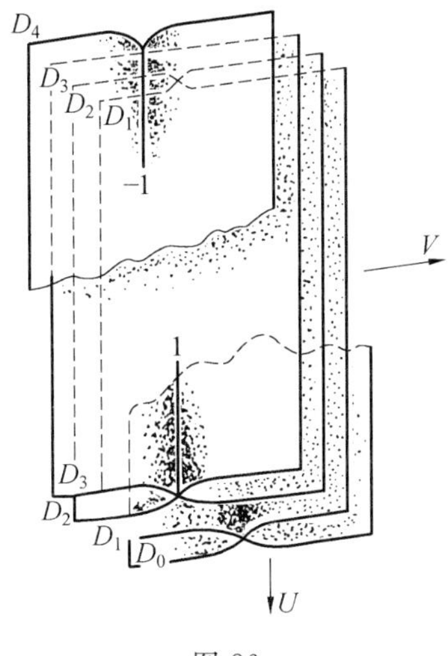


图 26

**129** 我们在本例中讨论以下几个多值函数的支点，并在已知函数在某支的某点的值之后求另一点的值：

(1) $f(z)=\sqrt{z(1-z)}$，设 $f(z)$ 在支割线段 $0\leqslant \operatorname{Re} z\leqslant 1$ 上岸(不包括点 0 和 1)取正值时，求 $f(-1)$；

(2) $f(z)=\sqrt[3]{z(1-z)}$，设在点 $z=2$ 时 $f(z)$ 取负值时，求 $f(i)$；

(3) $f(z)=\ln(1-z^2)$，设 $f(0)=0$，求 $f(2)$.

**解** 我们先分别讨论上述三个函数的支点，然后在题中所设的条件下求函数在指定点的值.

求支点：

(1) $f(z)=\sqrt{z(1-z)}$ 的可能的支点是使 $z(1-z)=0$ 的点及 $z=\infty$，即 $\sqrt{z(1-z)}$ 的可能的支点是 $0,1,\infty$. 这三点又是否确为支点呢？我们让点 $z$ 分别绕这三点转圈. 当 $z$ 绕点 $z=0$ 转一圈(点 $z=1$ 不在圈内)时，$z$ 的幅角获得增量 $2\pi$，$1-z$ 的幅角无变化，故 $z(1-z)$ 的幅角获得增量 $2\pi$，因而 $f(z)=\sqrt{z(1-z)}$ 的幅角获得增量 $\pi$，从而 $f(z)$ 的值当 $z$ 转一圈而又回到原处时发生了变化. 于是断言 $z=0$ 是 $f(z)=\sqrt{z(1-z)}$ 的支点.

根据同样的讨论可知 $z=1$ 也是 $f(z)=\sqrt{z(1-z)}$ 的支点.

最后让 $z$ 绕点 $\infty$ 转圈，即让 $z$ 绕一充分大的圆周转一圈，而此圆内部含有点 $0,1$，转圈时又是沿顺时针方向，从而体现出是绕点 $\infty$ 转圈. 此时 $z$ 的幅角获得增量 $-2\pi$，$1-z$ 的幅角也获得增量 $-2\pi$，故 $z(1-z)$ 获得增量 $-4\pi$，从而 $f(z)=\sqrt{z(1-z)}$ 获得增量 $-2\pi$. 因为 $e^{-2\pi i}=1$，因此当 $z$ 绕点 $\infty$ 转一圈回到原处时，$f(z)=\sqrt{z(1-z)}$ 的值不发生改变. 可见点 $z=\infty$ 不是 $f(z)=\sqrt{z(1-z)}$ 的支点.

这样我们就看到线段 $0\leqslant \operatorname{Re} z\leqslant 1$ 确是支割线段(联结点 0 和 1 的任何曲线段都可作为支割线)，如图 27 所示.

(2) 对于 $f(z)=\sqrt[3]{z(1-z)}$，其可能的支点仍是 $0,1,\infty$. 现让点 $z$ 绕点 0 而避开点 1 转圈时，$z(1-z)$ 的幅角获得增量 $2\pi$，故 $f(z)=\sqrt[3]{z(1-z)}$ 的幅角获得增量 $\dfrac{2\pi}{3}$，从而当 $z$ 绕点 0 转一圈而回到出发点时，$f(z)=\sqrt[3]{z(1-z)}$ 的值发生改变. 可见点 0 是 $f(z)=\sqrt[3]{z(1-z)}$ 的支点.

同样可知，点 1 亦为 $f(z)=\sqrt[3]{z(1-z)}$ 的支点.

再让 $z$ 绕一以原点为心而半径充分大(例如大于 1)的圆顺时针转一圈

时，$z(1-z)$ 的幅角获得增量 $-4\pi$. 故 $f(z)=\sqrt[3]{z(1-z)}$ 的幅角获得增量 $-\frac{4\pi}{3}$. 因 $e^{-i\frac{4\pi}{3}}$ 不等于1，所以此时 $f(z)=\sqrt[3]{z(1-z)}$ 的值发生改变，因而无穷远点 $\infty$ 是 $f(z)=\sqrt[3]{z(1-z)}$ 的支点（请读者注意跟情况(1)比较）.

对于 $f(z)=\sqrt[3]{z(1-z)}$，现在我们可以这样作出其支割线：先割破实轴上从点0到1的一段，再从原点起沿负虚轴割开，如图28所示.

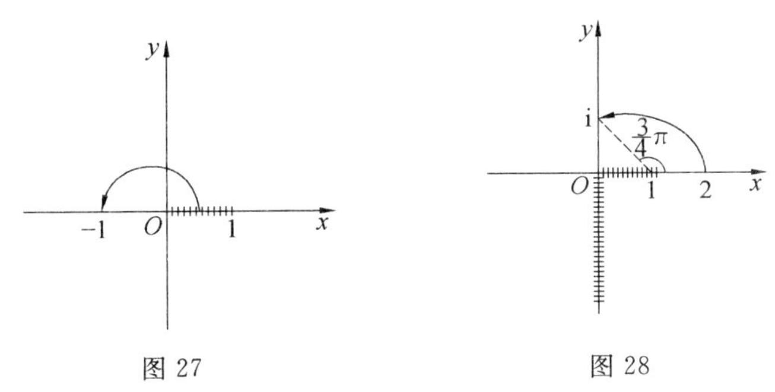


图 27　　　　图 28

(3) $f(z)=\ln(1-z^2)$ 的可能的支点是 $\pm 1$ 和 $\infty$.

因让点 $z$ 绕点 $+1$ 转一圈而避开点 $-1$ 时，$1-z^2$ 的幅角获得增量 $2\pi$，从而 $f(z)=\ln(1-z^2)$ 的值改变 $2\pi i$，即 $\ln(1-z^2)$ 由一支变为另一支，故点 $+1$ 为 $f(z)=\ln(1-z^2)$ 的支点.

同样可知，点 $-1$ 亦为 $f(z)=\ln(1-z^2)$ 的支点.

当点 $z$ 绕圆周 $|z|=r(r>1)$ 顺时针方向转一圈时，$1-z^2$ 的幅角获得增量 $-4\pi$，故 $f(z)=\ln(1-z^2)$ 的值改变 $-4\pi i$. 从而 $f(z)=\ln(1-z^2)$ 由一支变到另一支. 可见点 $\infty$ 亦为 $f(z)=\ln(1-z^2)$ 的支点.

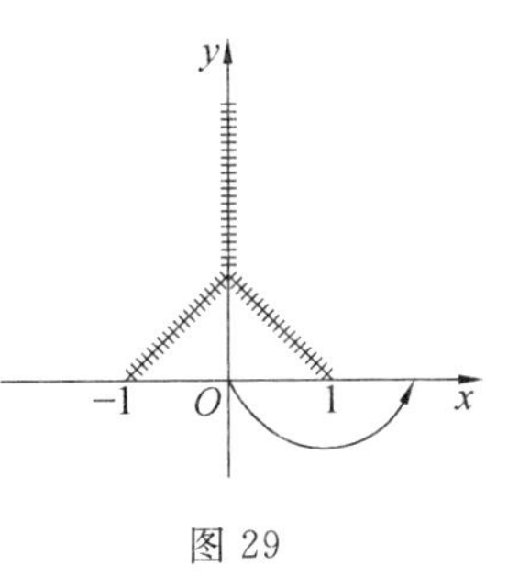


图 29

由以上分析，$f(z)=\ln(1-z^2)$ 的支线可如下作出：沿自点 $z=-1$ 至点 $z=i$ 的线段割开，沿自点 $z=i$ 至点 $z=1$ 的线段也割开，再从点 $z=i$ 起沿正虚轴割开，如图29所示.

在所给条件下求函数在指定点的值：

① 现在给定的条件是：当 $z$ 取在实轴上点0与1之间时，$\sqrt{z(1-z)}$ 取正值. 例如当 $z=\frac{1}{2}$ 时，$\sqrt{z(1-z)}=\frac{1}{2}$. 我们用“$x^{\frac{1}{2}}$”表示正数 $x$ 的正平方根. 于是上述条件就是：当 $0<z=x<1$ 时，$\sqrt{z(1-z)}=[x(1-x)]^{\frac{1}{2}}$，其幅角是0，即

$$\sqrt{z(1-z)}=[x(1-x)]^{\frac{1}{2}}e^{i0}$$

今欲求 $f(-1)$. 我们让变点 $z$ 从支割线的上岸逆时针转到点 $z=-1$. 此时 $f(z)=\sqrt{z(1-z)}$ 的模应是 $(|-1|)\times|1-(-1)|^{\frac{1}{2}}=2^{\frac{1}{2}}$，以下着重考察 $f(-1)$ 的幅角. 因为 $f(x)(0<x<1)$ 的幅角是 0，而当变点 $z$ 由 $x(0<x<1)$ 逆时针转到点 $-1$ 时，$z(1-z)$ 的幅角获得增量 $\pi$，从而 $\sqrt{z(1-z)}$ 的幅角获得增量 $\frac{\pi}{2}$. 这就是说，由 $f(x)(0<x<1)$ 变到 $f(-1)$ 幅角增加 $\frac{\pi}{2}$. 因 $f(x)$ 的幅角是 0，于是 $f(-1)$ 的幅角也就是 $\frac{\pi}{2}$，这样就得到

$$f(-1)=2^{\frac{1}{2}}e^{i\frac{\pi}{2}}=2^{\frac{1}{2}}i$$

② 这里给定的条件是：$f(z)=\sqrt[3]{z(1-z)}$ 在点 2 取负值，即 $f(2)$ 的模是 $(|2|\times|1-2|)^{\frac{1}{3}}=2^{\frac{1}{3}}$（符号“$x^{\frac{1}{3}}$”表示正数 $x$ 的正的三次方根），而 $f(2)$ 的幅角则是 $\pi$，即

$$f(2)=2^{\frac{1}{3}}e^{i\pi}$$

今欲求 $f(i)$ 的模和幅角.

$f(i)$ 的模是 $(|i|\times|1-i|)^{\frac{1}{3}}=2^{\frac{1}{6}}$.

以下再着重考察 $f(i)$ 的幅角. 当变点 $z$ 由点 $z=2$ 逆时针方向转到点 $z=i$ 时，$z$ 的幅角获得增量 $\frac{1}{2}\pi$，$1-z$ 的幅角获得增量 $\frac{3}{4}\pi$（如图 28），于是 $f(z)=\sqrt[3]{z(1-z)}$ 的幅角获得增量 $\dfrac{\frac{1}{2}\pi+\frac{3}{4}\pi}{3}=\frac{5}{12}\pi$.

因此可知，$f(i)$ 的幅角比 $f(2)$ 的幅角增加 $\frac{5}{12}\pi$，因而 $f(i)$ 的幅角等于 $\pi+\frac{5}{12}\pi$. 这样就得

$$f(i)=2^{\frac{1}{6}}e^{i(\pi+\frac{5}{12}\pi)}=-2^{\frac{1}{6}}e^{i\frac{5}{12}\pi}$$

③ 这里给定的条件是：$f(0)=0$，即

$$f(0)=\ln(1-0^2)=\ln 1=\ln 1+0i=0$$

这意味着，当 $z=0$ 时，$1-z^2$ 的幅角取为 0.

今欲求 $f(2)$. 此时分别求出 $f(2)$ 的实部和虚部是方便的，而这只要求出 $1-z^2$ 当 $z=2$ 时的模和幅角就容易解决问题了.

当 $z=2$ 时，$1-z^2$ 的模是 $|1-2^2|=3$；

以下再着重考察 $z=2$ 时 $1-z^2$ 的幅角. 现让变点由点 $z=0$ 逆时针方向（按所作之支割线也只能取此方向）转到点 $z=2$，此时，$1+z$ 的幅角没有变化，

$1-z$ 的幅角获得增量 $\pi$. 因为 $z=0$ 时 $1-z^2$ 的幅角是 0,所以当 $z=2$ 时 $1-z^2=(1+z)(1-z)$ 的幅角是 $\pi$.

这样就得(在所给条件下)

$$f(2)=\ln(1-2^2)=\ln 3+\pi i$$

**130** 求多值函数 $w=f(z)=\sqrt[n]{P_N(z)}$ 的支点,其中 $P_N(z)$ 是任意一个 $N$ 次多项式.

**解** 设 $a_1,a_2,\cdots,a_m$ 是 $P_N(z)$ 的全部相异的零点,$\alpha_1,\alpha_2,\cdots,\alpha_m$ 是它们的重复次数($\alpha_1+\alpha_2+\cdots+\alpha_m=N$). 于是

$$P_N(z)=A(z-a_1)^{\alpha_1}(z-a_2)^{\alpha_2}\cdots(z-a_m)^{\alpha_m}$$

从而

$$f(z)=\sqrt[n]{A(z-a_1)^{\alpha_1}(z-a_2)^{\alpha_2}\cdots(z-a_m)^{\alpha_m}}$$

即

$$f(z)=\left|A(z-a_1)^{\alpha_1}\cdots(z-a_m)^{\alpha_m}\right|^{\frac{1}{n}}\cdot e^{\frac{i}{n}[\arg A+\alpha_1\arg(z-a_1)+\cdots+\alpha_m\arg(z-a_m)]} \quad (*)$$

考虑不经过点 $a_k(k=1,2,\cdots,m)$ 中任何一个闭 Jordan 曲线 $\gamma$(例如圆周). 让点 $z$ 沿一定的方向围绕 $\gamma$ 转一周. 固定矢量 $z-a_1,z-a_2,\cdots,z-a_m$ 在曲线 $\gamma$ 上任意一点 $z_0$ 的幅角的值,设这些值是 $\varphi_1^{(0)},\varphi_2^{(0)},\cdots,\varphi_m^{(0)}$. 当点 $z$ 围绕曲线 $\gamma$ 时,矢量 $z-a_k$ 和实轴的正方向的夹角 $\varphi_k$ 将要连续地变化,由始值 $\varphi_k^{(0)}$ 出发,围绕 $\gamma$ 一周后,它也许回到原来的值 $\varphi_k^{(0)}$(如果点 $a_k$ 在 $\gamma$ 的外部的话),也许获得增量 $\pm 2\pi$(如果点 $a_k$ 在 $\gamma$ 的内部)(如图 30). 这时增量的符号是"+"或"−"只依赖于选定的围绕 $\gamma$ 的方向;我们把对应的角得到正的增量 $2\pi$ 的方向叫作正方向. 为确定起见,假设点 $z$ 沿正向绕 $\gamma$ 一周,如果点 $a_k$ 中没有一个在 $\gamma$ 的内部,那么一切角 $\varphi_k$ 围绕后回到原来的始值 $\varphi_k^{(0)}$,而同时函数 $f(z)$ 也回到原来的始值. 由此推出,平面上异于 $a_k$ 的有限点 $\zeta$ 中没有一个能够是这函数的支点. 事实上,对于这样的点可以找一个不含有任一个点 $a_k$ 的邻域;于是围绕属于这一邻域而包含点 $\zeta$ 在其内部的任意闭 Jordan 曲线时,所选取的函数的分支将保持不变.

这样,异于所有 $a_k$ 的任意有限点 $\zeta$ 不是 $f(z)$ 的支点.

现在考虑任意点 $a_k$ 的充分小的邻域,使这个邻域内不含有其他的点:$a_1,\cdots,a_{k-1},a_{k+1},\cdots,a_m$. 于是在围绕属于这一邻域而包含 $a_k$ 在其内部的闭曲线 $\gamma$ 时,幅角 $\varphi_k$ 变化 $2\pi$,这时所有的其他幅角 $\varphi_1,\cdots,\varphi_{k-1},\varphi_{k+1},\cdots,\varphi_m$ 都回到

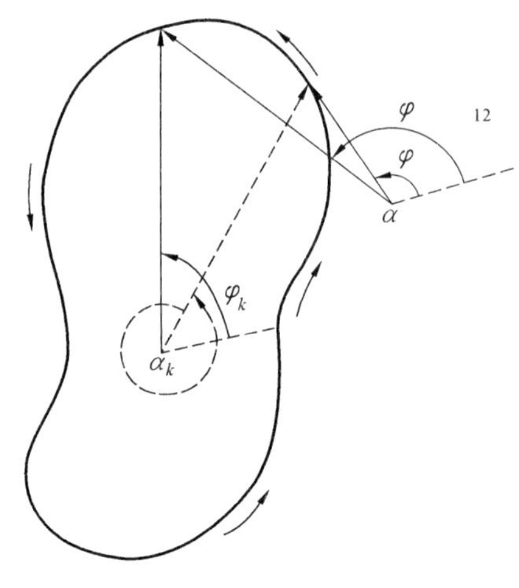


图 30

原来的值.因此,根据式(*)获得乘数 $e^{\frac{1}{n}\alpha_k 2\pi}=\cos\frac{\alpha_k 2\pi}{n}+\mathrm{i}\sin\frac{\alpha_k 2\pi}{n}$.显然,这个乘数当且仅当 $\alpha_k$ 不是 $n$ 的倍数时异于 1.

因此,多项式 $P_N(z)$ 的各个零点 $a_k$ 之中其重复次数 $\alpha_k$ 不是 $n$ 的倍数的,便是函数 $f(z)=\sqrt[n]{P_N(z)}$ 的支点.

最后考虑 $z=\infty$ 的邻域,它不包含任何点 $a_k$,并且考虑这一邻域内一条闭 Jordan 曲线 $\gamma$,其内部包含全部点 $a_k$.这时 $\gamma$ 的外部将只包含点 $\infty$ 而不包含任何一点 $a_k$.围绕 $\gamma$ 一周,一切幅角获得增量 $2\pi$,因此,公式(*)获得如下乘数

$$e^{\frac{\mathrm{i}}{n}[(\alpha_1+\alpha_2+\cdots+\alpha_m)2\pi]}=\cos\frac{(\alpha_1+\alpha_2+\cdots+\alpha_m)2\pi}{n}+\mathrm{i}\sin\frac{(\alpha_1+\alpha_2+\cdots+\alpha_m)2\pi}{n}$$
$$=\cos\frac{2\pi N}{n}+\mathrm{i}\sin\frac{2\pi N}{n}$$

这个乘数当且仅当 $N$ 不是 $n$ 的倍数时异于 1.

由此得到:当 $N$ 是 $n$ 的倍数时,$z=\infty$ 不是函数 $f(z)=\sqrt[n]{P_N(z)}$ 的支点;当 $N$ 不是 $n$ 的倍数时,$z=\infty$ 是函数 $f(z)=\sqrt[n]{P_N(z)}$ 的支点.

**131** $z$ 平面上的直线 $x=c$ 与 $y=c$ 在下述映射下,求其在 $w$ 平面上的对应图形

$$w=\frac{2z+3}{3z-2}$$

**解** 令 $z=x+\mathrm{i}y,w=u+\mathrm{i}v$.

把 $w=\dfrac{2z+3}{3z-2}$ 改写为 $z=\dfrac{2w+3}{3w-2}$. 则

$$x+y\mathrm{i}=\frac{2(u+\mathrm{i}u)+3}{3(u+\mathrm{i}v)-2}=\frac{(2u+3)(3u-2)+6v^2-13v\mathrm{i}}{(3u-2)^2+9v^2}$$

故

$$x=\frac{(2u+3)(3u-2)+6v^2}{(3u-2)^2+9v^2},y=-\frac{13v}{(3u-2)^2+9v^2}$$

从而 $z$ 平面上的直线 $x=c$ 映射为 $w$ 平面上的圆

$$\left(u-\frac{2}{3}-\frac{13}{18c-12}\right)^2+v^2=\left(\frac{13}{18c-12}\right)^2\quad\left(c\neq\frac{2}{3}\right)$$

或直线

$$u=\frac{2}{3}$$

同样, $z$ 平面上的直线 $y=c$ 映射为 $w$ 平面上的圆

$$\left(u-\frac{2}{3}\right)^2+\left(v+\frac{13}{18c}\right)^2=\left(\frac{13}{18c}\right)^2\quad(c\neq 0)$$

或直线

$$v=0\quad(c=0)$$

**132** 研究映射 $w=\dfrac{1}{z}$.

**解** 设 $z=x+\mathrm{i}y,w=u+\mathrm{i}v$. 则

$$u+\mathrm{i}v=\frac{1}{z}=\frac{\bar{z}}{z\bar{z}}=\frac{x-\mathrm{i}y}{x^2+y^2}$$

所以

$$\begin{cases}u=\dfrac{x}{x^2+y^2}\\ v=\dfrac{-y}{x^2+y^2}\end{cases}\tag{1}$$

或由 $z=\dfrac{1}{w}$,即

$$x+\mathrm{i}y=\frac{1}{u+\mathrm{i}v}=\frac{u-\mathrm{i}v}{u^2+v^2}$$

得

$$\begin{cases}x=\dfrac{u}{u^2+v^2}\\ y=\dfrac{-v}{u^2+v^2}\end{cases}\tag{2}$$

另外,若采用极坐标形式:令 $z=re^{i\theta}$,$w=\rho e^{i\phi}$,则

$$\rho e^{i\phi}=\frac{1}{r}e^{-i\theta}$$

此时映射 $w=\frac{1}{z}$ 可分解为映射 $w'=\frac{1}{r}e^{i\theta}$(对单位圆之反演)与映射 $w=\overline{w'}$(关于实轴之反射)之积($z$ 平面与 $w$ 平面叠合时),如图 31 所示.

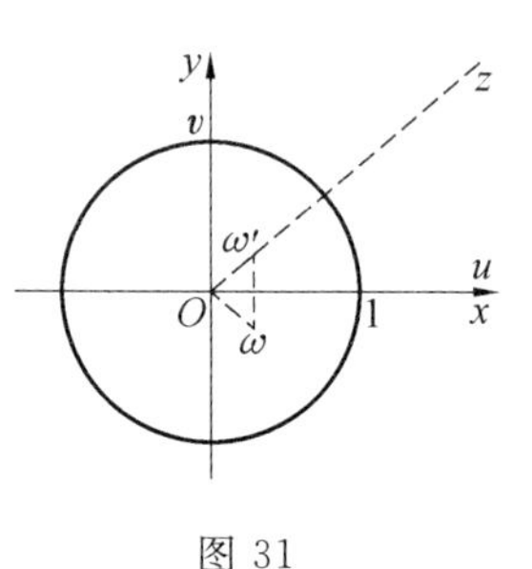


图 31

$z$ 平面上的圆(包括直线 $a=0$)

$$a(x^2+y^2)+2bx+2cy+d=0\quad(b^2+c^2>ad)$$

在映射 $w=\frac{1}{z}$ 下变为 $w$ 平面上的圆(包括直线 $d=0$)

$$a+2bu-2cv+d(u^2+v^2)=0$$

故映射 $w=\frac{1}{z}$ 有保"圆"性.

特别:直线 $x=c_1$ 变为过原点与 $v$ 轴相切之圆,即

$$u^2+v^2-\frac{u}{c_1}=0\quad(c_1\neq 0)$$

直线 $y=c_2$ 变为过原点与 $u$ 轴相切之圆

$$u^2+v^2+\frac{v}{c^2}=0\quad(c_2\neq 0)$$

另外,半平面 $x_1>c_1$ 之象为区域

$$\frac{u}{u^2+v^2}>c_1$$

当 $c_1>0$ 时,上式可写为

$$\left(u-\frac{1}{2c_1}\right)^2+v^2<\left(\frac{1}{2c_1}\right)^2$$

即 $w$ 在原点与 $v$ 轴相切之圆内,反之只要 $u,v$ 适合此式及 $c_1>0$,即可得

$$\frac{u}{u^2+v^2}>c_1$$

也就可得

$$x>c_1$$

由此可知,圆内每点是半平面上某点之象.

同样,无限条形区域 $0<y<\frac{1}{2c}$ 之象为

$$u^2+(v+c)^2>c^2\quad(c<0)$$

区域 $x>0,y>0$ 之象为

$$\left|w-\frac{1}{2}\right|<\frac{1}{2},v<0$$

双曲线 $x^2-y^2=1$ 之象为

$$\rho^2=\cos 2\phi$$

再考虑映射 $w=\frac{1}{z}$ 的保角性：设 $z$ 平面上交于点 $M(x_0,y_0)$ 的二正则曲线 $f_1(x,y)=0$ 与 $f_2(x,y)=0$ 的方向系数 $\frac{\mathrm{d}y}{\mathrm{d}x}$ 各为 $m_1$ 与 $m_2$，则其于点 $M$ 处的交角的正切为

$$\frac{m_2-m_1}{1+m_1m_2} \tag{3}$$

又设 $w$ 平面上对应的曲线为 $g_1(u,v)=0$ 与 $g_2(u,v)=0$，于点 $M'(u_0,v_0)$ 的方向系数 $\frac{\mathrm{d}u}{\mathrm{d}v}$ 为 $n_1$ 与 $n_2$，于点 $M'$ 处交角的正切为

$$\frac{n_2-n_1}{1+n_1n_2} \tag{4}$$

则因由式(1)

$$\frac{\mathrm{d}u}{\mathrm{d}x}=\frac{-(x^2-y^2)-2x\frac{\mathrm{d}y}{\mathrm{d}x}}{(x^2+y^2)^2}$$

$$\frac{\mathrm{d}v}{\mathrm{d}y}=\frac{2xy-(x^2-y^2)\frac{\mathrm{d}y}{\mathrm{d}x}}{(x^2+y^2)^2}$$

所以

$$\frac{\mathrm{d}v}{\mathrm{d}u}=\frac{2xy-(x^2-y^2)\frac{\mathrm{d}y}{\mathrm{d}x}}{-(x^2-y^2)-2xy\frac{\mathrm{d}y}{\mathrm{d}x}}$$

为了简单，令 $-(x_0^2-y_0^2)=X_0$，$2x_0y_0=Y_0$，则

$$n_1=\frac{Y_0+X_0m_1}{X_0-Y_0m_1},n_2=\frac{Y_0+X_0m_2}{X_0-Y_0m_2}$$

于是经计算不难得出：$\frac{n_2-n_1}{1+n_1n_2}=\frac{m_2-m_1}{1+m_1m_2}$，于是映射 $w=\frac{1}{z}$ 是保角的.

**133** 于 $w=\frac{(2+\mathrm{i})z+(3+4\mathrm{i})}{z}$ 中，点 $z$ 在单位圆上沿正方向转一周时，点 $w$ 在什么曲线上沿什么方向转动？

**解** 由圆圆对应的分式线性变换知：当 $z$ 沿某个圆变动时，点 $w$ 亦沿某个圆变动.

由于

$$w=2+\mathrm{i}+\frac{3+4\mathrm{i}}{z}$$

且 $|z|=1$，得

$$|w-(2+\mathrm{i})|=\frac{|3+4\mathrm{i}|}{|z|}=5$$

又在单位圆 $|z|=1$ 上取三个点 $1,\mathrm{i},-1$，则其对应的点为 $5+5\mathrm{i},6-2\mathrm{i},-1-3\mathrm{i}$.

故当 $z$ 沿单位圆正方向转一周时，$w$ 沿圆 $|w-(2+\mathrm{i})|=5$ 负方向转一周.

**134** 求 $z$ 平面上的过原点的直线，在映射 $w=\mathrm{e}^z$ 下的对应曲线.

**解** 令 $z=x+\mathrm{i}y,w=r(\cos\theta+\mathrm{i}\sin\theta)$. 则

$$\mathrm{e}^z=\mathrm{e}^x(\cos y+\mathrm{i}\sin y)=r(\cos\theta+\mathrm{i}\sin\theta)$$

所以

$$\mathrm{e}^x\cos y=r\cos\theta,\mathrm{e}^x\sin y=r\sin\theta$$

因此

$$\mathrm{e}^x=r$$

即

$$x=\ln r$$

$$y=\theta+2n\pi\quad(n\text{ 为整数})$$

故 $z$ 平面上过原点的直线 $ax=by$，变为 $w$ 平面上的曲线

$$a\ln r=b(\theta+2n\pi)$$

当 $a\neq 0$ 时，为

$$\ln r=\frac{b}{a}\theta+2n\pi\frac{b}{a}$$

即

$$r=k\mathrm{e}^{\frac{b}{a}\theta}\quad(k=\mathrm{e}^{2n\pi\frac{b}{a}})$$

特别，当 $b=0$ 时，为单位圆 $r=1$.

若 $a=0$ 时，必有

$$b=0$$

故

$$\theta = -2n\pi$$

且

$$r > 0$$

所以为正实轴.

**135** 求证:映射 $w = a\cot\dfrac{z}{2}$ 把 $z$ 平面上的区域:(1) $x=0, y \geqslant 0$;(2) $x=\pi, y \geqslant 0$;(3) $0 \leqslant x \leqslant \pi, y=0$ 映射为 $w$ 平面上的 $\dfrac{1}{4}$ 部分(如图 32).

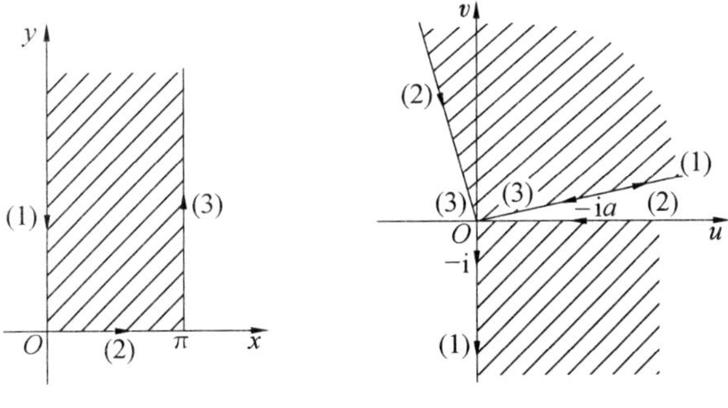


图 32

**证** 先设 $a=1$,则

$$u + \mathrm{i}v = w = \cot\frac{x+\mathrm{i}y}{2}$$

因当 $x=0$ 时,有

$$w = \cot\frac{y\mathrm{i}}{2} = -\mathrm{i}\cot h\,\frac{y}{2}$$

所以射线 $x=0, 0 \leqslant y < +\infty$ 变为 $u=0, -\infty < v \leqslant -1$.

又当 $x=\pi$ 时,有

$$w = \cot\frac{\pi + y\mathrm{i}}{2} = -\tan\frac{y\mathrm{i}}{2} = -\mathrm{i}\tan h\,\frac{y}{2}$$

所以 $x=\pi, 0 \leqslant y < +\infty$ 变为 $u=0, 0 \geqslant v \geqslant -1$.

又 $0 \leqslant x \leqslant \pi, y=0$ 变为 $+\infty \geqslant u \geqslant 0, v=0$.

从而 $z$ 平面的半带状区域的周界映射为 $w$ 平面上的第四象限的周边,为了考察内部点的对应情形,我们有

$$u + v\mathrm{i} = \cot\frac{x+y\mathrm{i}}{2} = \tan\left(\frac{\pi - x}{2} - \frac{y\mathrm{i}}{2}\right)$$

所以

$$u=\frac{\sin(\pi-x)}{\cos(\pi-x)+\operatorname{ch}(-y)}=\frac{\sin x}{\operatorname{ch} y-\cos x}$$

$$v=\frac{\operatorname{sh}(-y)}{\cos(\pi-x)+\operatorname{ch}(-y)}=\frac{\operatorname{sh} y}{\operatorname{ch} y-\cos x}$$

设 $z$ 为半带状区域内任一点：$0<x<\pi,y>0$，故 $\sin x>0,-1<\cos x<1,\operatorname{sh} y>0,\operatorname{ch} y>1$.

因此 $\operatorname{ch} y-\cos x>0,u>0,v<0$，故 $z$ 的对应点 $w$ 在第四象限内.

对于 $a\neq 0$ 的任意数，只需把 $w$ 平面的第四象限作一个旋转 $\arg a$ 即得.

**136** 已知：$w=(z+1)^{\frac{1}{2}}+(z-1)^{\frac{1}{2}}$. 证明：$w$ 平面上的以原点为心的同心圆族及过原点的直线束对应于 $z$ 平面上的共焦椭圆族及双曲线族.

**证法一** 由 $w=(z+1)^{\frac{1}{2}}+(z-1)^{\frac{1}{2}}$ 解出 $z$，得

$$z=\frac{w^2}{4}+\frac{1}{w^2}$$

令 $z=x+\mathrm{i}y,w=r(\cos\theta+\mathrm{i}\sin\theta)$，则

$$\begin{aligned}x+\mathrm{i}y&=\frac{r^2}{4}(\cos 2\theta+\mathrm{i}\sin 2\theta)+\frac{1}{r^2}(\cos 2\theta-\mathrm{i}\sin 2\theta)\\&=\left(\frac{r^2}{4}+\frac{1}{r^2}\right)\cos 2\theta+\mathrm{i}\left(\frac{r^2}{4}-\frac{1}{r^2}\right)\sin 2\theta\end{aligned}$$

由此得

$$x=\left(\frac{r^2}{4}+\frac{1}{r^2}\right)\cos 2\theta,y=\left(\frac{r^2}{4}-\frac{1}{r^2}\right)\sin 2\theta \tag{1}$$

由此二式消去 $r$ 与 $\theta$，各得

$$\frac{x^2}{\cos^2 2\theta}-\frac{y^2}{\sin^2 2\theta}=1 \tag{2}$$

$$\frac{x^2}{\left(\frac{r^2}{4}+\frac{1}{r^2}\right)^2}+\frac{y^2}{\left(\frac{r^2}{4}-\frac{1}{r^2}\right)^2}=1 \tag{3}$$

此处

$$\cos^2 2\theta+\sin^2 2\theta=1,\left(\frac{r^2}{4}+\frac{1}{r^2}\right)^2-\left(\frac{r^2}{4}-\frac{1}{r^2}\right)^2=1$$

均为常数，故给 $r$ 各种值时，由式(3) $w$ 平面上的以原点为心的同心圆族对应 $z$ 平面上的共焦椭圆族(焦点是 $(\pm 1,0)$)；给 $\theta$ 各种值时，由式(2) $w$ 平面上过原点的半直线束对应 $z$ 平面上共焦点的双曲线族(实为一分支)焦点是 $(\pm 1,0)$.

**证法二** 由 $z=\frac{w^2}{4}+\frac{1}{w^2}$,得

$$z+1=\left(\frac{w}{2}+\frac{1}{w}\right)^2,z-1=\left(\frac{w}{2}-\frac{1}{w}\right)^2$$

所以

$$|z+1|+|z-1|=\left|\frac{w}{2}+\frac{1}{w}\right|^2+\left|\frac{w}{2}-\frac{1}{w}\right|^2$$

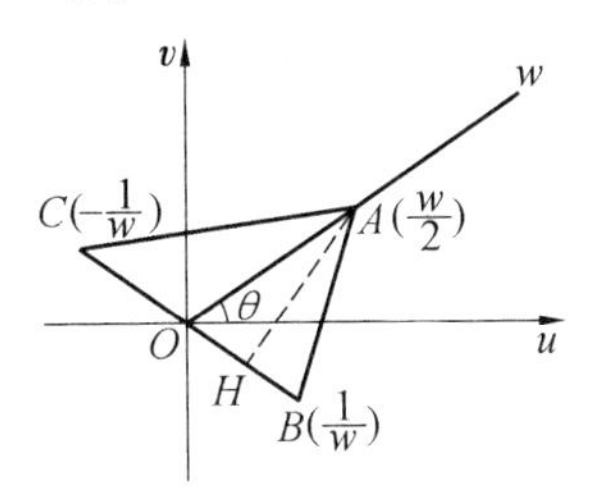

图 33

设 $w=r(\cos\theta+\mathrm{i}\sin\theta)$,于 $w$ 平面上表示 $\frac{w}{2}$,$\frac{1}{w}$,$-\frac{1}{w}$ 的各点设为 $A,B,C$,由于 $AO$ 是 $\triangle ABC$ 的中线(如图 33),故有

$$\begin{aligned}\left|\frac{w}{2}+\frac{1}{w}\right|^2+\left|\frac{w}{2}-\frac{1}{w}\right|^2&=AC^2+AB^2\\&=2(AO^2+BO^2)\\&=2\left(\left|\frac{w}{2}\right|^2+\left|\frac{1}{w}\right|^2\right)\\&=\frac{|w|^2}{2}+\frac{2}{|w|^2}\end{aligned}$$

所以

$$|z+1|+|z-1|=\frac{r^2}{2}+\frac{1}{r^2}$$

此为 $z$ 平面上以 1 与 $-1$ 为焦点的椭圆族.

其次,从点 $A$ 向 $BC$ 引垂线,设垂足为 $H$(如图 33),则

$$\begin{aligned}\left|\frac{w}{2}+\frac{1}{w}\right|^2-\left|\frac{w}{2}-\frac{1}{w}\right|^2&=AC^2-AB^2\\&=2BC\cdot OH\\&=2\left|\frac{2}{w}\right|\left|\frac{w}{2}\right|\cos 2\theta\end{aligned}$$

所以

$$|z+1|-|z-1|=2\cos 2\theta$$

此为 $z$ 平面上以 1 与 $-1$ 为焦点的双曲线族.

**137** 如图 34 所示,$z$ 平面上抛物线 $y^2=4c^2(c^2-x)$ 的内部(含焦点的部分)由 $w=\sqrt{z}$ 映射为 $w$ 平面的什么区域?

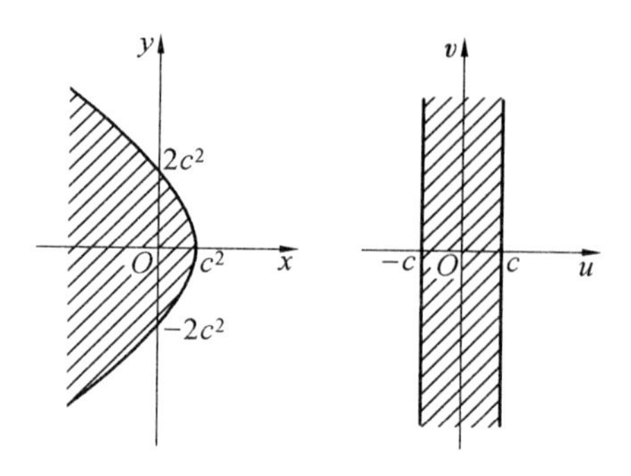


图 34

**解** $w=\sqrt{z}$,$(u+v\mathrm{i})^2=x+\mathrm{i}y$.所以

$$x=u^2-v^2, y=2uv$$

抛物线内部为

$$y^2<4c^2(c^2-x)\quad(c>0)\tag{1}$$

经映射变为

$$(u^2-c^2)(v^2+c^2)<0$$

因 $v^2+c^2>0$,所以 $u^2-c^2<0$,即

$$-c<u<c\tag{2}$$

反之,有式(2)时,必有式(1).

**138** 求证:$z$ 平面上光滑曲线 $C$ 在解析函数 $w=f(z)$ 映射下,其对应曲线之长为

$$L=\int_C|f'(z)||\mathrm{d}z|$$

**证** 设 $C:z=z(t)(t_0\leqslant t\leqslant T)$.

在映射 $w=f(z)$ 下其对应曲线为

$$\Gamma:w=w(t)=f(z(t))$$

而

$$w'(t)=f'(z(t))\cdot z'(t)$$

所以

$$\begin{aligned}L&=\int_{t_0}^{T}|w'(t)|\mathrm{d}t\\&=\int_{t_0}^{T}|f'(z(t))||z'(t)|\mathrm{d}t\\&=\int_C|f'(z)||\mathrm{d}z|\end{aligned}$$

**139** 求证：在映射 $w=\dfrac{2}{(1+z)^2}$ 下，半圆周 $|z|=1$，$|\arg z|<\dfrac{\pi}{2}$ 的对应曲线之长为 $\sqrt{2}+\ln(1+\sqrt{2})$.

**证** $w=\dfrac{2}{(1+z)^2}$，$\dfrac{dw}{dz}=\dfrac{4}{(1+z)^3}$，$z=e^{i\theta}$，$-\dfrac{\pi}{2}<\theta<\dfrac{\pi}{2}$，故

$$\begin{aligned}L&=\int_{-\frac{\pi}{2}}^{\frac{\pi}{2}}\frac{4}{|1+e^{i\theta}|^3}d\theta\\&=\int_0^{\frac{\pi}{2}}\sec^3\frac{\theta}{2}d\theta\\&=2\int_0^{\frac{\pi}{4}}\sin^3\phi d\phi\\&=\left[\tan\phi\sec\phi+\ln\tan\left(\frac{\phi}{2}+\frac{\pi}{4}\right)\right]\Bigg|_0^{\frac{\pi}{4}}\\&=\sqrt{2}+\ln(1+\sqrt{2})\end{aligned}$$

**140** 求证：$z$ 平面上区域 $D$ 在单叶解析函数 $w=f(z)$ 映射下，对应区域面积为

$$A=\iint_D|f'(z)|^2dxdy\quad(z=x+iy)$$

**证** $w=f(z)=u(x,y)+iv(x,y)$.

变换行列式为

$$\begin{aligned}\frac{\partial(u,v)}{\partial(x,y)}&=\frac{\partial u}{\partial x}\frac{\partial v}{\partial y}-\frac{\partial v}{\partial x}\frac{\partial u}{\partial y}\\&=\left(\frac{\partial u}{\partial x}\right)^2+\left(\frac{\partial v}{\partial x}\right)^2\\&=\left|\frac{\partial u}{\partial x}+i\frac{\partial v}{\partial x}\right|^2\\&=|f'(z)|^2\end{aligned}$$

所以

$$A=\iint_D\frac{\partial(u,v)}{\partial(x,y)}dxdy=\iint_D|f'(z)|^2dxdy$$

**141** 在映射 $w=\operatorname{ch}z$ 下，求区域 $0<\operatorname{Re}z<2$，$0<\operatorname{Im}z<\dfrac{\pi}{4}$ 之象的面积.

**解** $|\mathrm{ch}'z|^2=|\mathrm{sh}\, z|^2=\dfrac{\mathrm{ch}\, 2x-\cos 2y}{2}$. 所以

$$A=\int_0^2\int_0^{\frac{\pi}{2}}\frac{\mathrm{ch}\, 2x-\cos 2y}{2}\cdot \mathrm{d}x\mathrm{d}y=\frac{\pi}{16}\mathrm{sh}\, 4-\frac{1}{2}$$

(因 $\mathrm{ch}\, z_1-\mathrm{ch}\, z_2=2\mathrm{sh}\,\dfrac{z_1+z_2}{2}\cdot \mathrm{sh}\,\dfrac{z_1-z_2}{2}$,故易知 $\mathrm{sh}\, z$ 在所给长方形内单叶.)

**142** 试求 $f(z)=\dfrac{1}{z^2+5}$ 之模之变迹,当 $z$ 描一以原点为心,2为半径之圆时.

**解** $z=2(\cos\theta+\mathrm{i}\sin\theta)$, $z^2=4(\cos 2\theta+\mathrm{i}\sin 2\theta)$. 所以

$$\begin{aligned}|f(z)|&=\frac{1}{|z^2+5|}\\&=\frac{1}{|4(\cos 2\theta+\mathrm{i}\sin 2\theta)+5|}\\&=\frac{1}{\sqrt{(4\cos 2\theta+5)^2+4\sin^2 2\theta}}\\&=\frac{1}{\sqrt{40\cos 2\theta+41}}\end{aligned}$$

所以所求为

$$\rho=\frac{1}{\sqrt{40\cos 2\theta+41}}$$

**143** 设有函数 $f(z)=\sqrt{z^2+2z+2}$,并设在点 $-1$, $f(z)=-1$. 若由此点出发,至点 $1+2\mathrm{i}$,求 $f(z)$ 在终点处之值:

(1) 当路线为直线段;

(2) 当路线为半圆.

**解** 由于

$$f(z)=\sqrt{z^2+2z+2}=\sqrt{(z-\alpha)(z-\bar{\alpha})}$$

其中

$$\alpha=-1+\mathrm{i}, \bar{\alpha}=-1-\mathrm{i}$$

所以

$$f(z)=\sqrt{|z-\alpha||z-\bar{\alpha}|}\,\mathrm{e}^{\mathrm{i}\left[\frac{\arg(z-\bar{\alpha})+\arg(z-\alpha)}{2}+\frac{2k\pi}{2}\right]}$$

在点 $z=-1$ 处：$\arg(z-\alpha)=\dfrac{3}{2}\pi,\arg(z-\bar{\alpha})=\dfrac{\pi}{2}$.

所以

$$f(-1)=1\cdot e^{i(\pi+k\pi)}=-1$$

故

$$k=0\quad(\text{因当 } z=-1 \text{ 时}, f(z)=-1)$$

(1) 如图 35 所示，当 $z$ 自点 $-1$ 循直线至点 $1+2i$ 时，有

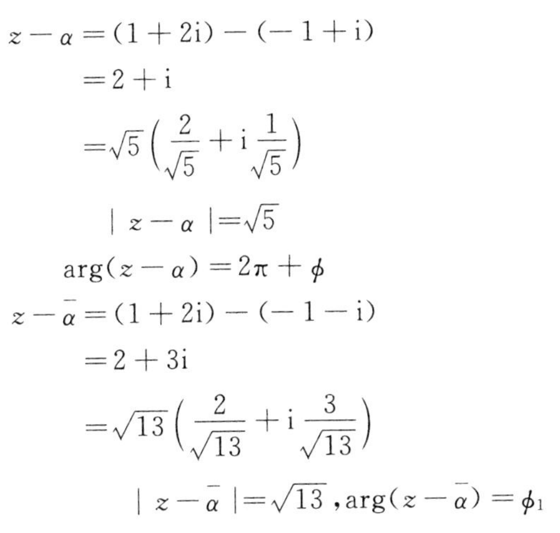

图 35

$$z-\alpha=(1+2i)-(-1+i)$$
$$=2+i$$
$$=\sqrt{5}\left(\frac{2}{\sqrt{5}}+i\frac{1}{\sqrt{5}}\right)$$
$$|z-\alpha|=\sqrt{5}$$
$$\arg(z-\alpha)=2\pi+\phi$$
$$z-\bar{\alpha}=(1+2i)-(-1-i)$$
$$=2+3i$$
$$=\sqrt{13}\left(\frac{2}{\sqrt{13}}+i\frac{3}{\sqrt{13}}\right)$$
$$|z-\bar{\alpha}|=\sqrt{13},\arg(z-\bar{\alpha})=\phi_1$$

所以

$$f(z)=\sqrt{\sqrt{5}\times\sqrt{13}}\,e^{i\frac{2\pi+\phi+\phi_1}{2}}$$
$$=-\sqrt[4]{65}\,e^{\frac{\phi+\phi_1}{2}i}$$
$$=-\sqrt[4]{65}\,e^{\frac{\phi}{2}i}e^{\frac{\phi_1}{2}i}$$
$$=-\sqrt{8i+1}$$

(2) 如图 35 所示，当循上半圆时，$z-\bar{\alpha}$ 之角度仍为自 $\dfrac{\pi}{2}\to\phi_1$，而 $z-\alpha$ 之角度为自 $\dfrac{3\pi}{2}\to\phi$（当循直线时为 $\dfrac{3}{2}\pi\to2\pi+\phi$）.

所以

$$f(z)=\sqrt{\sqrt{5}\times\sqrt{13}}\,e^{\frac{\phi+\phi_1}{2}i}=\sqrt{8i+1}$$

**144** 若映射由下列函数完成：

(1) $w=f(z)=z^2+2z$;

(2)$w=g(z)=\ln(z-1)$.

试求在点 $z_0=-1+2\mathrm{i}$ 处的旋转角,并且说明此映射将 $z$ 平面哪一部分放大?哪一部分缩小?

**解** (1)$f'(z)=2z+2$,在点 $z_0=-1+2\mathrm{i}$ 处有

$$f'(z_0)=2(-1+2\mathrm{i})+2=4\mathrm{i}$$

故旋转角

$$\alpha=\arg f'(z_0)=\frac{\pi}{2}$$

又

$$|f'(z)|=2\sqrt{(x+1)^2+y^2}$$

其中

$$z=x+\mathrm{i}y$$

当 $|f'(z)|<1$ 时,即

$$(x+1)^2+y^2<\frac{1}{4}$$

反之成立.

所以在以点 $z=-1$ 为中心,$\frac{1}{2}$ 为半径的圆内缩小,圆外放大.

(2)$g'(z)=\frac{1}{z-1}$,在点 $z_0=-1+2\mathrm{i}$ 处有

$$g'(z_0)=-\frac{1}{4}(1+\mathrm{i})$$

故旋转角

$$\alpha=\arg g'(z_0)=-\frac{3}{4}\pi$$

又

$$|g'(z)|=\frac{1}{|z-1|}=\frac{1}{\sqrt{(x-1)^2+y^2}}$$

当 $|g'(z)|<1$ 时,即

$$(x-1)^2+y^2>1$$

反之成立.

所以在以点 $z=1$ 为中心,半径为 1 的圆外缩小,圆内放大.

**145** 指数函数 $w=\mathrm{e}^{z}$ 将两条平行的倾斜直线

$$y=k(x-a),y=k(x-b),k\neq 0,b-a<\frac{2\pi}{k}$$

构成的带形域 $G$(如图 36(a))映射到何处？是否是保角映射？

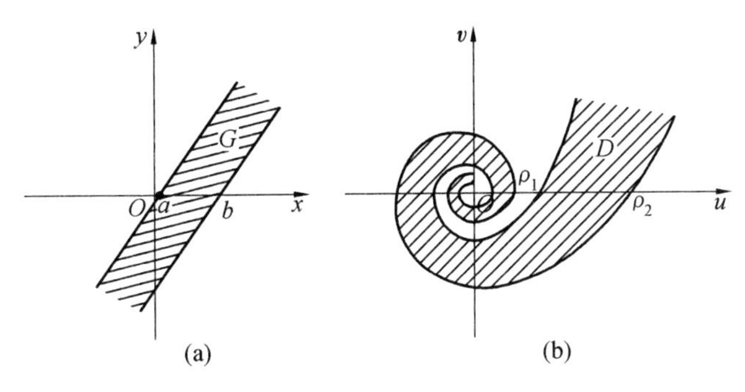


图 36

**解** 令 $w=\rho\mathrm{e}^{\mathrm{i}\theta},z=x+\mathrm{i}y$,由

$$\rho\mathrm{e}^{\mathrm{i}\theta}=\mathrm{e}^{x+\mathrm{i}k(x-a)},\rho\mathrm{e}^{\mathrm{i}\theta}=\mathrm{e}^{x+\mathrm{i}k(x-b)}$$

得到

$$\rho=\mathrm{e}^{x},\theta=k(x-a)$$

与

$$\rho=\mathrm{e}^{x},\theta=k(x-b)$$

即

$$\rho=\mathrm{e}^{\frac{\theta}{k}+a}$$

与

$$\rho=\mathrm{e}^{\frac{\theta}{k}+b}$$

亦即

$$\rho=\rho_1\mathrm{e}^{\frac{\theta}{k}}$$

与

$$\rho=\rho_2\mathrm{e}^{\frac{\theta}{k}}$$

其中

$$\rho_1=\mathrm{e}^{a},\rho_2=\mathrm{e}^{b}$$

这是两条相似的对数螺线.

对 $G$ 内任意不同的两点:$z_1=x_1=\mathrm{i}y_1,z_2=x_2+\mathrm{i}y_2$,当 $x_1\neq x_2$ 时,$\mathrm{e}^{x_1}\neq\mathrm{e}^{x_2}$,于是 $\mathrm{e}^{z_1}\neq\mathrm{e}^{z_2}$.

当 $x_1=x_2,y_1\neq y_2$ 时

$$
\begin{aligned}
e^{z_1}-e^{z_2}&=e^x(e^{iy_1}-e^{iy_2})\\
&=[(\cos y_1+i\sin y_1)-(\cos y_2+i\sin y_2)]\\
&=2ie^x\sin\frac{y_1-y_2}{2}e^{i\frac{y_1+y_2}{2}}
\end{aligned}
$$

这只有当 $y_1-y_2=2mk$($m$ 为整数)时,才有

$$e^{z_1}=e^{z_2}$$

由于

$$|y_1-y_2|=k(b-a)<2\pi\quad(因为(b-a)<\frac{2\pi}{k})$$

故

$$e^{z_1}\neq e^{z_2}$$

于是得到 $w=e^z$ 是 $G$ 内的单叶函数,所以域 $G$ 的象应是 $w$ 平面上的区域 $D$(因为 $z=\frac{a+b}{2}$ 的象是 $w=e^{\frac{a+b}{2}}$).

故指数函数 $w=e^z$ 将两条平行的倾斜直线为边界的带形域 $G$ 保角地映射到 $w$ 平面上两条相似对数螺线之间的曲带形域 $D$(如图 36(b)).

这里的保角性是由于 $(e^z)'=e^z\neq 0$.

**注** 这里边界也是一一对应的.因 $b-a<\frac{2\pi}{k}$,所以可取略宽的包含此带形在内的带形,则原来取的带形边界为内部点.

**146** 讨论由 $w=f(z)=(z-1)^2$ 所构成的映射.

**解** 设 $z=x+iy,w=u+iv$.

由于

$$u+iv=(z-1)^2=(x-1)^2-y^2+i2(x-1)y$$

故有

$$u=(x-1)^2-y^2,v=2(x-1)y$$

(1)考虑平行于虚轴的直线

$$z=x_0+it\quad(x_0\neq 1,-\infty<t<+\infty)$$

在变换 $w=(z-1)^2$ 下的象是

$$u=(x_0-1)^2-y^2,v=2(x_0-1)y$$

从而有

$$u=(x_0-1)^2-\frac{v^2}{4(x_0-1)^2}$$

即

$$v^2=4(x_0-1)^2[(x_0-1)^2-u]$$

这是抛物线方程,它的轴为实轴,开口向左,焦点在原点,参数 $P=2(x_0-1)^2$.

类似的对平行于实轴的直线

$$z=t+\mathrm{i}y_0\quad(y_0\neq 0,-\infty<t<+\infty)$$

在变换 $w=(z-1)^2$ 下,其象也是抛物线

$$v^2=4y_0^2(u+y_0^2)$$

它的轴也是实轴,而开口向右,焦点也是原点,参数 $P=2y_0^2$(如图 37).

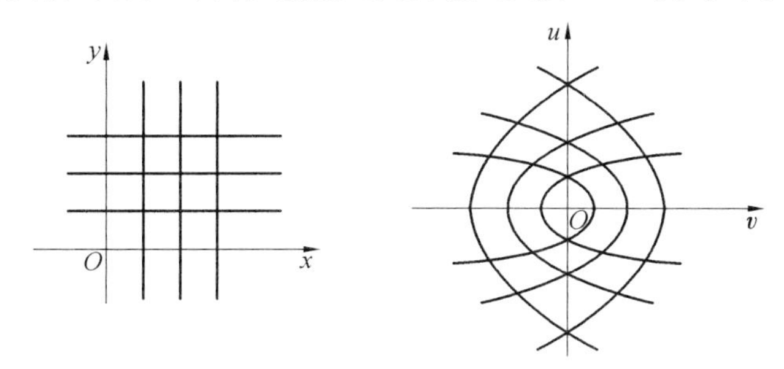


图 37

由于当 $z\neq 1$ 时,$f'(z)=2(z-1)\neq 0$,即映射是保角的.

所以,函数 $f(z)=(z-1)^2$ 把 $z$ 平面上平行于坐标轴的两族直线(均不过点 $z=1$)变换为 $w$ 平面上以原点为焦点,以实轴为轴正交的两族抛物线.

(2) 直线 $z=1+\mathrm{i}t(-\infty<t<+\infty)$ 与 $x$ 轴在映射 $w=(z-1)^2$ 下的象,分别是负 $u$ 轴与正 $v$ 轴,在点 $z=1$ 处,显然不是保角的.

(3)$z$ 平面上以点 $z=1$ 为中心的圆族 $|z-1|=r>0$,在映射 $w=(z-1)^2$ 之下的象是 $w$ 平面上以原点为中心的圆族 $|w|=|z-1|^2=r^2$(如图 38).

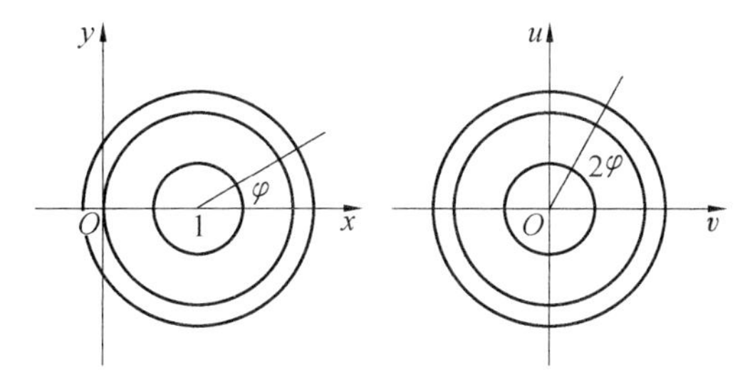


图 38

由 $z=1$ 引出的射线族 $\arg(z-1)=\varphi$,变为由 $w=0$ 引出的射线族

$$\arg w=\arg(z-1)^2=2\varphi\quad(\text{如图 }38)$$

(4)$w$ 平面上平行于坐标轴的直线,都是 $z$ 平面上的多族双曲线

$$(x-1)^2-y^2=u_0,2(x-1)y=v_0$$

的象,且是保角映射(如图 39).

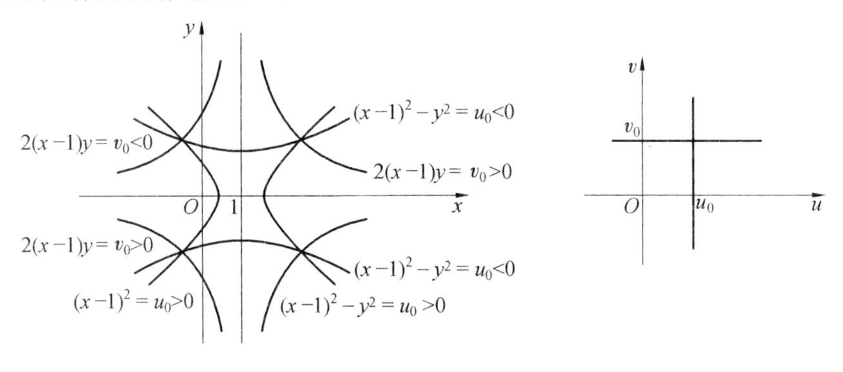


图 39

**147** 若函数 $w=f(z)$ 将区域 $G$ 保角地且相互单值地映射到区域 $D$ 上,又将 $G$ 内的弧 $l$ 映射成弧 $L$,试导出计算域 $D$ 的面积 $S$ 与弧 $L$ 的弧长 $P$ 的公式.

**解** (1)计算 $S$.

由题设知,$f(z)$ 是域 $G$ 内的单叶函数,且 $f'(z)\neq 0$,设 $f'(z)$ 连续.令

$$w=f(z)=u(x,y)+\mathrm{i}v(x,y)$$

则从域 $G$ 到域 $D$ 的映射,可以视为两个二元函数 $u(x,y)$ 与 $v(x,y)$ 从 $G$ 到 $D$ 的正则变换($\tau\neq 0$),由数学分析的重积分的变换公式知

$$S=\iint_D\mathrm{d}u\mathrm{d}v=\iint_G\left|\frac{\partial(u,v)}{\partial(x,y)}\right|\mathrm{d}x\mathrm{d}y$$

但

$$\begin{aligned}\left|\frac{\partial(u,v)}{\partial(x,y)}\right|&=\left|\frac{\partial u}{\partial x}\frac{\partial v}{\partial y}-\frac{\partial u}{\partial y}\frac{\partial v}{\partial x}\right|\\&=\left(\frac{\partial u}{\partial x}\right)^2+\left(\frac{\partial v}{\partial x}\right)^2\\&=|f'(z)|^2\end{aligned}$$

所以

$$S=\iint_G|f'(z)|^2\mathrm{d}x\mathrm{d}y$$

(2)计算弧 $L$ 的长 $P$.

因 $w=f(z)$ 解析,$z\in G$,且 $f'(z)\neq 0$.

设弧 $l$ 的方程为 $z=z(t)$,$t\in[\alpha,\beta]$,且 $z'(t)$ 连续而不为零,则

$$w=u[x(t),y(t)]+\mathrm{i}v[x(t),y(t)]$$

假定 $u,v$ 有连续一阶偏导数，$l$ 与 $L$ 上弧的微分记为 $\mathrm{d}s$ 与 $\mathrm{d}s'$，于是

$$\mathrm{d}s=\sqrt{\mathrm{d}x^2+\mathrm{d}y^2},\mathrm{d}s'=\sqrt{\mathrm{d}u^2+\mathrm{d}v^2}$$

$$\frac{\mathrm{d}w}{\mathrm{d}t}=\frac{\mathrm{d}u}{\mathrm{d}t}+\mathrm{i}\frac{\mathrm{d}v}{\mathrm{d}t},\frac{\mathrm{d}z}{\mathrm{d}t}=\frac{\mathrm{d}x}{\mathrm{d}t}+\mathrm{i}\frac{\mathrm{d}y}{\mathrm{d}t}$$

所以

$$\left|\frac{\mathrm{d}w}{\mathrm{d}t}\right|=\frac{\sqrt{\mathrm{d}u^2+\mathrm{d}v^2}}{\mathrm{d}t},\left|\frac{\mathrm{d}z}{\mathrm{d}t}\right|=\frac{\sqrt{\mathrm{d}x^2+\mathrm{d}y^2}}{\mathrm{d}t}$$

故

$$\frac{\mathrm{d}s'}{\mathrm{d}s}=\frac{\sqrt{\mathrm{d}u^2+\mathrm{d}v^2}}{\sqrt{\mathrm{d}x^2+\mathrm{d}y^2}}=\frac{\left|\frac{\mathrm{d}w}{\mathrm{d}t}\right|}{\left|\frac{\mathrm{d}z}{\mathrm{d}t}\right|}=\left|\frac{\mathrm{d}w}{\mathrm{d}z}\right|=|f'(z)|\neq 0$$

所以

$$\mathrm{d}s'=|f'(z)|\mathrm{d}s$$

故

$$P=\int_l|f'(z)|\mathrm{d}s$$

**148** 若函数 $w=f(z)=\mathrm{e}^z$ 把矩形域 $G:1\leqslant x\leqslant 2,0\leqslant y\leqslant 8$，映射成 $w$ 平面区域 $D$，试证明：域 $D$ 的面积 $S=\pi\mathrm{e}^2(\mathrm{e}^2-1)$.

并说明若用上例给出的面积公式计算，则结果不同，为什么？

**证** $w=f(z)=\mathrm{e}^z=\mathrm{e}^x\mathrm{e}^{\mathrm{i}y}$.

线段 $l_1:x=1,0\leqslant y\leqslant 8$ 的象是 $w$ 平面的圆周 $c_1:w=\mathrm{e}\mathrm{e}^{\mathrm{i}y},0\leqslant y\leqslant 8$ 或 $|w|=\mathrm{e}$.

线段 $l_2:x=L,0\leqslant y\leqslant 8$ 的象是圆周 $c_2$，$|w|=\mathrm{e}^2$.

当线段 $l_1$ 从左到右扫过整个域 $G$ 到 $l_2$ 为止时，对应的象便在 $w$ 平面上从圆周 $c_1$ 起以同心圆周曲线向外扩张到 $c_2$ 为止的整个圆环 $D:\mathrm{e}\leqslant|w|\leqslant\mathrm{e}^2$. 圆环 $D$ 内从实轴上的线段 $\overline{\mathrm{ee}^2}$ 到线段 $\overline{AB}$ 之间的部分重叠（如图 40）.

所以 $D$ 的面积 $S=\pi\mathrm{e}^4-\pi\mathrm{e}^2=\pi\mathrm{e}^2(\mathrm{e}^2-1)$.

**注** 线段 $y=0,1\leqslant x\leqslant 2$ 的象是线段 $\overline{\mathrm{ee}^2}$；线段 $y=2,1\leqslant x\leqslant 2$ 的象是线段 $\overline{AB}$（如图 40）.

若用上题的公式计算，则

$$S=\iint_G|f'(z)|^2\mathrm{d}x\mathrm{d}y=\int_0^8\mathrm{d}y\int_1^2\mathrm{e}^{2x}\mathrm{d}x=4\mathrm{e}^2(\mathrm{e}^2-1)$$

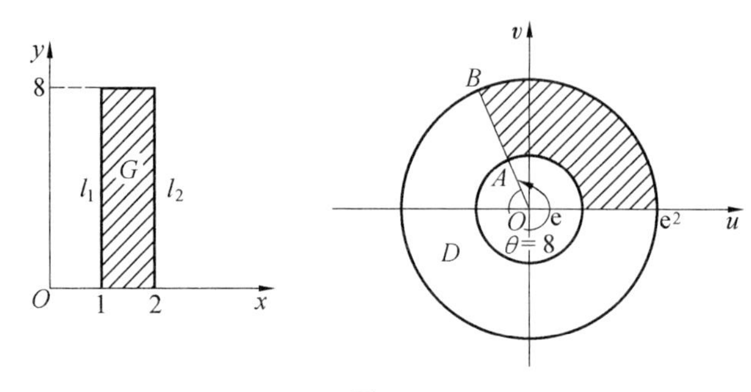


图 40

这个结果是与环面不同，因为映射不是一对一的，事实上，矩形 $G_1$：$1 \leqslant x \leqslant 2, 0 \leqslant y \leqslant 2\pi$ 的象便是圆环：$e \leqslant |w| \leqslant e^2$.

故第 147 题中的公式这里不适用.

**149** 设函数 $w=f(z)$ 的两个偏导数 $\frac{\partial f}{\partial x}, \frac{\partial f}{\partial y}$ 连续，$f(z)$ 将区域 $G$ 映射为域 $D$，并且保持角度的不变性. 则函数 $w=f(z)$ 在域 $G$ 内解析.

**证**　设域 $G$ 内的曲线弧 $l$ 的方程为

$$z=z(t)=x(t)+\mathrm{i}y(t) \quad (\alpha \leqslant t \leqslant \beta)$$

$l$ 的象为域 $D$ 内曲线 $\Gamma$，其方程为

$$w=w(t)=f[z(t)] \quad (\alpha \leqslant t \leqslant \beta)$$

若在点 $z_0=z(t_0), z'(t_0) \neq 0$，由于 $\frac{\partial f}{\partial x}, \frac{\partial f}{\partial y}$ 在 $l$ 上连续，则

$$w'(t_0)=\frac{\partial f}{\partial x}x'(t_0)+\frac{\partial f}{\partial y}y'(t_0)$$

其中 $\frac{\partial f}{\partial x}$ 与 $\frac{\partial f}{\partial y}$ 是点 $z_0$ 处的偏导数.

由于 $z'(t_0)=x'(t_0)+\mathrm{i}y'(t_0)$，所以

$$x'(t_0)=\frac{1}{2}[z'(t_0)+\overline{z'(t_0)}]$$

$$y'(t_0)=\frac{1}{2\mathrm{i}}[z'(t_0)-\overline{z'(t_0)}]$$

故

$$w'(t_0)=\frac{1}{2}\left[\left(\frac{\partial f}{\partial x}-\mathrm{i}\frac{\partial f}{\partial y}\right)z'(t_0)+\left(\frac{\partial f}{\partial x}+\mathrm{i}\frac{\partial f}{\partial y}\right)\overline{z'(t_0)}\right]$$

因为映射保持角度的不变性，所以 $\arg\dfrac{w'(t_0)}{z'(t_0)}$ 与 $\arg z'(t_0)$ 无关.

于是当过点 $z(t_0)$ 的有向光滑曲线改变时，$\dfrac{w'(t_0)}{z'_1(t_0)}$ 仅能相差一个正数，即

$$\frac{f'_t[z_1(t_0)]}{z'_1(t_0)}=P(z_1,z_2)\frac{f'_t[z_2(t_0)]}{z'_2(t_0)}$$

其中 $P(z_1,z_2)$ 总是正数，$f'_t$ 是 $f$ 关于 $t$ 的导数.

因为

$$\frac{f'_t[z(t_0)]}{z'(t_0)}=\frac{\left(\frac{\partial u}{\partial x}+\mathrm{i}\frac{\partial v}{\partial x}\right)x'(t_0)+\mathrm{i}\left(\frac{\partial v}{\partial y}-\mathrm{i}\frac{\partial u}{\partial y}\right)y'(t_0)}{x'(t_0)+y'(t_0)}$$

设 $z(t_0)=\alpha+\mathrm{i}\beta$，取 $z_1(t)=t+\mathrm{i}\beta,z_2(t)=\alpha+\mathrm{i}t$，则

$$x'_1=1,y'_1=0;x'_2=0,y'_2=1$$

于是

$$\frac{f'_t[z_1(t_0)]}{z'_1(t_0)}=\frac{\partial u}{\partial x}+\mathrm{i}\frac{\partial v}{\partial x}$$

$$\frac{f_t[z_2(t_0)]}{z'_2(t_0)}=\frac{\partial v}{\partial y}-\mathrm{i}\frac{\partial u}{\partial y}$$

从而有

$$\frac{\partial u}{\partial x}+\mathrm{i}\frac{\partial v}{\partial x}=P(z_1,z_2)\left(\frac{\partial v}{\partial y}-\mathrm{i}\frac{\partial u}{\partial y}\right)=k\left(\frac{\partial v}{\partial y}-\frac{\partial u}{\partial y}\right)$$

其中 $k=P(z_1,z_2)$ 是正数. 所以

$$\frac{f'_t[z(t_0)]}{z(t_0)}=\left(\frac{\partial v}{\partial y}-\mathrm{i}\frac{\partial u}{\partial y}\right)\frac{kx'(t_0)+\mathrm{i}y(t_0)}{x'(t_0)+\mathrm{i}y'(t_0)}$$

即不管 $z_1(t)$ 和 $z_2(t)$ 怎样选取

$$\frac{kx'_1+\mathrm{i}y'_1}{x'_1+\mathrm{i}y'_1}\Big/\frac{kx'_2+\mathrm{i}y'_2}{x'_2+\mathrm{i}y'_2}$$

总是正数，又因 $x'_2,y'_2$ 是与 $x'_1,y'_1$ 无关的，所以取 $z_2(t)=t+\mathrm{i}\mu$（或 $z_2(t)=\alpha+\mathrm{i}t$）就得出

$$\frac{kx'+\mathrm{i}y'}{x'+\mathrm{i}y'}=1+\frac{(k-1)x'}{x'+\mathrm{i}y'}$$

是一个正数，从而 $k=1$. 于是

$$\frac{\partial u}{\partial x}+\mathrm{i}\frac{\partial v}{\partial x}=\frac{\partial v}{\partial y}-\mathrm{i}\frac{\partial u}{\partial y}$$

所以

$$\frac{\partial u}{\partial x}=\frac{\partial v}{\partial y},\frac{\partial u}{\partial y}=-\frac{\partial v}{\partial x}$$

满足 C-R 条件,又偏导数是连续的,故 $f(z)$ 是 $G$ 内的解析函数.

**150** 设 $w=f(z)$ 的两个偏导数 $\frac{\partial f}{\partial x},\frac{\partial f}{\partial y}$ 连续,$f(z)$ 将域 $G$ 映射为域 $D$,并且保持固定的伸缩率. 试证明:或者 $\overline{f(z)}$ 解析,或者 $f(z)$ 解析,并且

$$\left(\frac{\partial u}{\partial x}\right)^2+\left(\frac{\partial v}{\partial x}\right)^2\neq 0\quad (z\in G)$$

**证** 由于 $\left|\frac{f'_t[z(t_0)]}{z'(t_0)}\right|\neq 0$ 且与 $z(t)$ 的选取无关,又

$$\left|\frac{f'_t[z(t)]}{z'(t)}\right|^2=\frac{(u'^2_x+v'^2_x)x'^2+(u'^2_y+v'^2_y)y'^2+2(u'^2_xu'^2_y+v'^2_xv'^2_y)x'y'}{x'^2+y'^2}$$

但形如 $\frac{ax^2+bxy+cy^2}{x^2+y^2}$ 的表达式当且仅当 $b=0,a=c$ 时是与 $x,y$ 无关的,因此若映射有固定的伸缩率,则必有

$$u'_xu'_y+v'_xv'_y=0$$

从而

$$u'_x=kv'_x,u'_y=-kv'_y$$

又由 $u'^2_x+v'^2_x=u'^2_y+v'^2_y$,再结合前一个结果就得出

$$(1+k^2)v'^2_x=(1+k^2)u'^2_y$$

从而

$$u'_y=\pm v'_x$$

且

$$u'_x=\mp v'_y$$

由题设 $\frac{\partial f}{\partial x},\frac{\partial f}{\partial y}$ 连续,所以或者 $f(z)$ 解析,或者 $\overline{f(z)}$ 解析($z\in G$).

再由

$$\left|\frac{f'_t[z(t)]}{z'(t)}\right|^2=u'^2_x+v'^2_x$$

知

$$\left(\frac{\partial u}{\partial x}\right)^2+\left(\frac{\partial v}{\partial x}\right)^2\neq 0$$

**151** 求出把 $z$ 平面的上半平面映射为 $w$ 平面的下半平面的线性变换的一般形式.

**解** 设所求的线性函数是

$$w=\frac{az+b}{cz+d} \tag{1}$$

它把 $z$ 平面的实轴变为 $w$ 平面的实轴，于是 $a,b,c,d$ 必为实数. 另外依线性函数的单值性，它要把 $z$ 平面的上部变为 $w$ 平面的下部，必须例如把点 $z=\mathrm{i}$ 变为 $w$ 平面上的负虚轴上的点，即应有

$$\mathrm{Im}\left(\frac{a\mathrm{i}+b}{c\mathrm{i}+d}\right)=\frac{ad-bc}{c^2+d^2}<0$$

故式(1) 中 $a,b,c,d$ 为实数且 $ad-bc<0$ 的条件下为所求的线性变换.

**152** 求出 $z$ 平面上的右半平面($\mathrm{Re}\, z>0$) 映射为 $w$ 平面上的单位圆的外部的线性函数的一般形式.

**解** 设所求的线性函数是 $w=f(z)$，若用

$$z_1=\mathrm{i}z \tag{1}$$

代替，则

$$w=f\left(\frac{z_1}{\mathrm{i}}\right)=f_1(z_1) \tag{2}$$

因式(1) 是把 $z$ 平面右半部映射为 $z_1$ 平面的上半部，式(2) 必是把 $z_1$ 平面的上半部映射为 $w$ 平面上的单位圆的外部的线性函数，因此若求出这样的一个线性函数的一般形式 $w=f_1(z_1)$，则所求的线性函数的一般式便为 $w=f_1(\mathrm{i}z)$.

由于已知 $z_1$ 平面的实轴映射为 $w$ 平面的单位圆的线性函数的一般式是

$$w=r\frac{z_1-\alpha}{z_1-\overline{\alpha}},\ |r|=1$$

欲 $z_1$ 平面的上半部映射为 $w$ 平面的单位圆的外部，由于 $|w|\to\infty$ 时有 $z_1\to\overline{\alpha}$，故可采取 $\mathrm{Im}(\overline{\alpha})>0$ 即 $\mathrm{Im}(\alpha)<0$ 这样的 $\alpha$.

故得所求线性函数的一般式

$$w=r\frac{\mathrm{i}z-\alpha}{\mathrm{i}z-\overline{\alpha}},\ |r|=1,\mathrm{Im}(\alpha)<0$$

**153** 求把 $z$ 平面上的单位圆的内部映射为 $w$ 平面上的单位圆的外部的线性函数的一般形式.

**解** 已知 $z$ 平面上的单位圆映射为 $w$ 平面上的单位圆的线性函数的形式是

$$w=\frac{r}{z}\quad(|r|=1) \tag{1}$$

$$w = rz \quad (|r| = 1) \tag{2}$$

$$w = r\frac{z - \alpha}{\overline{\alpha}z - 1} \quad (|r| = 1,\ |\alpha| \neq 1) \tag{3}$$

因而由这些函数,为了把 $z$ 平面上的单位圆的内部映射为 $w$ 平面的单位圆的外部,由单值性知:由 $z$ 的某值 $|z| < 1$ 对应于 $|w| > 1$ 的某值 $w$,反之亦然.

显然,式(1) 适合此条件.

对于式(3),取 $z = 0$,则 $w = r\alpha$,$|r\alpha| > 1$,即 $|\alpha| > 1$.

故所求的一次函数是

$$w = \frac{r}{z} \quad (|r| = 1)$$

或

$$w = r\frac{z - \alpha}{\overline{\alpha}z - 1} \quad (|r| = 1,\ |\alpha| > 1)$$

**154** 求出 $z$ 平面上以点 $C$ 为心,$r$ 为半径的圆映射为 $w$ 平面上的单位圆的线性函数的一般形式.

**解** $z$ 平面上以点 $C$ 为心 $r$ 为半径的圆,把其中心移到原点的平移函数是 $z - C$,再使这个与单位圆重合的映射是 $\frac{z - C}{r}$,把这个代入单位圆变单位圆的线性映射公式中的 $z$ 即得.

**155** 求出 $z$ 平面上内切的两圆周所围成的月状区域映射为 $w$ 平面上的平行的两直线间的带形区域的线性函数 $w = f(z)$.

**解** 把 $z$ 平面上的内切的两圆的切点 $a$ 映为无穷远点的线性函数必将此二圆映为两平行的直线,线性函数

$$w = \frac{1}{z - a} \tag{1}$$

就是其中的一个.

因两内切圆周把 $z$ 平面分为三部分,两平行线也把 $w$ 平面分为三部分,因此其中被两圆所夹成的月状区域与两平行线所夹的带形区域正好相对应,故式(1) 适合所给条件.

**156** 由 $z$ 平面上的三个圆弧所围成的圆弧三角形被函数 $w=\frac{1}{z-a}$ 映射到 $w$ 平面上的直线三角形的充要条件是什么？

**解** 如图 41 所示，因为延长 $w$ 平面上的直线三角形的各边于无穷远点相会时，对应地 $z$ 平面上作成圆弧三角形的各边的三个圆周必相交于一点（有限处），因而这一点在线性函数 $w=\frac{1}{z-a}$ 映射下对应于 $w$ 平面上的无穷远点，故必是点 $a$，此为必要条件.

反之，若三圆周相交于点 $a$ 时，则由映射 $w=\frac{1}{z-a}$，这几个圆周映射为 $w$ 平面的直线三角形，且不与点 $a$ 相共的圆弧三角形 $ABC$ 与三角形 $A'B'C'$ 相对应，故上述条件也是充分的.

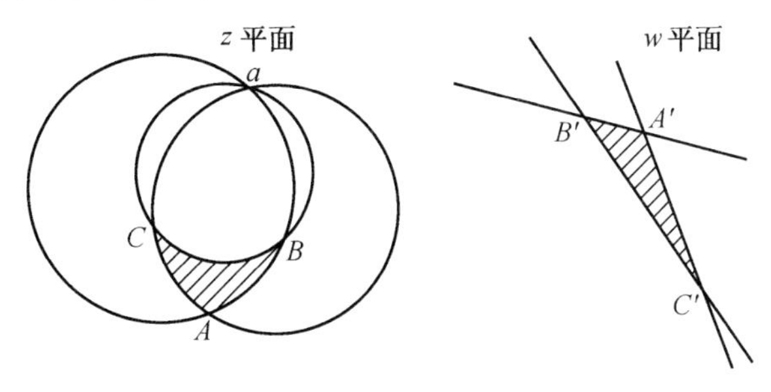


图 41

**157** 求整线性函数，使圆 $|z|<r$ 映射成圆 $|w-w_0|<R(R>r)$，并且使圆心彼此对应，而水平直径变成与实轴成 $\alpha$ 角的直径.

**解** 如图 42 所示，把圆 $|z|<r$ 旋转 $\alpha$ 角（绕原点），即令 $w_1=e^{i\alpha}z$；再扩大 $\frac{R}{r}$ 倍，即令 $w_2=\frac{R}{r}w_1=e^{i\alpha}z\cdot\frac{R}{r}$；再平移，把圆心移到 $w_0$，即令 $w=w_2+w_0$，则所求的变换为

$$w=w_2+w_0=\frac{R}{r}e^{i\alpha}z+w_0$$

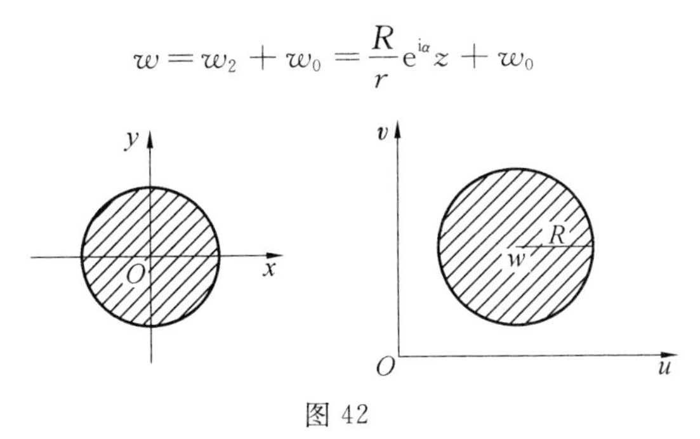


图 42

**158** 求整线性函数 $w(z)$,使将直线 $y=kx$ 与 $y=kx+b(k>0,b>0)$ 所夹的带形映射成带形 $0<u<1$,且满足 $w(0)=0$.

**解法一** 因为 $w(0)=0$,所以原点为不动点,故所求变换为

$$w=w(z)=az$$

因为整线性函数将直线变为直线.事实上,对平移、旋转,显然只需验证伸缩 $w=rz(r>0)$. $z$ 平面上直线方程为

$$Ax+By+C=0 \tag{1}$$

由 $w=rz$,即

$$u+\mathrm{i}v=rx+\mathrm{i}ry$$

所以

$$x=\frac{u}{r},y=\frac{v}{r}$$

代入方程(1),得

$$A\cdot\frac{u}{r}+B\frac{v}{r}+C=0$$

即

$$Au+Bv+D=0$$

于是 $w=az$ 应将直线 $y=kx$ 映射为 $u=0$(因为 $w(0)=0$),应将 $y=kx+b$ 映射为 $u=1$(如图 43).

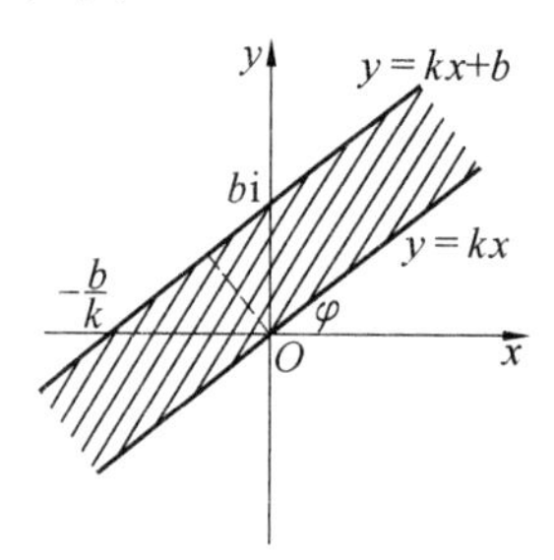


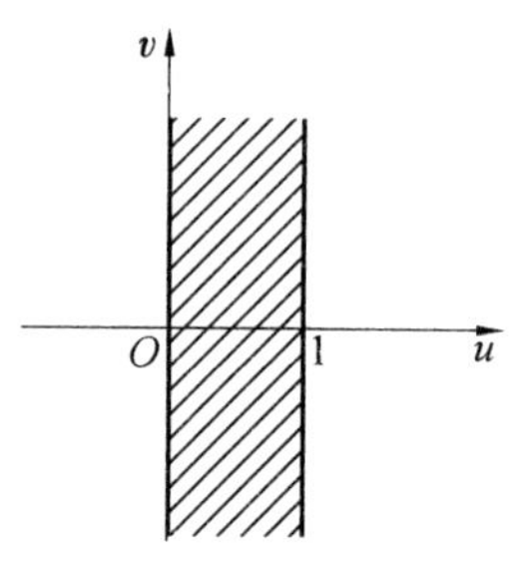


图 43

故有

$$\mathrm{Re}\ w(b\mathrm{i})=1,\mathrm{Re}\ w\left(-\frac{b}{k}\right)=1$$

令

$$a=a_1+a_2\mathrm{i}$$

则

$$\mathrm{Re}[(a_1+\mathrm{i}a_2)b\mathrm{i}]=-a_2b=1$$

$$\mathrm{Re}\left[(a_1+\mathrm{i}a_2)\begin{pmatrix} b \\ -k \end{pmatrix}\right]=-\frac{a_1 b}{k}=1$$

因此

$$a_1=-\frac{k}{b},a_2=-\frac{1}{b}$$

故

$$a=-\frac{1}{b}(k+\mathrm{i})$$

于是得到变换

$$w=w(z)=-\frac{k+\mathrm{i}}{b}z$$

又 $w\left(-\frac{b}{2k}\right)=\frac{1}{2}+\mathrm{i}\frac{1}{2k}$,显然此点在带形域:$0<u<1$ 中,所以变换 $w=-\frac{k+\mathrm{i}}{b}z$ 即为所求.

**注** 因为

$$\left|-\frac{k+\mathrm{i}}{b}\right|=\frac{1}{b}\sqrt{1+k^2}$$

$$\arg[-(k+\mathrm{i})]=-\pi+\arctan\frac{1}{k}=-\pi+\frac{\pi}{2}-\arctan k=-\left(\frac{\pi}{2}+\arctan k\right)$$

故所求变换可以写为

$$w=\frac{\sqrt{1+k^2}}{b}\mathrm{e}^{-\mathrm{i}(\frac{\pi}{2}\arctan k)}z$$

这显然是把原斜带形绕 $z=0$ 旋转角

$$\alpha=-\left(\frac{\pi}{2}+\arctan k\right)$$

再扩大$\frac{1}{b\cos\varphi}$,使得到带形域 $0<u<1$(这里 $\varphi=\arctan k$).

**解法二** 作 $OP$ 垂直于直线 $y=kx+b$(如图 44(a)),则线段

$$\overline{OP}=\frac{b}{k}\sin\varphi\quad(\varphi=\arctan k)$$

令 $w_1=\mathrm{e}^{-\mathrm{i}(\frac{\pi}{2}+\arctan k)}z$(旋转)(如图 44(b)),故有

$$w=\frac{\sqrt{1+k^2}}{b}w_1\quad(\text{伸缩,如图 44(c)})$$

其中伸长系数 $r$ 应满足

$$\overline{OP}\cdot r=1$$

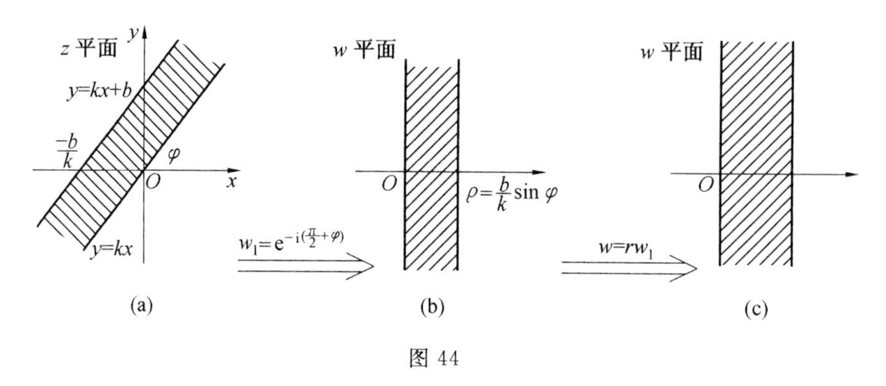


图 44

即

$$\frac{b}{k}\sin\varphi\cdot r=1$$

所以

$$r=\frac{k}{b\sin\varphi}=\frac{k}{b\cdot k\cos\varphi}=\frac{1}{b\cdot\frac{\frac{b}{k}}{\sqrt{\left(\frac{b}{k}\right)^2+b^2}}}=\frac{\sqrt{1+k^2}}{b}$$

**159** 已知圆周 $C$ 的圆心 $\alpha$ 与半径 $r$，试决定它的反演象的中心的位置与半径 $\rho$ 的长度.假定反演中心是坐标原点，又反演圆的半径等于 $R$.

**解** 作射线 $O\alpha$ 与圆周 $C$ 交于 $A$，$B$ 两点，作圆 $C$ 关于圆 $O$ 的反演象圆 $C'$，其中心为 $\beta$(如图 45).

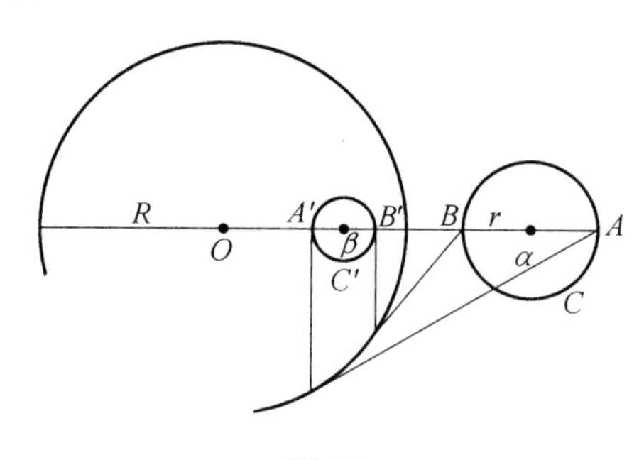


图 45

则 $O\beta\alpha$ 在一条直线上，点 $A$ 与 $B$($\overline{AB}$ 为圆 $C$ 的直径) 的反演象为 $A'$ 与 $B'$($\overline{A'B'}$ 为圆 $C'$ 的直径).

线段长度$\overline{OA}=|\alpha|+r$，$\overline{OB}=|\alpha|-r$.

因是反演变换，所以

$$\overline{OA'}=\frac{R^2}{OA}=\frac{R^2}{|\alpha|+r}$$

$$\overline{OB'}=\frac{R^2}{|\alpha|-r}$$

故圆 $C'$ 的半径长

$$\begin{aligned}\rho&=\frac{1}{2}(\overline{OB'}-\overline{OA'})\\&=\frac{1}{2}\left(\frac{R^2}{|\alpha|-r}-\frac{R^2}{|\alpha|+r}\right)\\&=\frac{R^2r}{|\alpha|^2-r^2}\end{aligned}$$

又矢量

$$\overrightarrow{OA'}=\left(\frac{R^2}{|\alpha|+r}\right)\frac{\boldsymbol{\alpha}}{|\alpha|}$$

$$\overrightarrow{OB'}=\left(\frac{R^2}{|\alpha|-r}\right)\frac{\boldsymbol{\alpha}}{|\alpha|}$$

所以

$$\begin{aligned}\overrightarrow{O\beta}&=\frac{1}{2}(\overrightarrow{OA'}+\overrightarrow{OB'})\\&=\frac{1}{2}\left(\frac{1}{|\alpha|+r}+\frac{1}{|\alpha|-r}\right)\frac{R^2\boldsymbol{\alpha}}{|\alpha|}\\&=\frac{R^2\boldsymbol{\alpha}}{|\alpha|^2-r^2}\end{aligned}$$

故圆 $C$ 的反演象圆 $C'$ 的半径 $\rho=\dfrac{R^2r}{|\alpha|^2-r^2}$，中心在点 $\beta=\dfrac{R^2\alpha}{|\alpha|-r^2}$.

**160** 求圆 $|z-1|=1$ 关于单位圆 $|z|=1$ 的反演象.

**解**　因任一点 $z$ 关于圆 $|z|=1$ 的反演象为

$$w=\frac{1}{\bar{z}}$$

而

$$|z-1|=1$$

即

$$(z-1)(\bar{z}-1)=1$$

亦即

$$z\bar{z}-z-\bar{z}=0$$

由

$$w=\frac{1}{z}$$

得

$$\frac{1}{w\bar{w}}-\frac{1}{\bar{w}}-\frac{1}{w}=0$$

所以

$$w+\bar{w}=1$$

即

$$u=\frac{1}{2}$$

此即所要求的反演象.

**161** 证明:对称变换 $w=\bar{z}$ 不是一个线性变换.

**证** 因在对称变换下,实数仍变成自己,即 $\alpha\to\alpha$,若对称 $w=\bar{z}$ 是一个线性变换

$$w=\frac{az+b}{cz+d}\quad (ad-bc\neq 0)$$

则

$$1=\frac{a+b}{c+d}\quad (z=1\text{ 时})$$

$$-1=\frac{-a+b}{-c+d}\quad (z=-1\text{ 时})$$

$$0=\frac{b}{d}\quad (z=0\text{ 时})$$

解之,得

$$b=c=0,d=a$$

从而,有 $w=z$,矛盾.

**162** 试将两圆 $\left|z+\frac{d_1}{2}\right|=\frac{d_1}{2}$,$\left|z-\frac{d_2}{2}\right|=\frac{d_2}{2}$ 的外部映射成竖直的带形:$0<\mathrm{Re}\,w<1$(如图 46).

**解** 由线性变换的保圆性知,这里将互相外切的两个圆周映射成平行的两条直线:$u=0$,$u=1$,它们相交于 $w=\infty$.

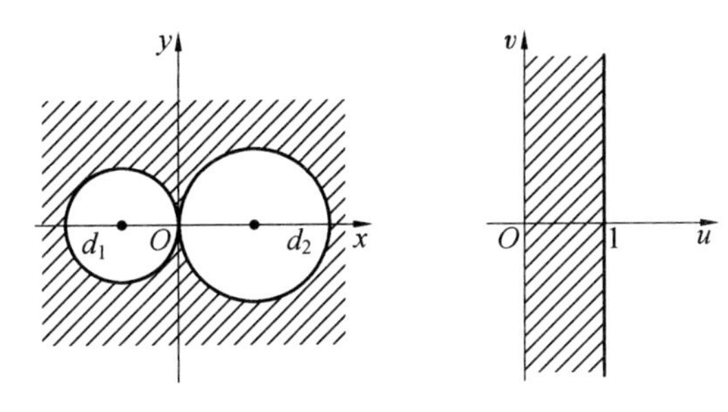


图 46

故所求的变换 $w=f(z)$ 应满足 $f(0)=\infty$，因之可设

$$w=f(z)=\frac{az+b}{z}=a+\frac{b}{z}$$

令

$$a=\alpha+\mathrm{i}\beta, b=r+\mathrm{i}\delta, w=u+\mathrm{i}v$$

(1) 若 $\left|z-\frac{d_2}{2}\right|=\frac{d_2}{2}$ 映射为 $u=1$，则 $\left|z+\frac{d_1}{2}\right|=\frac{d_1}{2}$ 映射为 $u=0$.

于是

$$\mathrm{Re}\ f(d_2)=1$$

$$\mathrm{Re}\ f(-d_1)=0$$

$$\mathrm{Re}\ f\left(\frac{d_2}{2}\right)>1$$

$$\mathrm{Re}\ f\left(-\frac{d_1}{2}\right)<0$$

即

$$\alpha+\frac{r}{d_2}=1, \alpha-\frac{r}{d_1}=0$$

$$\alpha+\frac{2r}{d_2}>1, \alpha-\frac{2r}{d_1}<0$$

所以

$$\alpha=\frac{d_2}{d_1+d_2}, r=\frac{d_1d_2}{d_1+d_2}$$

这恰好使上面后两个不等式成立. 又

$$\mathrm{Re}\ f\left[\frac{d_2}{2}(1+\mathrm{i})\right]=1, \mathrm{Re}\ f\left[\frac{d_2}{2}(1-\mathrm{i})\right]=1$$

即

$$\alpha+\frac{r+\delta}{d_2}=1, \alpha+\frac{r-\delta}{d_2}=1$$

由此推得

$$\delta=0$$

所以

$$w=f(z)=\frac{d_2}{d_1+d_2}+\mathrm{i}\beta+\frac{d_1 d_2}{d_1+d_2}\cdot\frac{1}{z}=\frac{d_2(z+d_1)}{z(d_1+d_2)}+\mathrm{i}\beta$$

即为所求.

(2) 若 $\left|z-\frac{d_2}{2}\right|=\frac{d_2}{2}$ 映射为 $u=0$,则 $\left|z+\frac{d_1}{2}\right|=\frac{d_1}{2}$ 映射为 $u=1$,因而

$$\mathrm{Re}\ f(d_2)=0,\mathrm{Re}\ f(-d_1)=1$$

$$\mathrm{Re}\ f\left(\frac{d_2}{2}\right)<0,\mathrm{Re}\ f\left(-\frac{d_1}{2}\right)>1$$

即

$$\alpha+\frac{r}{d_2}=0,\alpha-\frac{r}{d_1}=1$$

$$\alpha+\frac{2r}{d_2}<0,\alpha-\frac{2r}{d_1}>1$$

所以

$$\alpha=\frac{d_1}{d_1+d_2},r=-\frac{d_1 d_2}{d_1+d_2}$$

这恰使上面后两个不等式成立.

又因

$$\mathrm{Re}\ f\left[\frac{d_2}{2}(1+\mathrm{i})\right]=0,\mathrm{Re}\ f\left[\frac{d_2}{2}(1-\mathrm{i})\right]=0$$

即

$$\alpha+\frac{r+\delta}{d_2}=0,\alpha+\frac{r-\delta}{d_2}=0$$

于是

$$\delta=0$$

所以

$$w=f(z)=\frac{d_1(z-d_2)}{z(d_1+d_2)}+\mathrm{i}\beta$$

即为所求($\beta$ 为实数).

**163** 证明:任意一个把 $\mathrm{Im}\ z=0$ 变成 $\mathrm{Im}\ w=0$ 的线性变换的系数可以写成实数.

**证** 取 $z_1=0,z_2=1,z_3=\infty$,在变换

$$w=\frac{az+b}{cz+d}$$

之下,其象为 $w_k(k=1,2,3)$,$w_k$ 均为实数.

于是

$$w_1=\frac{b}{d} \tag{1}$$

$$w_2=\frac{a+b}{c+d} \tag{2}$$

$$w_3=\frac{a}{c} \tag{3}$$

(1) 若 $d=0$,则

$$a=cw_3$$

由式(2),知

$$b=w_2c-a=c(w_2-w_3)$$

故

$$w=\frac{az+b}{cz}=\frac{w_3z+(w_2-w_3)}{z}$$

(2) 若 $d\neq 0$,则

$$b=w_1d,a=w_3c$$

$$a+b=w_2(c+d)$$

于是

$$w_1d+w_3c=w_2d+w_2c$$

故

$$c=\frac{w_2-w_1}{w_3-w_2}d=kd$$

所以

$$w=\frac{az+b}{cz+d}=\frac{kw_3z+w_1}{kz+1}$$

**164** 试证明:任意四个相异的点 $z_k(k=1,2,3,4)$,可用线性变换变至 $1,-1,k,-k$ 的位置,此处 $k$ 的值依点而定,这里共有多少解?它们是怎样的关系?

**证** 由交比不变,得

$$(z_1,z_2,z_3,z_4)=(1,-1,k,-k)$$

令 $(z_1,z_2,z_3,z_4)=A$,$A$ 依点而定,则

$$\frac{k-1}{k+1} : \frac{-(k+1)}{-k+1}=A$$

即

$$k^2(1-A)-2(1+A)k+(1-A)=0$$

所以

$$k=\frac{(1+A)\pm\sqrt{(1+A)^2-(1-A)^2}}{1-A}$$

$$=\frac{1+A}{1-A}\pm\frac{2\sqrt{A}}{1-A}$$

是依点而定.

这里 $k$ 有两个解,为

$$k_1=\frac{1+A}{1-A}+\frac{2\sqrt{A}}{1-A}$$

$$k_2=\frac{1+A}{1-A}-\frac{2\sqrt{A}}{1-A}$$

则

$$k_1\cdot k_2=\left(\frac{1+A}{1-A}\right)^2-\left(\frac{2\sqrt{A}}{1-A}\right)^2=1$$

所以,它们互为倒数.

**165** 证明:交比$(z_1,z_2,z_3,z_4)$为实数的充要条件是四点共圆(包括直线).

**证** 充分性.(1)若四点共线,设此直线为

$$\zeta=\zeta_0+te^{i\alpha}\quad(-\infty<t<+\infty)$$

则

$$z_k=\zeta_0+t_ke^{i\alpha}\quad(k=1,2,3,4)$$

所以$(z_1,z_2,z_3,z_4)=(t_1,t_2,t_3,t_4)$为实数.

(2)若四点共圆,设此圆的方程为

$$\zeta=\zeta_0+re^{i\varphi}\quad(0\leqslant\varphi\leqslant 2\pi)$$

则

$$z_k=\zeta_0+re^{i\varphi_k}\quad(k=1,2,3,4)$$

所以

$$(z_1,z_2,z_3,z_4)=\frac{\sin\frac{\varphi_3-\varphi_1}{2}}{\sin\frac{\varphi_3-\varphi_2}{2}} : \frac{\sin\frac{\varphi_4-\varphi_1}{2}}{\sin\frac{\varphi_4-\varphi_2}{2}}\quad(\text{为实数})$$

必要性显然.

实际上,此题由初等几何知识可知是很显然的(如图 47(b)(c)).

因为

$$\arg(z_1,z_2,z_3,z_4)=\arg\frac{z_3-z_1}{z_3-z_2}$$
$$-\arg\frac{z_4-z_1}{z_4-z_2}=0 \text{ 或 } \pi$$

$\left(\text{而}-\arg\frac{z_4-z_1}{z_4-z_2}=-[\arg(z_4-z_1)-\arg(z_4-z_2)]=\arg\frac{z_4-z_2}{z_4-z_1}\right)$,所以四点 $z_1,z_2,z_3,z_3$ 共圆(如图 47).

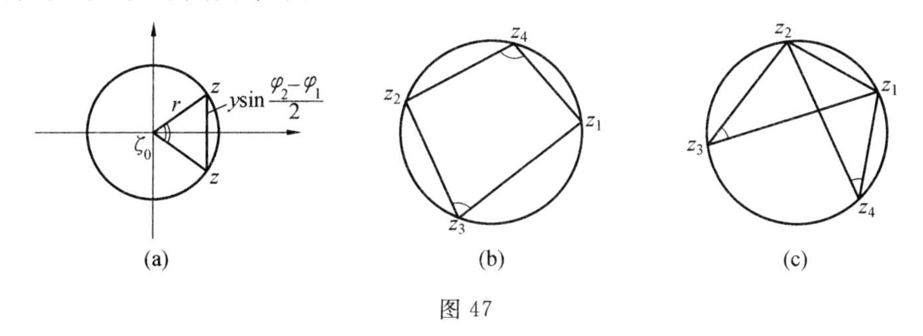


(a) (b) (c)

图 47

**167** 若定义交比

$$(z_1,z_2,z_3,z_4)=\frac{z_1-z_2}{z_1-z_4}:\frac{z_3-z_2}{z_3-z_4}=\lambda$$

试将对应于四点的 24 个排列的交比用 $\lambda$ 表示出来.

**解** 因为$\lambda=(z_1,z_2,z_3,z_4)=\frac{z_1-z_2}{z_1-z_4}:\frac{z_3-z_2}{z_3-z_4}$,所以任意两对点互换位置,例如

$$(z_3,z_4,z_1,z_2)=\frac{z_3-z_4}{z_3-z_2}:\frac{z_1-z_4}{z_1-z_2}$$
$$=\frac{z_1-z_2}{z_1-z_4}:\frac{z_3-z_2}{z_3-z_4}=\lambda$$

所以

$$\begin{aligned}\lambda&=(z_1,z_2,z_3,z_4)\\&=(z_3,z_4,z_1,z_2)\\&=(z_2,z_1,z_4,z_3)\\&=(z_4,z_3,z_2,z_1)\end{aligned}$$

又如序号 1 与 3 或 2 与 4 互换位置,再用任意两点互换,则得

$$\frac{1}{\lambda}=\frac{1}{\frac{z_1-z_2}{z_1-z_4}\cdot\frac{z_3-z_4}{z_3-z_2}}$$

$$=\frac{z_1-z_4}{z_1-z_2}\cdot\frac{z_3-z_2}{z_3-z_4}$$

$$=(z_1,z_4,z_3,z_2)$$

$$=(z_3,z_2,z_1,z_4)$$

$$=(z_2,z_3,z_4,z_1)$$

$$=(z_4,z_1,z_2,z_3)$$

$$1-\lambda=1-\frac{z_1-z_2}{z_1-z_4}\cdot\frac{z_3-z_4}{z_3-z_2}$$

$$=\frac{z_1(z_4-z_2)-z_3(z_4-z_2)}{(z_1-z_4)(z_3-z_2)}$$

$$=\frac{z_1-z_3}{z_1-z_4}\cdot\frac{z_2-z_4}{z_2-z_3}$$

$$=(z_1,z_3,z_2,z_4)=(z_3,z_1,z_4,z_2)$$

$$=(z_4,z_2,z_3,z_1)=(z_2,z_4,z_1,z_3)$$

$$\frac{1}{1-\lambda}=(z_2,z_3,z_1,z_4)$$

$$=(z_1,z_4,z_2,z_3)$$

$$=(z_4,z_1,z_3,z_2)$$

$$=(z_3,z_2,z_4,z_1)$$

$$\frac{\lambda}{\lambda-1}=(z_2,z_1,z_3,z_4)$$

$$=(z_1,z_2,z_4,z_3)$$

$$=(z_3,z_4,z_2,z_1)$$

$$=(z_4,z_3,z_1,z_2)$$

$$\frac{\lambda-1}{\lambda}=(z_1,z_3,z_4,z_2)$$

$$=(z_4,z_2,z_1,z_3)$$

$$=(z_2,z_4,z_3,z_1)$$

$$=(z_3,z_1,z_2,z_4)$$

**167** 证明:圆内接四边形对边乘积之和等于两对角线之积.

**证** 设圆内接四边形四个顶点为 $z_k(k=1,2,3,4)$. 下面求证

$$|z_1-z_2|\cdot|z_3-z_4|+|z_1-z_4|\cdot|z_2-z_3|=|z_1-z_3|\cdot|z_2-z_4|$$

**证法一** 因为四点 $z_k(k=1,2,3,4)$ 共圆,所以交比为实数. 不妨选取 $(z_1,z_2,z_4,z_3)=\lambda$,其中 $0<\lambda<1$.

由上题,知

$$(z_1,z_4,z_2,z_3)=1-\lambda$$

故

$$|(z_1,z_2,z_4,z_3)|+|(z_1,z_4,z_2,z_3)|=1$$

即

$$\left|\frac{z_1-z_2}{z_1-z_3}\cdot\frac{z_4-z_3}{z_4-z_2}\right|+\left|\frac{z_1-z_4}{z_1-z_3}\cdot\frac{z_2-z_3}{z_2-z_4}\right|=1$$

去分母,得

$$|z_1-z_2|\cdot|z_4-z_3|+|z_1-z_4|\cdot|z_2-z_3|$$
$$=|z_1-z_3|\cdot|z_4-z_2|$$

**证法二** 因四点 $z_k(k=1,2,3,4)$ 共圆,所以交比 $(z_1,z_2,z_3,z_4)$ 是实数.

又

$$\begin{aligned}(z_1,z_2,z_3,z_4)&=\frac{z_1-z_2}{z_1-z_4}:\frac{z_3-z_2}{z_3-z_4}\\&=\frac{(z_1-z_4+z_4-z_2)(z_3-z_2+z_2-z_4)}{(z_1-z_4)(z_3-z_2)}\\&=1+\frac{(z_1-z_4)(z_2-z_4)+(z_4-z_2)(z_3-z_4)}{(z_1-z_4)(z_3-z_2)}\\&=1+\frac{(z_1-z_3)(z_2-z_4)}{(z_1-z_4)(z_3-z_2)}\end{aligned}$$

所以

$$-\frac{(z_1-z_3)(z_2-z_4)}{(z_1-z_4)(z_3-z_2)}=1-(z_1,z_2,z_3,z_4)$$

是实数,即

$$\begin{aligned}\frac{(z_1-z_3)(z_2-z_4)}{(z_1-z_4)(z_2-z_3)}&=1+\frac{(z_1-z_2)(z_3-z_4)}{(z_1-z_4)(z_2-z_3)}\\&=1+\frac{z_3-z_4}{z_1-z_4}:\frac{z_2-z_3}{z_1-z_2}\end{aligned}$$

是实数,亦即后面的比是实数.

取坐标如图 48 所示,即设

$$\mathrm{Im}\,\frac{z_2-z_1}{z_3-z_1}<0$$

则

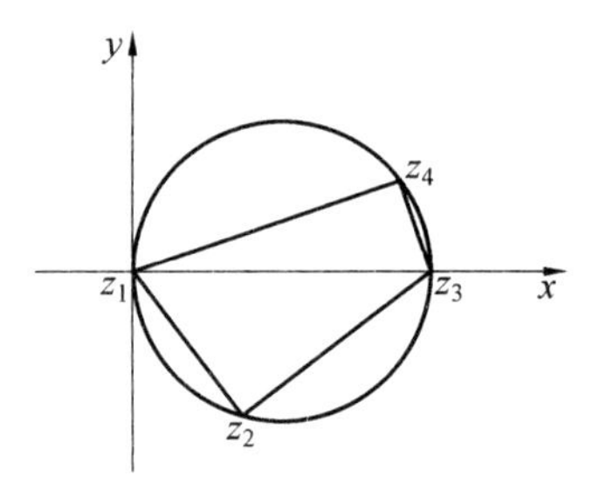


图 48

$$\operatorname{Im}\frac{z_4-z_1}{z_3-z_1}>0$$

于是

$$\operatorname{Im}\frac{z_3-z_1}{z_1-z_4}>0$$

又

$$\operatorname{Im}\frac{z_3-z_4}{z_1-z_4}=\operatorname{Im}\left(\frac{z_3-z_4}{z_1-z_4}-1\right)=\operatorname{Im}\frac{z_3-z_1}{z_1-z_4}>0$$

$$\operatorname{Im}\frac{z_3-z_2}{z_2-z_1}=\operatorname{Im}\left(\frac{z_3-z_2}{z_2-z_1}+1\right)=\operatorname{Im}\frac{z_3-z_1}{z_2-z_1}>0$$

若

$$\arg\frac{z_3-z_4}{z_1-z_4}=\varphi_1+2k_1\pi$$

$$\arg\frac{z_3-z_2}{z_2-z_1}=\varphi_2+2k_2\pi$$

其中 $\varphi_1,\varphi_2$ 为主值,且应有

$$0<\varphi_1<\pi,0<\varphi_2<\pi$$

所以

$$|\varphi_1-\varphi_2|<\pi$$

但 $\arg\left(\frac{z_3-z_4}{z_1-z_4}:\frac{z_3-z_2}{z_2-z_1}\right)=\varphi_1-\varphi_2=0$ 或 $\pi$,于是

$$\varphi_1=\varphi_2$$

所以

$$\frac{z_3-z_4}{z_1-z_4}:\frac{z_3-z_2}{z_2-z_1}$$

是正实数,故

$$\left|\frac{(z_1-z_3)(z_2-z_4)}{(z_1-z_4)(z_2-z_3)}\right|=\left|1+\frac{(z_1-z_2)(z_3-z_4)}{(z_1-z_4)(z_2-z_3)}\right|$$

$$=1+\left|\frac{(z_1-z_2)(z_3-z_4)}{(z_1-z_4)(z_2-z_3)}\right|$$

去分母,得

$$|(z_1-z_3)(z_2-z_4)|=|(z_1-z_4)(z_2-z_3)|+|(z_1-z_2)(z_3-z_4)|$$

**注** 解此题的方法,关键是证

$$\frac{z_3-z_4}{z_1-z_4}:\frac{z_2-z_3}{z_2-z_1}$$

是正实数,因之要分子与分母的虚部相同.

**168** 求线性变换,使 $|z|=1$ 变成 $|w|=1$,且使 $z=1,1+\mathrm{i}$ 变成 $w=1,\infty$.

**解法一** 因为 $w=0$ 与 $\infty$ 是关于圆周 $|w|=1$ 是对称的,由线性变换不变对称点的性质知:

$w=0$ 在平面上的逆象为 $z=\dfrac{1}{1-\mathrm{i}}$($z=1+\mathrm{i}$ 对应 $w=\infty$).

所以

$$(1,0,w,\infty)=\left(1,\frac{1}{1-\mathrm{i}},z,1+\mathrm{i}\right)$$

即

$$\frac{w-1}{w}=\frac{z-1}{z-\dfrac{1}{1-\mathrm{i}}}\Bigg/\frac{1+\mathrm{i}-1}{1+\mathrm{i}-\dfrac{1}{1-\mathrm{i}}}=\frac{z-1}{z\mathrm{i}+z-\mathrm{i}}$$

所以

$$w=\frac{(\mathrm{i}-1)z+1}{-z+(1+\mathrm{i})}$$

**解法二** 因为 $z=1+\mathrm{i}$ 时,$w=\infty$,所以

$$w=\frac{az+b}{z-(1+\mathrm{i})}$$

当 $z=1$ 时,$w=1$,故

$$-\mathrm{i}=a+b$$

又由对称点的不变性,知:

$z=\dfrac{1}{1-\mathrm{i}}$ 对应 $w=0$.

于是得到

$$b=-1,a=1-\mathrm{i}$$

所以

$$w=\frac{(1-\mathrm{i})z-1}{z-(1+\mathrm{i})}=\frac{(\mathrm{i}-1)z+1}{-z+(1+\mathrm{i})}$$

**解法三**　由公式

$$w=\mathrm{e}^{\mathrm{i}\theta}\frac{z-\alpha}{1-\bar{\alpha}z}=A\frac{z-\alpha}{1-\bar{\alpha}z}$$

及当 $z=1+\mathrm{i}$ 时,$w=\infty$,有

$$1-\bar{\alpha}(1+\mathrm{i})=0$$

于是

$$\bar{\alpha}=\frac{1}{1+\mathrm{i}},\alpha=\frac{1}{1-\mathrm{i}}$$

又当 $z=1$ 时,$w=1$,所以

$$A=\frac{1-\bar{\alpha}}{1-\alpha}=-\mathrm{i}$$

代入,得

$$w=\frac{(\mathrm{i}-1)z+1}{-z+(1+\mathrm{i})}$$

**169** 求线性变换,使点 1 变到 $\infty$,点 i 是二重不动点.

**解**　因为 $z=1$ 变到 $w=\infty$,所以

$$w=\frac{az+b}{z-1}$$

又因 $z=\mathrm{i}$ 是二重不动点,所以

$$z=\frac{az+b}{z-1}$$

即

$$z^2-(a+1)z-b=0$$

有二重根 i,而

$$z=\frac{(a+1)+\sqrt{(a+1)^2+4b}}{2}$$

所以,判别式

$$(a+1)^2+4b=0$$

故

$$\mathrm{i}=\frac{a+1}{2}$$

即

$$a=2\mathrm{i}-1,b=-1$$

所以，$w=\frac{(2\mathrm{i}-1)z+1}{z-1}$ 即为所求.

**170** 求线性函数 $w=f(z)$，它把 $|z|<1$ 变为 $|w|<1$，且满足下面条件之一：

(1) $f\left(\frac{1}{2}\right)=0$，$\arg f'\left(\frac{1}{2}\right)=0$；

(2) $f(0)=0$，$\arg f'(0)=-\frac{\pi}{2}$.

**解** 因为把 $|z|<1$ 变为 $|w|<1$ 的映射为

$$w=\mathrm{e}^{\mathrm{i}\theta}\frac{z-\alpha}{1-\bar{\alpha}z},\ |\alpha|<1$$

(1) 由 $\alpha=\frac{1}{2}$，有

$$\bar{\alpha}=\frac{1}{2}$$

于是

$$w=\mathrm{e}^{\mathrm{i}\theta}\frac{z-\frac{1}{2}}{1-\frac{1}{2}z}=\mathrm{e}^{\mathrm{i}\theta}\frac{2z-1}{2-z}$$

又

$$w'=\mathrm{e}^{\mathrm{i}\theta}\frac{3}{(2-z)^2}$$

故

$$w'\left(\frac{1}{2}\right)=\frac{4}{3}\mathrm{e}^{\mathrm{i}\theta}$$

由条件 $\arg f'\left(\frac{1}{2}\right)=0$，得

$$\theta=0$$

所以

$$w=f(z)=\frac{2z-1}{2-z}$$

(2) 因为 $\alpha=0$，$\bar{\alpha}=0$，所以

$$w=\mathrm{e}^{\mathrm{i}\theta}z$$

又 $w'=\mathrm{e}^{\mathrm{i}\theta}$，所以

$$w'(0)=e^{i\theta}$$

由条件 $\arg f'(0)=-\frac{\pi}{2}$,得

$$\theta=-\frac{\pi}{2}$$

所以

$$w=e^{-\frac{\pi}{2}i}z$$

**171** 求线性变换 $w=w(z)$,将上半平面映射成下半平面,且使 $w(a)=\bar{a}$,$\arg w'(a)=-\frac{\pi}{2}(\mathrm{Im}(a)>0)$.

**解** 因将上半平面映射成单位圆的映射为

$$w=e^{i\alpha}\frac{z-\beta}{z-\bar{\beta}},\mathrm{Im}(\beta)>0$$

我们先将 $z$ 的上半平面映射成 $\zeta$ 平面的单位圆,即

$$\zeta=e^{i\varphi}\frac{z-a}{z-\bar{a}},\mathrm{Im}(a)>0$$

再将 $w$ 的下半平面映射成 $\zeta$ 平面的单位圆,即

$$\zeta=\frac{w-\bar{a}}{w-a}$$

于是

$$e^{i\varphi}\frac{z-a}{z-\bar{a}}=\frac{w-a}{w-\bar{a}}$$

两边对 $z$ 求导,由于 $w$ 是 $z$ 的函数,故有

$$\frac{(w-a)-(w-\bar{a})}{(w-a)^2}w'=e^{i\varphi}\frac{(z-\bar{a})-(z-a)}{(z-\bar{a})^2}$$

即

$$\frac{-2i\mathrm{Im}(a)}{(w-a)^2}w'=e^{i\varphi}\frac{2i\mathrm{Im}(a)}{(z-\bar{a})^2}$$

由于 $w(a)=\bar{a}$,所以

$$\frac{2i\mathrm{Im}(a)}{[-2i\mathrm{Im}(a)]^2}w'(a)=e^{i\varphi}\frac{2i\mathrm{Im}(a)}{[2i\mathrm{Im}(a)]^2}$$

即

$$-w'(a)=e^{i\varphi}$$

故

$$\arg w'(a)=\pi+\varphi$$

又由于 $\arg w'(a) = -\frac{\pi}{2}$,所以

$$\varphi = -\frac{3}{2}\pi = -2\pi + \frac{\pi}{2}$$

于是

$$e^{i\varphi} = i$$

所以得$\frac{w-\bar{a}}{w-a} = i\,\frac{z-a}{z-\bar{a}}$ 即为所求.

**172** 求线性变换将圆 $|z| < 2$ 映射成右半平面 $\mathrm{Re}\,w > 0$,使 $w(0)=1, \arg w'(0) = \frac{\pi}{2}$.

**解** 先求出将右半平面 $\mathrm{Re}\,z > 0$,映射成 $|w| < 2$ 的映射 $w = L(z)$,再求出它的逆映射 $w = L^{-1}(z)$,则将 $|z| < 2$ 映射成 $\mathrm{Re}\,w > 0$.

因为 $L(1) = 0$,而 0 与 $\infty$ 关于圆周 $|w| = 2$ 对称,故 $z = 1$ 与 $z = -1$ 关于虚轴对称,即有

$$L(-1) = \infty$$

所以

$$w = L(z) = K\,\frac{z-1}{z+1}$$

由于虚轴映射为 $|w| = 2$,故对任何的 $y$ 有

$$\left|k\,\frac{iy-1}{iy+1}\right| = 2$$

即

$$|k| = \left|\frac{1+iy}{1-iy}\right| 2 = 2$$

所以

$$w = L(z) = 2e^{i\alpha}\,\frac{z-1}{z+1}$$

它的逆映射为

$$w = L^{-1}(z) = \frac{-z-2e^{i\alpha}}{z-2e^{i\alpha}}$$

由于 $\arg w'(0) = \frac{\pi}{2}$,而 $w' = \frac{4e^{i\alpha}}{(z-2e^{i\alpha})^2}$,所以

$$\arg\frac{4e^{i\alpha}}{(-e^{i\alpha})^2} = \frac{\pi}{2}$$

于是得到

$$\alpha=-\frac{\pi}{2}$$

所以,$w=L^{-1}(z)=-\frac{z-2\mathrm{i}}{z+2\mathrm{i}}$ 即为所求.

**173** 线性变换把一组同心圆变换为另一组同心圆,试证明:半径之比不变.

**证** 设 $c_1:|z-z_0|=r_1;c_2:|z-z_0|=r_2(r_1\neq r_2)$ 是两个同心圆,经线性变换后,变为两个同心圆 $\Gamma_1$ 与 $\Gamma_2$,即

$$\Gamma_1:|w-w_0|=R_1;\Gamma_2:|w-w_0|=R_2\quad(R_1\neq R_2)$$

由于 $z_0$ 与 $z=\infty$ 是关于圆 $c_1$ 和 $c_2$ 都对称的一对点,变换后它们的象设为 $w_1$ 和 $w_2$,则 $w_1$ 和 $w_2$ 必关于 $\Gamma_1$ 和 $\Gamma_2$ 都对称,即有

$$w_2-w_0=\frac{R_1^2}{\overline{w_1}-\overline{w_0}}$$

和

$$w_2-w_0=\frac{R_2^2}{\overline{w_1}-\overline{w_0}}$$

于是

$$\frac{R_1^2}{\overline{w_1}-\overline{w_0}}=\frac{R_2^2}{\overline{w_1}-\overline{w_0}}$$

由于 $R_1^2\neq R_2^2$,所以 $w_1$ 与 $w_2$ 必然一个为圆心 $w_0$,另一个为 $w=\infty$.

(1) 若 $z_0$ 对应 $w_0$,$z=\infty$ 对应 $w=\infty$,则在线性变换

$$w=\frac{az+b}{cz+d}\quad(ad-bc\neq 0)$$

中

$$c=0$$

所以

$$w=\frac{a}{d}z+\frac{b}{d}$$

又

$$w_0=\frac{a}{d}z_0+\frac{b}{d}$$

故

$$\frac{b}{d}=w_0-\frac{a}{d}z_0$$

于是

$$w=\frac{a}{d}z+w_0-\frac{a}{d}z_0$$

即

$$w-w_0=\frac{a}{d}(z-z_0)$$

所以

$$\frac{R_2}{R_1}=\frac{|w-w_0|}{|w'-w_0|}=\frac{\left|\frac{a}{d}\right||z-z_0|}{\left|\frac{a}{d}\right||z'-z_0|}=\frac{r_2}{r_1}$$

其中 $z'$ 与 $w'$ 分别表示 $C_1$ 与 $\Gamma_1$ 上的点.

(2) 若 $z_0$ 对应 $w=\infty$, $z=\infty$ 对应 $w=w_0$,则在线性变换 $w=\dfrac{az+b}{cz+d}$ 中,有

$$w_0=\frac{a}{c},z_0=-\frac{d}{c}$$

$$w=\frac{\frac{a}{c}z+\frac{b}{c}}{z+\frac{d}{c}}=w_0+\frac{w_0z_0+\frac{b}{c}}{z-z_0}=w_0+\frac{A}{z-z_0}$$

即

$$w-w_0=\frac{A}{z-z_0}$$

所以

$$\frac{R_2}{R_1}=\frac{|w-w_0|}{|w'-w_0|}=\frac{|A|}{|z-z_0|}:\frac{|A|}{|z'-z_0|}=\frac{|z'-z_0|}{|z-z_0|}=\frac{r_1}{r_2}$$

**174** 证明:$z$ 的一般线性函数 $w=\dfrac{az+b}{cz+d}$ 具有如下性质:

① 把 $z$ 平面上的任意三点映射为 $w$ 平面上的任意三点:

② 设 $z_k$ 各映为 $w_k(k=1,2,3)$,则有

$$\frac{w-w_1}{w-w_2}\cdot\frac{w_3-w_2}{w_3-w_1}=\frac{z-z_1}{z-z_2}\cdot\frac{z_3-z_2}{z_3-z_1}$$

③ 为使 $z_k$ 各映射 $w_k(k=1,2,3,4)$ 其充要条件是其复比(非调和比)相等.

**证** ① 设 $z_k$ 与 $w_k$ 各为 $z$ 平面与 $w$ 平面上的任意三点($k=1,2,3$),但各

不相同.

由

$$w=\frac{az+b}{cz+d} \tag{1}$$

即

$$czw-az+dw-b=0$$

把 $z_k,w_k$ 代入,得

$$cz_kw_k-az_k+dw_k-b=0\quad(k=1,2,3)$$

由这四个式子消去 $a,b,c,d$,而得

$$\begin{vmatrix} zw & z & w & 1\\ z_1w_1 & z_1 & w_1 & 1\\ z_2w_2 & z_2 & w_2 & 1\\ z_3w_3 & z_3 & w_3 & 1\end{vmatrix}=0 \tag{2}$$

于此式中令 $z=z_1$,则得

$$\begin{vmatrix} z_1w & z_1 & w & 1\\ z_1w_1 & z_1 & w_1 & 1\\ z_2w_2 & z_2 & w_2 & 1\\ z_3w_3 & z_3 & w_3 & 1\end{vmatrix}=0 \tag{3}$$

再于此式中设 $w=w_1$ 时,由于左边为零,故 $w=w_1$ 是其一根,下面我们证明它再无别的根.由式(3)中第一纵列减去 $z_1$ 乘以第三纵列而得

$$\begin{vmatrix} 0 & z_1 & w & 1\\ 0 & z_1 & w_1 & 1\\ (z_2-z_1)w_2 & z_2 & w_2 & 1\\ (z_3-z_1)w_3 & z_3 & w_3 & 1\end{vmatrix}=0 \tag{4}$$

计算展开左边后的 $w$ 的系数,即

$$\begin{vmatrix} 0 & z_1 & 1\\ (z_2-z_1)w_2 & z_2 & 1\\ (z_3-z_1)w_3 & z_3 & 1\end{vmatrix}=\begin{vmatrix} 0 & z_1 & 1\\ (z_2-z_1)w_2 & z_2-z_1 & 0\\ (z_3-z_1)w_3 & z_3-z_1 & 0\end{vmatrix}$$

$$=(z_2-z_1)(z_3-z_1)(w_2-w_3)\neq 0$$

因此式(4)即式(3)是关于 $w$ 的线性函数.于是式(3)中所给的 $w$ 值除 $w_1$ 外再没别的.同理于式(2)中令 $z=z_2,z_3$,各得到 $w=w_2,w_3$.

又式(2)中对 $w$ 求解时就是式(1)的形式,且此时相当于 $ad-bc$ 的式子不等于零,因若不然 $w$ 就成为常数了.于是式(2)是表示把 $z$ 平面上的任意三点 $z_k$ 映射为 $w$ 平面的任意三点 $w_k$ 的线性函数.

以下讨论三对对应点中有无限远点的情形：设两对对应点 $z_1,w_1;z_2,w_2$ 都是有限的，剩下的一对中：

$z_3$ 有限，$w_3=\infty$ 时，令 $w=\dfrac{\alpha z+\beta}{z-z_3}$，式中 $z,w$ 各用 $z_1,w_1;z_2,w_2$ 代入，仿前做法，消去 $\alpha,\beta$，作出

$$\begin{vmatrix} (z-z_3)w & z & 1 \\ (z_1-z_3)w_1 & z_1 & 1 \\ (z_2-z_3)w_2 & z_3 & 1 \end{vmatrix}=0 \tag{5}$$

若 $z_3=\infty,w_3$ 有限时，令 $w=w_3\dfrac{z+\alpha}{z+\beta}$，同样作出

$$\begin{vmatrix} z(w-w_3) & w & 1 \\ z_1(w_1-w_3) & w_1 & 1 \\ z_2(w_2-w_3) & w_2 & 1 \end{vmatrix}=0 \tag{6}$$

若 $z_3=\infty,w_3=\infty$ 时，令 $w=\alpha z+\beta$，作出

$$\begin{vmatrix} z & w & 1 \\ z_1 & w_1 & 1 \\ z_2 & w_2 & 1 \end{vmatrix}=0 \tag{7}$$

不难验证，式(5)(6)(7) 是在各种情形下满足所设条件的一次函数.

② 由 $w=\dfrac{az+b}{cz+d}(ad-bc\neq 0)$.

设 $z_k$ 与 $w_k$ 为三对对应点，则

$$w_k=\frac{az_k+b}{cz_k+d}\quad (k=1,2,3)$$

作出下面的差

$$w-w_1=\frac{(z-z_1)(ad-bc)}{(cz+d)(cz_1+d)}$$

$$w-w_2=\frac{(z-z_2)(ad-bc)}{(cz+d)(cz_2+d)}$$

所以

$$\frac{w-w_1}{w-w_2}=\frac{z-z_1}{z-z_2}\cdot\frac{cz_2+d}{cz_1+d}$$

仿此，有

$$\frac{w_3-w_1}{w_3-w_2}=\frac{z_3-z_1}{z_3-z_2}\cdot\frac{cz_2+d}{cz_1+d}$$

于是，得

$$\frac{w-w_1}{w-w_2}\cdot\frac{w_3-w_2}{w_3-w_1}=\frac{z-z_1}{z-z_2}\cdot\frac{z_3-z_2}{z_3-z_1}$$

③ 设线性函数把点 $z_k$ 变为点 $w_k$,则

$$w_k=\frac{az_k+b}{cz_k+d}\quad(k=1,2,3,4)$$

则仿 ② 作出

$$\frac{w_4-w_1}{w_4-w_2}\cdot\frac{w_3-w_2}{w_3-w_1}=\frac{z_4-z_1}{z_4-z_2}\cdot\frac{z_3-z_2}{z_3-z_1}\tag{a}$$

将此变形为

$$\frac{z_1-z_3}{z_2-z_3}:\frac{z_1-z_4}{z_2-z_4}=\frac{w_1-w_3}{w_2-w_3}:\frac{w_1-w_4}{w_2-w_4}\tag{b}$$

此即其复比相等.

反之,若式(b)成立时,则式(a)也成立.作线性变换,设 $z=z_k$ 各对应 $w=w_k(k=1,2,3)$.又设 $z=z_4$ 时由式(a)$w=w_4$,故在线性映射下,$z_k$ 与 $w_k(k=1,2,3,4)$ 为对应点.

**175** 证明:线性函数的线性函数仍为线性函数,且若用记号

$$w=\frac{a_iz+b_i}{c_iz+d_i}=s_i(z),s_i[s_j(z)]=s_is_j(z)$$

则结合法则 $(s_is_j)s_k=s_i(s_js_k)$ 成立,但交换法则 $s_is_j=s_js_i$ 一般不成立.

**证** 由于

$$s_i(z)=\frac{a_iz+b_i}{c_iz+d_i}\quad\left(\begin{vmatrix}a_i & b_i\\ c_i & d_i\end{vmatrix}\neq 0\right)$$

$$s_j(z)=\frac{a_jz+b_j}{c_jz+d_j}\quad\left(\begin{vmatrix}a_j & b_j\\ c_j & d_j\end{vmatrix}\neq 0\right)$$

则

$$\begin{aligned}s_i[s_j(z)]&=\frac{a_is_j(z)+b_i}{c_is_j(z)+d_i}\\&=\frac{a_i(a_jz+b_j)+b_i(c_jz+d_j)}{c_i(a_jz+b_j)+d_i(c_jz+d_j)}\\&=\frac{(a_ia_j+b_ic_j)z+(a_ib_j+b_id_j)}{(c_ia_j+d_ic_j)z+(c_ib_j+d_id_j)}\end{aligned}$$

由于

$$\begin{vmatrix} a_ia_j+b_ic_j & a_ib_j+b_id_j \\ c_ia_j+d_ic_j & c_ib_j+d_id_j \end{vmatrix} = \begin{vmatrix} a_i & b_i \\ c_i & d_i \end{vmatrix} \begin{vmatrix} a_j & b_j \\ c_j & d_j \end{vmatrix} \neq 0$$

故仍为非退化的线性函数.

$$\begin{aligned}(s_is_j)s_k &= \frac{(a_ia_j+b_ic_j)s_k(z)+(a_ib_j+b_id_j)}{(c_ia_j+d_ic_j)s_k(z)+(c_ib_j+d_id_j)} \\ &= \frac{(a_ia_j+b_ic_j)(a_kz+b_k)+(a_ib_j+b_id_j)(c_kz+d_k)}{(c_ia_j+d_ic_j)(a_kz+b_k)+(c_ib_j+d_id_j)(c_kz+d_k)} \\ &= \frac{a_i[(a_ja_k+b_jc_k)z+(a_jb_k+b_jd_k)]+b_i[(c_ja_k+d_ja_k)z+(c_jb_k+d_jb_k)]}{c_i[(a_ja_k+b_jc_k)z+(a_jb_k+b_jd_k)]+d_i[(c_ja_k+d_jc_k)z+(c_jb_k+d_jd_k)]} \\ &= \frac{a_i(s_js_k)(z)+b_i}{c_i(s_js_k)(z)+d_i} \\ &= s_i(s_js_k)\end{aligned}$$

故结合律成立.

另外

$$s_is_j = \frac{(a_ia_j+b_ic_j)z+(a_ib_j+b_id_j)}{(c_ia_j+d_ic_j)z+(c_ib_j+d_id_j)}$$

$$s_js_i = \frac{(a_ja_i+b_jc_i)z+(a_jb_i+b_jd_i)}{(c_ja_i+d_jc_i)z+(c_jb_i+d_jd_i)}$$

要使 $s_is_j=s_js_i$,则其充要条件是上两式系数成比例,即

$$a_ia_j+b_ic_j=k(a_ja_i+b_jc_i) \tag{1}$$

$$a_ib_j+b_id_j=k(a_jb_i+b_jd_i) \tag{2}$$

$$c_ia_j+d_ic_j=k(c_ja_i+d_jc_i) \tag{3}$$

$$c_ib_j+d_id_j=k(c_jb_i+d_jd_i) \tag{4}$$

由此得到

$$\begin{vmatrix} a_ia_j+b_ic_j & a_ib_j+b_id_j \\ c_ia_j+d_ic_j & c_ib_j+d_id_j \end{vmatrix} = k^2 \begin{vmatrix} a_ja_i+b_jc_i & a_jb_i+b_jd_i \\ c_ja_i+d_jc_i & c_jb_i+d_jd_i \end{vmatrix}$$

所以

$$\begin{vmatrix} a_i & b_i \\ c_i & d_i \end{vmatrix} \begin{vmatrix} a_j & b_j \\ c_j & d_j \end{vmatrix} = k^2 \begin{vmatrix} a_j & b_j \\ c_j & d_j \end{vmatrix} \begin{vmatrix} a_i & b_i \\ c_i & d_i \end{vmatrix}$$

所以 $k^2=1, k=\pm 1$.

因此,首先将 $k=1$ 代入式(1)(2)(3)(4),各得

$$b_jc_j=b_jc_i \tag{5}$$

$$a_ib_j+b_id_j=a_jb_i+b_jd_i \tag{6}$$

$$c_ia_j+d_ic_j=c_ja_i+d_jc_i \tag{7}$$

由式(4) 得出的与由式(1) 得出的一致,都是式(5).

把式(6)(7)变形,各得

$$b_j(a_i-d_i)=b_i(a_j-d_j)$$
$$c_i(a_j-d_j)=c_j(a_i-d_j)$$

所以

$$\frac{b_i}{b_j}=\frac{c_i}{c_j}=\frac{a_i-d_i}{a_j-d_j} \tag{8}$$

这个结果亦适合式(5).

其次,将 $k=-1$ 代入式(1)(2)(3)(4),并适当变形而得

$$2a_ia_j+c_ib_j+b_ic_j=0 \tag{9}$$
$$b_ia_j+(a_i+d_i)b_j+b_id_j=0 \tag{10}$$
$$c_ia_j+(a_i+d_i)c_j+c_id_j=0 \tag{11}$$
$$c_ib_j+b_ic_j+2d_id_j=0 \tag{12}$$

这四个式子,为了对 $a_j,b_j,c_j,d_j$ 不全为零成立,必有

$$\begin{vmatrix} 2a_i & c_i & b_i & 0 \\ b_i & a_i+d_i & 0 & b_i \\ c_i & 0 & a_i+d_i & c_i \\ 0 & c_i & b_i & 2d_i \end{vmatrix}=0$$

简化左边的行列式而得

$$4(a_id_i-b_ic_i)(a_i+d_i)^2=0$$

由于 $a_id_i-b_ic_i\neq 0$,必有

$$a_i+d_i=0$$

又同样必得

$$a_j+d_j=0$$

反之,合并这个结果,适合上面的式(10)(11),另一方面从式(9)或(12)得

$$2a_ia_j+b_ic_j+b_jc_i=0$$

于是对 $k=-1$ 的情形得到

$$\left.\begin{aligned} a_i+d_i=0,a_j+d_j=0 \\ 2a_ia_j+b_ic_j+b_jc_i=0 \end{aligned}\right\} \tag{13}$$

且这个满足式(9)(10)(11)(12).

故为了使 $s_is_j=s_js_i$ 成立的充要条件是式(8)或(13),但这种关系对任意两个线性函数是不成立的.于是交换律一般不成立.

**176** 对下列六种线性函数不管怎样结合，其结果常不出这六种以外，即

$$z,\frac{1}{z},1-z,\frac{1}{1-z},\frac{z}{z-1},\frac{z-1}{z}$$

试证之.并对同一个 $z$ 值，这六个函数中至少有两个函数值相等的情形作出讨论.

**证** 令 $f_1(z)=z,f_2(z)=\frac{1}{z},f_3(z)=1-z,f_4(z)=\frac{1}{1-z},f_5(z)=\frac{z}{z-1},f_6(z)=\frac{z-1}{z}$.

把其中每两个结合的结果写成一表，注意左栏的各函数与上栏的各函数结合的结果写于其所在行列的交叉点(如表 2)：

**表 2**

| | $f_1$ | $f_2$ | $f_3$ | $f_4$ | $f_5$ | $f_6$ |
|---|---|---|---|---|---|---|
| $f_1$ | $f_1$ | $f_2$ | $f_3$ | $f_4$ | $f_5$ | $f_6$ |
| $f_2$ | $f_2$ | $f_1$ | $f_6$ | $f_5$ | $f_4$ | $f_3$ |
| $f_3$ | $f_3$ | $f_4$ | $f_1$ | $f_2$ | $f_6$ | $f_5$ |
| $f_4$ | $f_4$ | $f_3$ | $f_5$ | $f_6$ | $f_2$ | $f_1$ |
| $f_5$ | $f_5$ | $f_6$ | $f_4$ | $f_3$ | $f_1$ | $f_2$ |
| $f_6$ | $f_6$ | $f_5$ | $f_2$ | $f_1$ | $f_3$ | $f_4$ |

由此易知这六种函数不论作几次结合，其结果跑不出这六种函数以外，因此这六个函数所成之集关于函数结合法是封闭的.

其次，$f_n=f_j(n,j=1,2,3,4,5,6)$ 的一切 $z$ 值用表 3 表示，但令 $\omega=\frac{1+\sqrt{3}\mathrm{i}}{2},\omega_2=\frac{1-\sqrt{3}\mathrm{i}}{2}(\mathrm{i}^2=-1)$.

**表 3**

| | $f_1$ | $f_2$ | $f_3$ | $f_4$ | $f_5$ | $f_6$ |
|---|---|---|---|---|---|---|
| $f_1$ | | $(1,-1)$ | $\left(\frac{1}{2},\infty\right)$ | $(\omega_1,\omega_2)$ | $(0,2)$ | $(\omega_1,\omega_2)$ |
| $f_2$ | | | $(\omega_1,\omega_2)$ | $\left(\frac{1}{2},\infty\right)$ | $(\omega_1,\omega_2)$ | $(0,2)$ |
| $f_3$ | | | | $(0,2)$ | $(\omega_1,\omega_2)$ | $(1,-1)$ |
| $f_4$ | | | | | $(1,-1)$ | $(\omega_1,\omega_2)$ |
| $f_5$ | | | | | | $\left(\frac{1}{2},\infty\right)$ |
| $f_6$ | | | | | | |

由此得下面的结果：

当 $z=1,-1$ 时：$f_1=f_2,f_3=f_6,f_4=f_5$；

当 $z=0,2$ 时：$f_1=f_5,f_2=f_6,f_3=f_4$；

当 $z=\frac{1}{2},\infty$ 时：$f_1=f_3,f_2=f_4,f_5=f_6$；

当 $z=\omega_1,\omega_2$ 时，$f_1=f_4=f_6,f_2=f_3=f_5$.

**177** 证明：异于恒等变换($w=z$)的任何线性变换至多有两个不动点.

**证** (1) 若是整线性函数 $w=\alpha z+\beta$(即 $c=0$)：

(ⅰ) 当 $z=\infty$ 时，$w=\infty$，所以 $z=\infty$ 是一个不动点；

(ⅱ) 当 $\alpha\neq 1$ 时，由 $z=\alpha z+\beta$ 得 $z=\frac{\beta}{1-\alpha}$，所以 $z=\frac{\beta}{1-\alpha}$ 是一个有限的不动点；

(ⅲ) 当 $\alpha=1$ 时，即 $w=z+\beta$ 时，此时无穷远点可视为两个合并的不动点，这是因为

$$\lim_{\alpha\to 1}\frac{\beta}{1-\alpha}=\infty$$

显然其他的任何点都不是不动点.

(2) 若是一般的线性函数：

$w=f(z)=\frac{az+b}{cz+d}$(即 $c\neq 0,ad-bc\neq 0$)，因为

$$f(\infty)=\frac{a}{c},f\left(-\frac{d}{c}\right)=\infty\quad(c\neq 0)$$

所以 $z=\infty$ 与 $z=-\frac{d}{c}$ 均非不动点.

当 $z\neq\infty$ 与 $-\frac{d}{c}$ 时，解方程

$$z=\frac{az+b}{cz+d}$$

即

$$cz^2-(a-d)z-b=0$$

得

$$z=\frac{a-d+\sqrt{(a-d)^2+4bc}}{2c}$$

即至多有两个根. 因为若 $(a-d)^2+4bc\neq 0$，则得两个相异的有限不动点；若

$(a-d)^2+4bc=0$,则这两点合并为一个有限不动点 $z=\dfrac{a-d}{2c}$.

**178** 求下列线性变换的不动点,并判别变换的类型:

(1)$w=\dfrac{3z-4}{z-1}$;

(2)$w=\dfrac{z}{2-z}$.

**解** (1) 因为 $w=\dfrac{3z-4}{z-1}$,所以

$$w-2=\frac{3z-4}{z-1}-2=\frac{z-2}{z-1}$$

于是

$$\frac{1}{w-2}=\frac{z-1}{z-2}=\frac{1}{z-2}+1$$

所以不动点 $z_0=2$.

由于只有一个不动点,故是抛物式变换.

(2) 因为 $w=\dfrac{z}{2-z}$,所以

$$\frac{1}{w}=\frac{2-z}{z}$$

于是

$$-\frac{1}{w}=\frac{z-2}{z}$$

故有

$$1-\frac{1}{w}=\frac{z-2}{z}+1,\frac{w-1}{w}=2\ \frac{z-1}{z}$$

故不动点是 $z_1=1,z_2=0$,并且 $k=2>0$,所以变换是双曲式变换.

**179** 若 $z$ 与 $w$ 表示同一数平面上的点时,线性函数 $w=\dfrac{az+b}{cz+d}(ad-bc\neq 0,c\neq 0)$ 所确定的映射有两个不变点,设为 $\alpha,\beta$,证明:这时线性函数可改写为下形:

若 $\alpha\neq\beta$:$\dfrac{w-\alpha}{w-\beta}=k\ \dfrac{z-\alpha}{z-\beta},k=\dfrac{a-c\alpha}{a-c\beta}$;

若 $\alpha=\beta$：$\dfrac{1}{w-\alpha}=\dfrac{1}{z-\alpha}+k',k'=\dfrac{2c}{a+d}$.

**证** 因不变点满足 $z=\dfrac{az+b}{cz+d}$，即二次方程

$$cz^2-(a-d)z-b=0\quad(c\neq 0)$$

的两根 $\alpha,\beta$，故

$$c\alpha^2-(a-d)\alpha-b=0\tag{1}$$

$$c\beta^2-(a-d)\beta-b=0\tag{2}$$

由式 (1)，得

$$b-d\alpha=-\alpha(a-c\alpha)$$

由式(2)，得

$$b-d\beta=-\beta(a-c\beta)$$

于是

$$w-\alpha=\frac{az+b}{cz+d}-\alpha=\frac{(a-c\alpha)z+b-d\alpha}{cz+d}=\frac{(a-c\alpha)(z-\alpha)}{cz+d}\tag{3}$$

$$w-\beta=\frac{(a-c\beta)(z-\beta)}{cz+d}$$

故当 $\alpha\neq\beta$ 时，线性函数可变形为

$$\frac{w-\alpha}{w-\beta}=k\frac{z-\alpha}{z-\beta}\quad\left(k=\frac{a-c\alpha}{a-c\beta}\right)\tag{4}$$

当 $\alpha=\beta$ 时，由式(3) 得

$$\begin{aligned}\frac{1}{w-\alpha}&=\frac{1}{a-c\alpha}\,\frac{cz+d}{z-\alpha}\\&=\frac{1}{a-c\alpha}\left(c+\frac{d+c\alpha}{z-\alpha}\right)\\&=\frac{d+c\alpha}{a-c\alpha}\cdot\frac{1}{z-\alpha}+\frac{c}{a-c\alpha}\end{aligned}$$

但此时由于

$$\alpha=\frac{a-d}{2c}$$

$$d+c\alpha=a-c\alpha,\frac{c}{a-c\alpha}=\frac{2c}{a+d}$$

故

$$\frac{1}{w-\alpha}=\frac{1}{z-\alpha}+k'\quad\left(k'=\frac{2c}{a+d}\right)$$

**注** 此式亦可由式(4) 导出. 为此把式(4) 变形为

$$1+\frac{\beta-\alpha}{w-\beta}=k\left(1+\frac{\beta-\alpha}{z-\beta}\right)$$

所以

$$\frac{1}{w-\beta}=\frac{k}{z-\beta}+\frac{k-1}{\beta-\alpha}$$

于是令 $\beta\to\alpha$，而有

$$k=\frac{a-c\alpha}{a-c\beta}\to 1$$

$$\frac{k-1}{\beta-\alpha}=\frac{c}{a-c\beta}\to\frac{c}{a-c\alpha}=k'$$

故有

$$\frac{1}{w-\alpha}=\frac{1}{z-\alpha}+k'$$

再有，前面讨论均设 $c\neq 0$，对于 $c=0$ 的情形，所设线性函数变为

$$w=\frac{a}{d}z+\frac{b}{d}\quad(a,d\neq 0)\tag{5}$$

这时设不变点为 $\alpha$，则

$$\alpha=\frac{a}{d}\alpha+\frac{b}{d}\tag{6}$$

当 $a\neq d$ 时：$\alpha=\dfrac{b}{d-a}$.

由式(5)－(6)，得线性函数可变形为

$$w-\alpha=\frac{a}{d}(z-\alpha)\quad(a,d\neq 0)$$

这里 $\alpha$ 是有限远处的唯一不动点，另一不动点(设为 $\beta$) 是无限远点，这样看，上式亦可由式(4) 令 $c\to 0,\beta\to\infty$ 而得. 因由式(4) 得

$$\frac{w-\alpha}{z-\alpha}=k\,\frac{w-\beta}{z-\beta}\tag{7}$$

此处 $k=\dfrac{a-c\alpha}{c-c\beta}=\dfrac{a-c\alpha}{d-\dfrac{b}{\beta}}$(因 $b-d\beta=-\beta(a-c\beta)$).

所以当 $c\to 0,\beta\to\infty$ 时，由于

$$k\to\frac{a}{d},\frac{w-\beta}{z-\beta}\to 1$$

故得

$$w-\alpha=\frac{a}{d}(z-\alpha)$$

最后,当 $c=0,a=d,b\neq 0$ 时,$\alpha=\infty$,此时所给线性函数是

$$w=z+\frac{b}{d}\quad (d\neq 0)$$

特别当 $b=0$ 时,$w=z$,平面上所有点全为不动点.

**180** 于前题 $\alpha\neq\beta$ 时,若考虑过二点 $\alpha,\beta$ 的所有圆的集合,以及到此二点的距离的比为定值的点的轨迹 —— 圆的集合,证明:这两个集合中的圆,经线性变换后仍属同一集合的圆.

特别,当属于同一集合的各圆,求出每一个都变换为其自身的线性函数.

**证** 从

$$\frac{w-\alpha}{w-\beta}=k\frac{z-\alpha}{z-\beta}$$

不考虑 $2\pi$ 的整数倍,得

$$\arg(w-\alpha)-\arg(w-\beta)=\arg(z-\alpha)-\arg(z-\beta)+\arg k$$

如图 49 所示,当 $z$ 画出过 $\alpha,\beta$ 的圆时,$\arg(z-\alpha)-\arg(z-\beta)$ 具有定值,从而由上式知

$$\arg(w-\alpha)-\arg(z-\beta)$$

亦具有定值,故 $w$ 画出过 $\alpha,\beta$ 的圆,从而过 $\alpha,\beta$ 的圆的集合在线性变换下亦属于同一集合的圆.

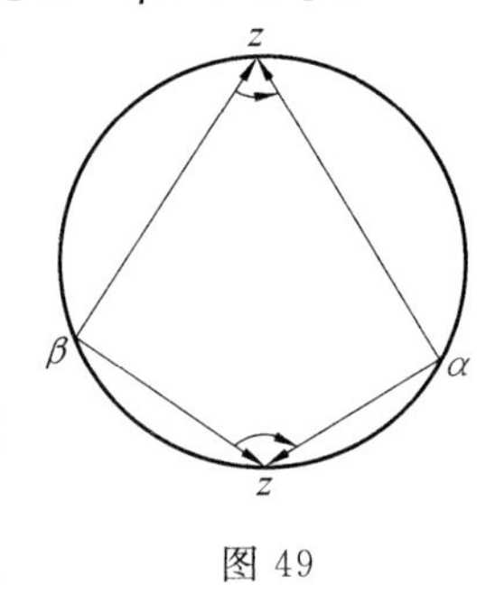

图 49

此时,为了使 $z$ 与 $w$ 所画的圆常是同一个的充要条件是 $\arg k=0$ 或 $\pi$(当 $\arg k=0$ 时,$z$ 与 $w$ 画出相同弧;当 $\arg k=\pi$ 时,画出相互共轭的弧),即 $k$ 为实数.

又由同一式,得

$$\frac{|w-\alpha|}{|w-\beta|}=|k|\frac{|z-\alpha|}{|z-\beta|}$$

故当 $\frac{|z-\alpha|}{|z-\beta|}$ 为定值时,$\frac{|w-\alpha|}{|w-\beta|}$ 亦为定值,即到 $\alpha,\beta$ 二点之距离之比为定值的点的轨迹所组成的集合(圆族)在线性变换下,亦在同一集合里.

此时为使 $z$ 与 $w$ 所画的圆常是同一个的充要条件是 $|k|=1$.

**181** 在前题中若 $\alpha=\beta$,考虑于点 $\alpha$ 相切的一切圆的集合,证明:线性变换把这个集合里的圆仍变为该集合里的圆.

特别求出使各圆仍变为其自身的线性变换.

**证** 首先,设过$\alpha$的一条直线为$g$,若$z$画出与$g$切于$\alpha$的任意圆$C_1$,则$z-\alpha$必画出与$C_1$相等的圆$C'_1$,而$C'_1$是与过原点且与$g$平行的直线$g'$相切于原点,因此$\dfrac{1}{z-\alpha}$必画出直线$l_1$,但设$C'_1$关于单位圆的反形为$l'_1$时,$l'_1$关于实轴的对称变换得到$l_1$,另外显然$\dfrac{1}{z-\alpha}+k$画出与$l_1$平行的直线$l_2$(如图50).

其次,如图50所示,设$l_2$关于实轴对称变换得到$l'_2$,$l'_2$关于单位圆的反形设为$C'_2$,显然$C'_2$于原点与$g'$及$C'_2$相切.再于$\alpha$作与$g$相切与$C'_2$相等的圆$C_2$时,则与上同理,当$\dfrac{1}{w-\alpha}$画出$l_2$时,$w$必画出$C_2$.最终得知:若$z$画出圆$C_1$时,$w$必画出与之相切的圆$C_2$,故于点相切的一切圆的集合里的任一圆经线性变换

$$\frac{1}{w-\alpha}=\frac{1}{z-\alpha}+k$$

后仍为同一集合里的圆.

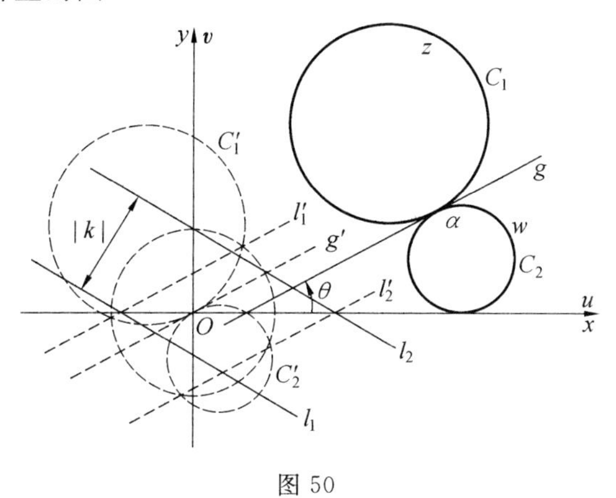


图 50

此时要使该集合的任一圆变换为自己,其充要条件是选$l_1$与$l_2$常重合的$k$值,为此,设以切线$g$与实轴成角$\theta$,则应选如下的$k$

$$\arg k=-\theta \text{ 或 } \pi-\theta$$

此结果还可改写如下

$$\tan(\arg k)=-\tan\theta$$

令$z=x+\mathrm{i}y,\alpha=s+t\mathrm{i},k=p+q\mathrm{i}$,设$g$的方程为$A(x-s)+B(y-t)=0$时,由于

$$\tan(\arg k)=\frac{q}{p}$$

$$\tan\theta=-\frac{A}{B}$$

故

$$Ap=Bq$$

**182** $w_1=\dfrac{1+\mathrm{i}z}{\mathrm{i}+z}=s(z),w_n=s(w_{n-1}),n=2,3,\cdots$ 时,$z$ 平面上的以 1 与 $-1$ 为两端的线段映射为 $w$ 平面上的什么图形?

**解** 利用第 179 题的结果,先求不动点:

设 $z=\dfrac{1+\mathrm{i}z}{\mathrm{i}+z}$,得出不动点

$$\alpha=1,\beta=-1$$

因此

$$k=\frac{\mathrm{i}-1}{\mathrm{i}+1}=\mathrm{i}$$

于是 $w_1=\dfrac{1+\mathrm{i}z}{\mathrm{i}+z}$ 可改写为

$$\frac{w_1-1}{w_1+1}=\mathrm{i}\,\frac{z-1}{z+1}$$

因此

$$\frac{w_n-1}{w_n+1}=\mathrm{i}\,\frac{w_{n-1}-1}{w_{n-1}+1}=\mathrm{i}^2\,\frac{w_{n-2}-1}{w_{n-2}+1}=\cdots=\mathrm{i}^n\,\frac{z-1}{z+1}$$

于是得出 $n$ 个函数 $s$ 结合的结果所成的线性函数 $w_n$ 与 $z$ 的关系

$$\frac{w_n-1}{w_n+1}=\mathrm{i}^n\,\frac{z-1}{z+1}\tag{1}$$

于此关系中,$z$ 平面上的线段的端点 1 与 $-1$ 仍为不动点. 而线段依式(1)映射到 $w_n$ 平面上的象,由线性变换的保圆性知,必为直线或圆的一部分,今求线段中点 $z=0$ 的象,即

$$\frac{w_n-1}{w_n+1}=-\mathrm{i}^n$$

故

$$w^n=\frac{1-\mathrm{i}^n}{1+\mathrm{i}^n}$$

设 $m$ 为任意整数,则当 $n=4m$ 时,$w_n=0$,故在 $w_{4m}$ 平面上的象仍为以 1 与

$-1$ 为端点的线段(如图 51(a));

当 $n=4m+1$ 时,$w_n=-\mathrm{i}$,故在 $w_{4m+1}$ 平面上为单位圆的下部(如图 51(b));

当 $n=4m+2$ 时,$w_n=\infty$,故在 $w_{4m+2}$ 平面上为实轴上去掉以 1 与 $-1$ 为端点的开线段后的两半直线(如图 51(c));

当 $n=4m+3$ 时,$w_n=\mathrm{i}$,故在 $w_{4m+3}$ 平面上为单位圆的上半部(如图 51(d)).

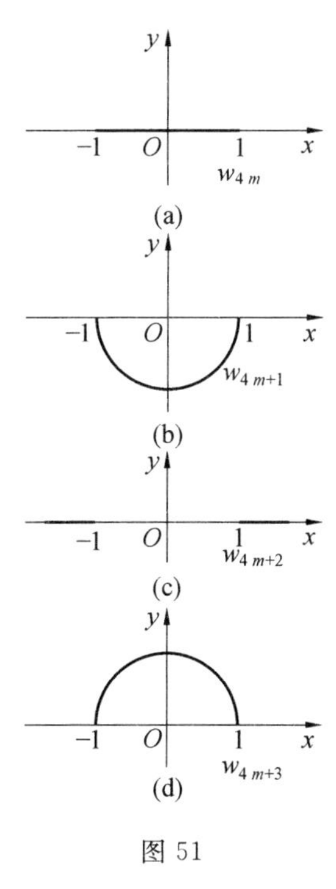


图 51

**183** 设 $w_1=s(z)$ 为任意的线性函数,$w_n=s(w_{n-1})$ 时,试讨论 $\lim\limits_{n\to\infty} w_n$.

**解** 设 $s(z)=\dfrac{az+b}{cz+d}$,$ad-bc\neq 0$,分如下四种情形讨论:

(1) 当 $c\neq 0$,有相异有限不动点 $\alpha$ 与 $\beta$ 时:由前知 $z$ 与 $\omega_n$ 的关系可写为

$$\frac{w_n-\alpha}{w_n-\beta}=k^n\frac{z-\alpha}{z-\beta},k=\frac{a-c\alpha}{a-c\beta}\neq 1$$

于是当 $|k|>1$ 时,若 $n\to\infty$,$k^n\dfrac{z-\alpha}{z-\beta}\to\infty$(限于 $z\neq\alpha$),因此 $w_n-\beta\to$

0. 所以

$$\lim_{n\to\infty} w_n = \beta$$

当 $|k|<1$ 时,若 $n\to\infty$,$k^n\dfrac{z-\alpha}{z-\beta}\to 0$(限于 $z\neq\beta$ 时),因此 $w_n-\alpha\to 0$.
所以

$$\lim_{n\to\infty} w_n = \alpha$$

当 $|k|=1$ 时,由所设,由于 $k=\dfrac{a-c\alpha}{a-c\beta}\neq 1$,虽 $n\to\infty$,因此$\dfrac{w_n-\alpha}{w_n-\beta}$不趋于一定的值,所以$\lim\limits_{n\to\infty} w_n$ 不存在,实际上此时

$$\frac{|w_n-\alpha|}{|w_n-\beta|}=\frac{|z-\alpha|}{|z-\beta|}$$

$z$ 与 $w$ 常在以 $\alpha,\beta$ 为反点的同圆周上,与 $n$ 增大的同时,$w_n$ 只是在同一圆周上巡回,不趋向任何点.

(2) 当 $c\neq 0$,有重合的不动点 $\alpha$ 的情形,$z$ 与 $w_n$ 的关系可写为

$$\frac{1}{w_n-\alpha}=\frac{1}{z-\alpha}+nk,k=\frac{2c}{a+d}\neq 0$$

当 $n\to\infty$ 时,$\dfrac{1}{z-\alpha}+nk\to\infty$(限于 $z\neq\alpha$ 时),因此 $w_n-\alpha\to 0$,所以

$$\lim_{n\to\infty} w_n = \alpha$$

(3) 当 $c=0,a\neq d$ 的情形:此时一个不动点是 $\infty$,设另一有限不动点为 $\alpha$,则

$$w_n-\alpha=k^n(z-\alpha),k=\frac{a}{d}\neq 1$$

所以如情况(1),同样地可得:

当 $|k|>1$ 时:$\lim\limits_{n\to\infty} w_n=\infty$;

当 $|k|<1$ 时:$\lim\limits_{n\to\infty} w_n=\alpha$;

当 $|k|=1$ 时:$\lim\limits_{n\to\infty} w_n$ 不存在,此时 $z$ 与 $w_n$ 常在以 $\alpha$ 为心的同一圆周上.

(4) 当 $c=0,a=d$ 时:此时两个不动点都是 $\infty$,则

$$w_n=z+\frac{nb}{d}$$

所以当 $n\to\infty$ 时,若 $b\neq 0$,则$\lim\limits_{n\to\infty} w_n=\infty$;若 $b=0$ 时,由于 $w_n=z$,仍有$\lim\limits_{n\to\infty} w_n=z$.

**184** 相同的线性函数重复若干次结合的结果若回到原来的线性函数本身时,称这个线性函数是周期的.

证明:有两个有限不动点 $\alpha,\beta$ 的线性函数 $w=f(z)$

$$\frac{w-\alpha}{w-\beta}=k\frac{z-\alpha}{z-\beta}\quad(\alpha\neq\beta)$$

是周期的充要条件是 $k$ 为 1 的整数次方根.

**证** 令 $w=s(z)$,设 $s$ 重复 $m$ 次结合的结果回到原来的 $s$ 时($\overbrace{ss\cdots s}^{m+1}(z)$ 记以 $s^{m+1}(z)$),即

$$s^{m+1}(z)=s(z)\tag{1}$$

因此,必有

$$s^{m}(z)=z\tag{2}$$

另一方面,由题设知

$$\frac{s(z)-\alpha}{s(z)-\beta}=k\frac{z-\alpha}{z-\beta}$$

$$\frac{s^{m}(z)-\alpha}{s^{m}(z)-\beta}=k\frac{s^{m-1}(z)-\alpha}{s^{m-1}(z)-\beta}$$

于是,有

$$\frac{s^{m}(z)-\alpha}{s^{m}(z)-\beta}=k^{m}\frac{z-\alpha}{z-\beta}\tag{3}$$

把式(2) 代入,便得

$$k^{m}=1\tag{4}$$

反之,把式(4) 代入式(3) 可得式(2),从而得式(1).

若 $k$ 是 1 的固有的 $m$ 重根时,将 $s$ 重复进行结合.经 $m$ 次必开始回到原来的 $s$,不然的话,可以小于 $m$ 次回到原来的 $s$.特别地,当 $k=1$ 时,不管结合几次常是 $s$.

**185** 下面的线性函数是周期的吗?

(1)$w=-\dfrac{z+1}{z}$;

(2)$w=\dfrac{(3-\mathrm{i})z-4}{2z-(3+\mathrm{i})}$.

**解** (1) 设 $z=-\dfrac{z+1}{z}$,得不动点$\dfrac{-1\pm\sqrt{3}\mathrm{i}}{2}$,记其为 $\omega,\omega^2$,则

$$k=\frac{1+\omega}{1+\omega^2}=\omega$$

故 $k$ 是 1 的固有立方根,故(1) 为周期线性函数,由三次结合可以回到原先的

函数.

(2) 不动点为 1,2,因此 $k=\mathrm{i}$(1 的固有四次根),故所给函数是周期的,经四次还原.

**186** 试写出一个把单位圆变成自己的线性变换,使它的重点是 $\frac{1}{2}$,2,并把点 $\frac{5}{4}+\frac{3}{4}\mathrm{i}$ 变到无穷远.

**解** 由具重点 $z_1\neq z_2$ 的线性变换的标准形知

$$\frac{w-z_1}{w-z_2}=k\frac{z-z_1}{z-z_2}$$

设 $z_1=\frac{1}{2}$,$z_2=2$,则

$$\frac{w-\frac{1}{2}}{w-2}=k\frac{z-\frac{1}{2}}{z-2}$$

今利用条件 $z=\frac{5}{4}+\frac{3}{4}\mathrm{i}$ 时 $w=\infty$ 以定 $k$,由上式得

$$1=k\frac{\frac{5}{4}+\frac{3}{4}\mathrm{i}-\frac{1}{2}}{\frac{5}{4}+\frac{3}{4}\mathrm{i}-2}$$

故

$$k=\mathrm{i}$$

于是所求为

$$\frac{w-\frac{1}{2}}{w-2}=\mathrm{i}\frac{z-\frac{1}{2}}{z-2}$$

**187** 作出一个把上半平面变成单位圆的线性变换,使它把实轴上的点 $-1,0,1$ 变成圆周上的点 $1,\mathrm{i},-1$.

**解** 设 $w=\frac{az+b}{cz+d}=\frac{\frac{a}{d}z+\frac{b}{d}}{\frac{c}{d}z+1}$(设 $d\neq 0$).

已知 $z_1=-1,z_2=0,z_3=1$,且 $w_1=1,w_2=\mathrm{i},w_3=-1$,代入求解,可得

$$\frac{a}{d}=-1,\frac{b}{d}=\mathrm{i},\frac{c}{d}=-\mathrm{i}$$

所以所求为

$$w=\frac{-z+\mathrm{i}}{-\mathrm{i}z+1}=\frac{z-\mathrm{i}}{\mathrm{i}z-1}$$

**188** 证明:固定原点的平面到平面的保存距离的映射(称为等距(isometry)映射),不是一个旋转就是一个旋转之后再来一个关于 $x$ 轴的反射(reflection).

**证** 设 $f$ 是所设的一个映射,因 $f$ 是保存距离,且 $f(0)=0$,$f$ 必保存模,我们有

$$|f(z)-f(1)|^2=|f(z)|^2+|f(1)|^2-2\mathrm{Re}\, f(z)\overline{f(1)}$$

$$|z-1|^2=|z|^2+|1|^2-2\mathrm{Re}\, z$$

因此对任意的 $z$,有:

(1)$\mathrm{Re}\, f(z)\overline{f(1)}=\mathrm{Re}\, z$;

对 $z=\mathrm{i}$,给出

$$\mathrm{Re}\, f(\mathrm{i})\overline{f(1)}=\mathrm{Re}\,\mathrm{i}=0$$

因 $|f(\mathrm{i})|=|f(1)|=1$.故有

$$\mathrm{Im}\, f(\mathrm{i})\overline{f(1)}=\pm 1$$

因此

$$f(\mathrm{i})=\pm\mathrm{i}f(1)$$

类似地,有

$$|f(z)-f(\mathrm{i})|^2=|f(z)|^2+|f(\mathrm{i})|^2-2\mathrm{Re}\, f(z)\overline{f(\mathrm{i})}$$

$$|z-\mathrm{i}|^2=|z|^2+|\mathrm{i}|^2-2\mathrm{Re}\, z\overline{\mathrm{i}}$$

(2)$\pm\mathrm{Im}\, f(z)\overline{f(1)}=\pm\mathrm{Re}\, f(z)\mathrm{i}\overline{f(1)}=\mathrm{Re}\, f(z)\overline{f(\mathrm{i})}=\mathrm{Re}\, z\mathrm{i}=\mathrm{Im}\, z$.

联合(1)与(2),我们得

$$f(z)\overline{f(1)}=z\text{ 或 }\bar{z}$$

因此

$$f(z)=f(1)z\text{ 或 }f(1)\bar{z}$$

**189** 证明以下论断:

(1)一般线性变换 $w=\dfrac{az+b}{cz+d}$ 可以化为形状

$$w=\frac{\alpha z+\beta}{rz+\delta}$$

其中

$$\begin{vmatrix} \alpha & \beta \\ r & \delta \end{vmatrix} = 1$$

(2) 若 $\alpha+\delta$ 是实数,则当 $|\alpha+\delta|=2$ 时,变换是抛物式的;当 $|\alpha+\delta|<2$ 时,变换是椭圆式的;当 $|\alpha+\delta|>2$ 时,变换是双曲式的;

(3) 若 $\mathrm{Im}(\alpha+\delta)\neq 0$,则变换是斜驶式的.

**证明** (1) 由于在线性变换 $w=\dfrac{az+b}{cz+d}$ 中,$\begin{vmatrix} a & b \\ c & d \end{vmatrix}=P\neq 0$,所以

$$w=\frac{az+b}{cz+d}=\frac{\frac{a}{\sqrt{P}}z+\frac{b}{\sqrt{P}}}{\frac{c}{\sqrt{P}}z+\frac{d}{\sqrt{P}}}=\frac{\alpha z+\beta}{rz+\delta}\quad(\sqrt{P}\text{ 可取任一值})$$

其中

$$\alpha=\frac{a}{\sqrt{P}},\beta=\frac{b}{\sqrt{P}},r=\frac{c}{\sqrt{P}},\delta=\frac{d}{\sqrt{P}}$$

则

$$\begin{vmatrix} \alpha & \beta \\ r & \delta \end{vmatrix}=\begin{vmatrix} \frac{a}{\sqrt{P}} & \frac{b}{\sqrt{P}} \\ \frac{c}{\sqrt{P}} & \frac{d}{\sqrt{P}} \end{vmatrix}=\left(\frac{1}{\sqrt{P}}\right)^2\cdot P=1$$

(2) 若 $\alpha+\delta$ 是实数,我们还可设 $\alpha+\delta\geqslant 0$(否则用 $-1$ 乘分子,分母即得).

(i) 当 $\alpha+\delta=2$ 时:

a) 若 $r=0$,由 $\begin{vmatrix} \alpha & \beta \\ r & \delta \end{vmatrix}=1$,得

$$\alpha\delta=1$$

于是可得

$$\alpha=\delta=1$$

故

$$w=z+\beta$$

这显然是抛物式的变换.

b) 若 $r\neq 0$,则不动点不为 $\infty$,令 $z$ 为有限的不动点,即

$$z=\frac{\alpha z+\beta}{rz+\delta}$$

于是

$$rz^2+(\delta-\alpha)z-\beta=0$$

故

$$z=\frac{\alpha-\delta+\sqrt{(\alpha-\delta)^2+4r\beta}}{2r}$$

因为

$$\alpha\delta-\beta r=1$$

所以

$$\beta r=\alpha\delta-1$$

故

$$(\alpha-\delta)^2+4r\beta=(\alpha-\delta)^2+4\alpha\delta-4=(\alpha+\delta)^2-4=0$$

两根重合,故不动点只有一个,所以变换是抛物式的.

（ⅱ）当 $\alpha+\delta<2$ 时,由（ⅰ）中 b) 知,两根不重合,而有两个相异的不动点 $z_1,z_2$.故变换可写为标准形式

$$\frac{w-z_1}{w-z_2}=k\frac{z-z_1}{z-z_2}\quad (z_1,z_2\text{ 皆为有限})$$

或

$$w-z_1=k(z-z_1)\quad (z_2=\infty)$$

其中

$$k=\frac{\alpha+\delta-\sqrt{(\alpha-\delta)^2+4\beta r}}{\alpha+\delta+\sqrt{(\alpha-\delta)^2+4\beta r}}\quad (z_1,z_2\text{ 皆为有限})$$

或

$$k=\frac{\alpha}{\delta}\quad (z_2=\infty)$$

在第一种情形,由于

$$k=\frac{\alpha+\delta-\sqrt{(\alpha-\delta)^2+4(\alpha\delta-1)}}{\alpha+\delta+\sqrt{(\alpha-\delta)^2+4(\alpha\delta-1)}}=\frac{\alpha+\delta-\sqrt{(\alpha+\delta)^2-4}}{\alpha+\delta+\sqrt{(\alpha+\delta)^2-4}}$$

又 $\alpha+\delta$ 为实数且小于 2,所以这里分子、分母是互相共轭的复数,故

$$|k|=1\quad (k\neq 1)$$

所以变换是椭圆式变换.

当 $k=\dfrac{\alpha}{\delta}$ 时($z_2=\infty$),此时必有 $r=0$(否则点 $\infty$ 不是不动点),于是

$$\alpha\delta=1$$

令

$$\alpha+\delta=2-m \quad (m=2-(\alpha+\delta)>0)$$

有

$$\alpha(2-m-\alpha)=1$$

即

$$\alpha^2-(2-m)\alpha+1=0$$

所以

$$\alpha=\frac{(2-m)+\sqrt{(2-m)^2-4}}{2}$$

由于

$$\delta=\frac{1}{\alpha},\ |k|^2=k\cdot\bar{k}=\alpha^2\bar{\alpha}^2=\alpha\cdot\bar{\alpha}\cdot\alpha\cdot\bar{\alpha}=1$$

故 $|k|=1$，且 $k\neq 1$，所以变换是椭圆式的.

(ⅲ) 当 $\alpha+\delta>2$ 时，由(ⅱ)知

$$k=\frac{\alpha+\delta-\sqrt{(\alpha+\delta)^2-4}}{\alpha+\delta+\sqrt{(\alpha+\delta)^2-4}}$$

为正实数，所以变换是双曲式变换.

当 $k=\frac{\alpha}{\delta}(z_2=\infty)$，此时可令

$$\alpha+\delta=2+m \quad (m>0)$$

同(ⅱ)一样方法可得

$$\alpha=\frac{2+m+\sqrt{(2+m)^2-4}}{2}>0$$

故

$$k=\frac{\alpha}{\delta}=\alpha^2>0$$

所以变换是双曲式的.

(3) 当 $\operatorname{Im}(\alpha+\delta)\neq 0$.

(ⅰ) 若 $r=0$，则 $\alpha\delta=1$，因而 $\alpha\neq\delta$.

这是因为只有当 $\alpha+\delta=\pm 2$ 时，即 $\operatorname{Im}(\alpha+\delta)=0$ 时，才可能有 $\alpha=\delta$ $(=\pm 1)$，从而有

$$w=\frac{\alpha z+\beta}{\delta}$$

则有两个不动点，一个是有限，另一个是 $\infty$，此时

$$k=\frac{\alpha}{\delta}=\frac{|\alpha|\mathrm{e}^{\mathrm{i}\varphi_1}}{|\delta|\mathrm{e}^{\mathrm{i}\varphi_2}}=\left|\frac{\alpha}{\delta}\right|\mathrm{e}^{\mathrm{i}(\varphi_1-\varphi_2)}$$

因为 $\mathrm{Im}(\alpha+\delta)\neq 0$,所以

$$\varphi_1-\varphi_2\neq 2k\pi$$

否则,由于 $\alpha\delta=1$,有

$$|\alpha|\cdot|\delta|=1,\varphi_1+\varphi_2=0$$

故

$$\varphi_1=-\varphi_2=k\pi$$

于是,$\alpha$ 和 $\delta$ 是实数.

所以得 $\mathrm{Im}(\alpha+\delta)=0$,矛盾.

下面证明 $\left|\frac{\alpha}{\delta}\right|\neq 1$.

反设 $\left|\frac{\alpha}{\delta}\right|=1$. 由 $|\alpha|\cdot|\delta|=1$,知

$$|\alpha|=|\delta|=1$$

但

$$\begin{aligned}\mathrm{Im}(\alpha+\delta)&=\sin\varphi_1+\sin\varphi_2\\&=2\sin\frac{\varphi_1+\varphi_2}{2}\cos\frac{\varphi_1-\varphi_2}{2}\neq 0\end{aligned}$$

所以,$\varphi_1+\varphi_2\neq 2k\pi$. 这与 $\alpha\delta=1$ 矛盾.

故有

$$k=\frac{\alpha}{\delta}=\left|\frac{\alpha}{\delta}\right|\mathrm{e}^{\mathrm{i}(\varphi_1-\varphi_2)}=r\mathrm{e}^{\mathrm{i}\varphi}$$

其中 $r\neq 1,\varphi\neq 0$.

所以变换是斜驶式的.

(ⅱ)若 $r\neq 0$,则

$$k=\frac{\alpha+\delta-\sqrt{(\alpha-\delta)^2+4\beta r}}{\alpha+\delta+\sqrt{(\alpha-\delta)^2+4\beta r}}=\frac{\alpha+\delta-\sqrt{(\alpha+\delta)^2-4}}{\alpha+\delta+\sqrt{(\alpha+\delta)^2-4}}$$

此时 $k$ 的分母和分子的乘积为4(因分子、分母中的根式都只取一个值,且使分子、分母中两个根式的值异号),即分母的幅角与分子的幅角之和为 $2n\pi$(即 $\varphi_1+\varphi_2=2n\pi$),若 $n$ 为正实数,则 $\varphi_1=\varphi_2+2n_1\pi$,这时必然有 $\varphi_1=\varphi_2=n\pi$. 但分子、分母都不是实数,因为设 $\alpha+\delta=x_0+\mathrm{i}y_0(y_0\neq 0)$,则

$$(\alpha+\delta)^2-4=x_0^2-y_0^2-4+2x_0y_0\mathrm{i}$$

所以

$$\operatorname{Im}(\sqrt{(\alpha+\delta)^2-4})=\pm\sqrt{\frac{\sqrt{(x_0^2-y_0^2-4)^2+4x_0^2y_0^2}-(x_0^2-y_0^2-4)}{2}}$$

$$y_0=\pm\sqrt{\frac{\sqrt{(x_0^2-y_0^2)^2+4x_0^2y_0^2}-(x_0^2-y_0^2)}{2}}$$

两者的绝对值不相等(如果相等,则必然 $y_0=0$),于是 $\varphi_1$ 和 $\varphi_2$ 都不能等于 $n\pi$,则 $n$ 不能是正实数.

又若 $a,b$ 为两复数,则 $\left|\frac{a-b}{a+b}\right|=1$ 的充要条件是 $\operatorname{Re}(\bar{a}b)=0$.

若 $a=x_1+\mathrm{i}y_1, b=x_2+\mathrm{i}y_2$,则

$$\operatorname{Re}(\bar{a}b)=x_1x_2+y_1y_2$$

又因 $\alpha+\delta$ 和 $\sqrt{(\alpha+\delta)^2-4}$ 都不能是实数,也都不是零,所以要使 $|k|=1$,必须 $x_0$ 和 $y_0$ 以及 $\sqrt{(\alpha+\delta)^2-4}$ 的实部和虚部都不为零,而且

$$\frac{y_0}{x_0}=-\frac{\operatorname{Re}(\sqrt{(\alpha+\delta)^2-4})}{\operatorname{Im}(\sqrt{(\alpha+\delta)^2-4})}$$

但

$$\frac{\operatorname{Re}(\sqrt{(\alpha+\delta)^2-4})}{\operatorname{Im}(\sqrt{(\alpha+\delta)^2-4})}=\frac{\pm\sqrt{\frac{\sqrt{(x_0^2-y_0^2-4)^2+4x_0^2y_0^2}+(x_0^2-y_0^2-4)}{2}}}{\pm\sqrt{\frac{\sqrt{(x_0^2-y_0^2-4)^2+4x_0^2y_0^2}-(x_0^2-y_0^2-4)}{2}}}$$

$$=\pm\frac{\sqrt{(x_0^2-y_0^2-4)^2+4x_0^2y_0^2}+(x_0^2-y_0^2-4)}{2x_0y_0}$$

令此式为 $A$,得方程

$$A^2-\frac{x_0^2-y_0^2-4}{x_0y_0}A-1=0$$

但无论 $A=\frac{y_0}{x_0}$,还是 $A=-\frac{y_0}{x_0}$,都不是此方程的根.所以 $|k|\neq 1$.

故 $k=r\mathrm{e}^{\mathrm{i}\varphi}$ 且 $r\neq 1,\varphi\neq 0$.所以变换是斜驶式的.

**190** 证明:每一对合线性变换是椭圆变换.

**证** 设线性变换为

$$w=\frac{az+b}{cz+d}$$

由题设知这是对合变换,故

$$z=\frac{aw+b}{cw+d}$$

于是得到方程组

$$\begin{cases}czw - az + dw - b = 0\\ czw + dz - aw - b = 0\end{cases}$$

设 $z$ 为非不动点，即 $w \neq z$.

两式相减，得

$$-az + dw + aw - dz = 0$$

即

$$(a+d)(w-z) = 0$$

所以

$$a + b = 0$$

于是

$$\frac{a}{\sqrt{P}} + \frac{d}{\sqrt{P}} = \frac{a}{\sqrt{ad-bc}} + \frac{d}{\sqrt{ad-bc}} = 0 \quad \text{（参见第 189 题）}$$

即

$$\alpha + \beta = 0 < 2$$

由第 189 题(2)(ⅰ)中的 b) 知变换是椭圆变换.

**191** 证明：椭圆变换的下列性质：

(1) 正交于过两不动点的圆周的任意一个圆周，变成自身，并保持环绕方向；

(2) 联结不动点的圆弧变成联结不动点的圆弧，且与第一个圆弧构成角 $\alpha(\alpha = \arg k)$.

**证** 椭圆变换的标准形式为

$$\frac{w-z_1}{w-z_2} = k\frac{z-z_1}{z-z_2}$$

或

$$w - z_1 = k(z - z_1) \quad (z_2 = \infty)$$

其中 $k = e^{i\alpha}(\alpha \neq 0)$.

以下只对 $z_1$ 与 $z_2$ 均为有限的情形加以讨论.

(1) 考虑辅助变换

$$\xi = \frac{w-z_1}{w-z_2}, \zeta = \frac{z-z_1}{z-z_2}$$

将 $z, w$ 视为同一平面上的点，$\xi, \zeta$ 也视为同一平面上的点. 于是，$\xi$ 与 $\zeta$ 的关系为

$$\xi=\mathrm{e}^{\mathrm{i}\alpha}\zeta \quad (\alpha\neq 0)$$

这是一个旋转,所以在 $\zeta$ 平面上任何一个圆周 $k:|\zeta|=R$,仍变成自己;过 $\zeta=0$ 的直线 $l$,则变为过 $\xi=\zeta=0$ 的另一直线 $l'$.

因为当 $\zeta=0$ 与 $\zeta=\infty$ 时,相应地即是 $z=z_1$ 与 $z=z_2$.

所以 $z$ 平面上对应于圆周 $k$ 的是圆周 $c$,对应于直线 $l$ 的是过 $z_1$ 与 $z_2$ 的圆周 $\Gamma$,并且 $c$ 与 $\Gamma$ 正交(由保圆性与保角性知).

这即是与过 $z_1,z_2$ 的圆周 $\Gamma$ 正交的任一圆周 $c$,在变换 $\zeta=\dfrac{z-z_1}{z-z_2}$ 下变成了 $\zeta$ 平面上的圆周 $k:|\zeta|=R$,再经过变换 $\xi=\mathrm{e}^{\mathrm{i}\alpha}\zeta$ 之后,仍变成圆周:$|\xi|=R$. 因而通过 $\xi=\dfrac{w-z_1}{w-z_2}$ 逆回去到 $z$ 平面($w$ 平面)时,仍是原来的圆周 $c$,而且环绕方向不变. 否则

$$\xi=\frac{w-z_1}{w-z_2},\zeta=\frac{z-z_1}{z-z_2}$$

把 $z$ 平面不同的环绕方向的一圆周 $c$,变成了 $\zeta$ 平面上不同环绕方向的圆周 $k$. 因而 $\xi=\mathrm{e}^{\mathrm{i}\alpha}\zeta$ 改变了 $k$ 的环绕方向,这是不可能的,因为旋转不会改变环绕方向的.

(2) 联结不动点 $z_1$ 与 $z_2$ 的任一圆弧 $L$,通过 $\zeta=\dfrac{z-z_1}{z-z_2}$ 变成由 $\zeta=0$ 出发的射线 $L_\zeta$,再经过变换 $\xi=\mathrm{e}^{\mathrm{i}\alpha}\zeta$ 变成另一条由 $\xi=\zeta=0$ 出发的射线 $L_\xi$. 由于旋转 $\alpha$ 角,所以 $L_\zeta$ 与 $L_\xi$ 的夹角为 $\alpha=\arg k$. 现在通过变换

$$\zeta=\frac{z-z_1}{z-z_2},\xi=\frac{w-z_1}{w-z_2}$$

分别将 $L_\zeta$ 与 $L_\xi$ 逆回到 $z$ 平面上,则 $L_\zeta$ 仍变成 $L$,而 $L_\xi$ 变成一个通过点 $z_1$ 与 $z_2$ 的圆弧 $L'$,将 $L$ 映射为 $L'$ 可由 $w=f(z)=\dfrac{az+b}{cz+d}$ 来完成. 由保角性知,$L$ 与 $L'$ 在点 $z_1$ 处的夹角为 $\alpha=\arg k$.

**192** 将上半平面映射成单位圆,使点 $z=h\mathrm{i}(h>0)$ 变成圆心,试求实轴的线段 $[0,a](a>0)$ 的象 $\Gamma$ 的长,并对很小的 $\dfrac{a}{h}$ 或 $\dfrac{h}{a}$,求出 $\Gamma$ 长度的近似公式.

**解** 将上半平面变成单位圆的映射为

$$w=f(z)=\mathrm{e}^{\mathrm{i}\alpha}\frac{z-\beta}{z-\bar{\beta}} \quad (\mathrm{Im}\,\beta>0)$$

由于 $f(hi)=0$,所以

$$\beta=hi,\bar{\beta}=-hi$$

于是

$$w=e^{i\alpha}\frac{z-hi}{z+hi}\quad (h>0)$$

对于实轴上的点,即 $z=x$ 时,有

$$w=e^{i\alpha}\frac{x-hi}{x+hi}=e^{i\alpha}e^{-i2\arctan\frac{h}{x}}=e^{i(\alpha-2\arctan\frac{h}{x})}$$

这是由 $x-hi$ 与 $x+hi$ 共轭及商的幅角公式而推得.

所以 $\Gamma$ 的参数方程为

$$\begin{cases}u=\cos\left(\alpha-2\arctan\dfrac{h}{x}\right)\\ v=\sin\left(\alpha-2\arctan\dfrac{h}{x}\right)\end{cases}\quad (0\leqslant x\leqslant a)$$

设 $L$ 为 $\Gamma$ 的长,则

$$L=\int_0^a\sqrt{u'^2_x+v'^2_x}\,dx=\int_0^a\frac{2h}{x^2+h^2}dx=2\arctan\frac{a}{h}$$

当 $\frac{a}{h}$ 很小时,则由泰勒展开式得

$$\arctan\frac{a}{h}=\frac{a}{h}+o\left[\left(\frac{a}{h}\right)^2\right]$$

所以

$$L=\frac{2a}{h}+o\left[\left(\frac{a}{h}\right)^2\right]$$

当 $\frac{h}{a}$ 很小时,有

$$\arctan\frac{a}{h}=\frac{\pi}{2}-\arctan\frac{h}{a}=\frac{\pi}{2}-\frac{h}{a}+o\left[\left(\frac{h}{a}\right)^2\right]$$

所以

$$L=\pi-\frac{2h}{a}+o\left[\left(\frac{h}{a}\right)^2\right]$$

**193** 试将以原点为圆心,1 为半径的上半圆映射到上半平面.

**解** 先把线段$[-1,1]$变换到正实轴,使点 $z=-1,1$ 映射成 $w=0,\infty$.为此,令

$$w_1=-\frac{z+1}{z-1}$$

则 $z=-1,0,1$,映射为 $w_1=0,1,\infty$. 故知$[-1,1]$变换到了 $w_1$ 平面上的正实轴.

当 $z$ 在上半单位圆周上时(逆时针从 1 到 $-1$),$z=\mathrm{e}^{\mathrm{i}\varphi}(0\leqslant\varphi\leqslant\pi)$,这时

$$w_1=-\frac{\mathrm{e}^{\mathrm{i}\varphi}+1}{\mathrm{e}^{\mathrm{i}\varphi}-1}=-\frac{\mathrm{e}^{\mathrm{i}\frac{\varphi}{2}}+\mathrm{e}^{-\mathrm{i}\frac{\varphi}{2}}}{\mathrm{e}^{\mathrm{i}\frac{\varphi}{2}}-\mathrm{e}^{-\mathrm{i}\frac{\varphi}{2}}}=-\frac{2\cos\frac{\varphi}{2}}{2\mathrm{i}\sin\frac{\varphi}{2}}=\mathrm{i}\frac{1}{\tan\frac{\varphi}{2}}$$

显然 $w_1$ 在虚轴上,当 $\varphi$ 由 0 增加到 $\pi$ 时,$w_1$ 自上而下,由 $\infty$ 沿虚轴到 0,所以 $z$ 的上半单位圆映射到 $w_1$ 平面的第一象限.

再令

$$w=w_1^2$$

则 $w=w_1^2=\left(\frac{z+1}{z-1}\right)^2$ 即为所求(如图 52).

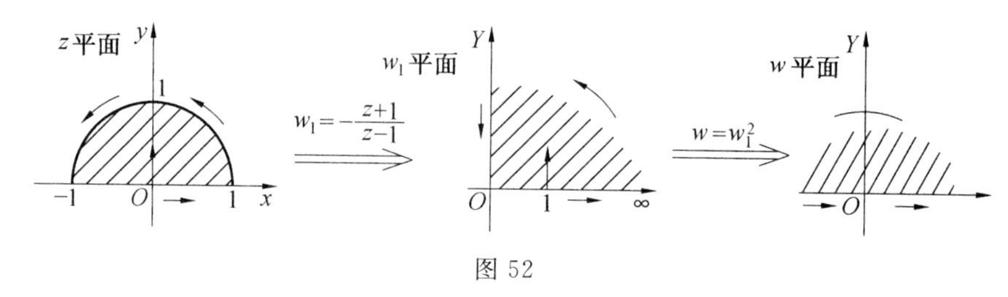


图 52

**194** $z$ 平面上的单位圆的上半部($|z|\leqslant1,y\geqslant0$)由 $w=\left(\frac{z+1}{z-1}\right)^2$ 映射为 $w$ 平面的上半部.

**解** 由所设式子得

$$|w|=\left|\frac{z+1}{z-1}\right|^2,\arg w=2\arg\left(\frac{z+1}{z-1}\right)$$

因此,当 $z$ 在单位圆的上半部时(如图 53(a))

$$0\leqslant\left|\frac{z+1}{z-1}\right|\leqslant\infty$$

$$-\pi\leqslant\arg\left(\frac{z+1}{z-1}\right)\leqslant-\frac{\pi}{2}$$

因而对 $w$ 有

$$0\leqslant|w|\leqslant\infty,-2\pi\leqslant\arg w\leqslant-\pi$$

故点 $w$ 在 $w$ 平面的上半部(如图 53(b)).

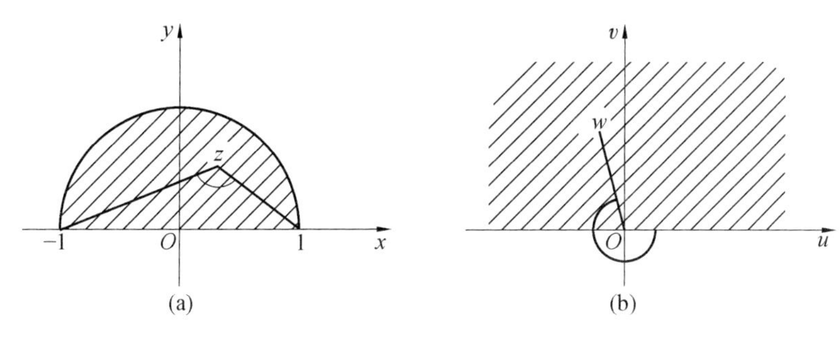


图 53

**195** 从上题的结果，由函数 $w=\left(\frac{z^n+1}{z^n-1}\right)^2$ 求出映射为 $w$ 平面的上半部的 $z$ 平面上的区域.

**解** 设 $z'=z^n$. 则映射为 $z'$ 平面上的单位圆的上半部的 $z$ 平面上的区域应为所求，因此由上式得

$$|z'|=|z|^n$$

所以

$$|z|=\sqrt[n]{|z'|}$$

$$\arg z'=n\arg z$$

所以

$$\arg z=\frac{\arg z'+2k\pi}{n}\quad (k\ 为整数)$$

当 $z'$ 在单位圆的上半部时：

因 $0\leqslant|z'|\leqslant 1, 0\leqslant\arg z'\leqslant\pi$，故得

$$0\leqslant|z|\leqslant 1, \frac{2k\pi}{n}\leqslant\arg z\leqslant\frac{(2k+1)\pi}{n}$$

反之亦然.

故把 $z$ 平面上的单位圆的中心角分为 $2n$ 等分时，所得的扇形，每隔一个取一扇形中的任一个即是所求区域（如图 54）.

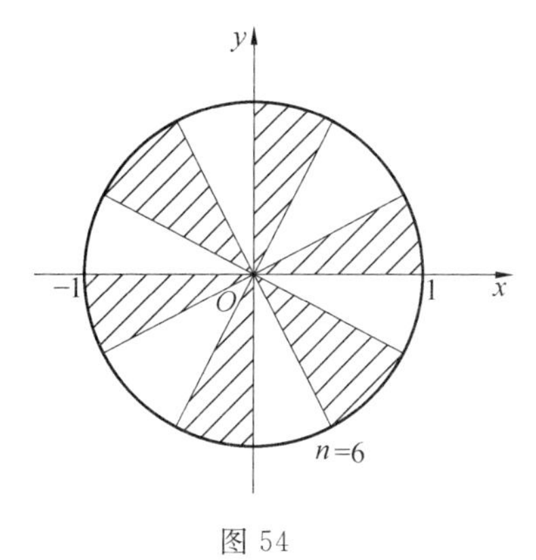


图 54

**196** $z$ 平面上两个圆弧交于 $a,b$ 两点，且其交角为 $\theta$，其间所夹的区域（圆弧二角形）由函数

$$w=c\left(\frac{z-a}{z-b}\right)^{\frac{\pi}{\theta}}\quad (c\ 为适当常数)$$

的一个值映射为 $w$ 平面的上半部.

**解**　由所给的式子,知

$$|w|=|c|\left|\frac{z-a}{z-b}\right|^{\frac{\pi}{\theta}} \tag{1}$$

及若 $w$ 的任意一分支设为 $w_k$ 时,得到

$$\arg w_k=\frac{\pi}{\theta}\left[\arg\left(\frac{z-a}{z-b}\right)+2k\pi\right]+\arg C \tag{2}$$

此处的 $k$ 为自然数.

如图 55 所示,考察圆弧二角形 $ac_1bc_2$,于顶点 $a$ 二圆弧的切线 $t_1at'_1$,$t_2at'_2$ 所夹的角 $tat_2$ 设为 $\theta(>0)$,圆弧 $ac_1b$ 所含的角设为 $\alpha(>0)$.

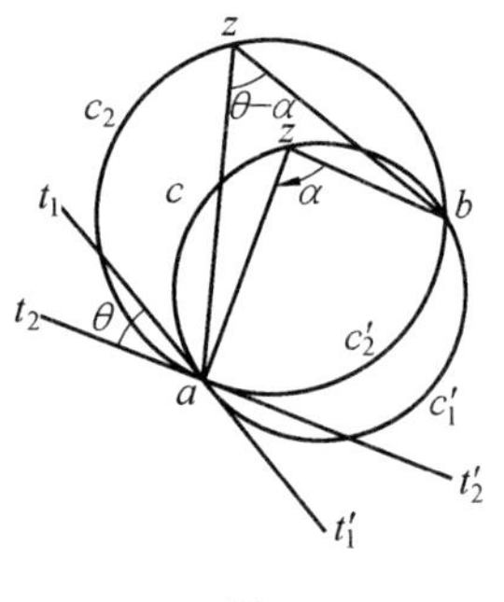

图 55

若点 $z$ 在这个圆弧二角形的内部或边界上时,因为

$$0\leqslant\left|\frac{z-a}{z-b}\right|\leqslant\infty$$

$$-\alpha\leqslant\arg\left(\frac{z-a}{z-b}\right)\leqslant\theta-\alpha$$

所以由式(1)及(2),得

$$0\leqslant|w_k|\leqslant\infty$$

$$-\frac{\pi(\alpha-2k\pi)}{\theta}+\arg C\leqslant\arg w_k\leqslant\pi-\frac{\pi(\alpha-2k\pi)}{\theta}+\arg C$$

故点 $w$ 在上半平面上.

**197** 设有函数

$$w=\frac{1}{2}(z+\frac{1}{z}) \tag{1}$$

(1) 试证:$w$ 为 $z$ 之解析函数;

(2) 设 $z=\rho(\cos\theta+\mathrm{i}\sin\theta)$. 把 $w$ 之实、虚部分表为 $\rho,\theta$ 之函数,并指出当 $\rho$ 为常数时,在 $w$ 平面上所对应的曲线;

(3) 化式(1)为 $\frac{w-1}{w+1}=\left(\frac{z-1}{z+1}\right)^2$ 形式,并指出当 $z$ 描过点 $-1$ 与

$+1$ 的一圆时 $w$ 所描之曲线.

**解** (1) 设 $z=\rho e^{i\theta}$, $w=u+iv$. 则

$$w=\frac{1}{2}\left(z+\frac{1}{z}\right)$$
$$=\frac{1}{2}\left(\frac{z^2+1}{z}\right)$$
$$=\frac{1}{2}\left[\frac{\rho^2 e^{2i\theta}+1}{\rho e^{i\theta}}\right]$$
$$=\frac{1}{2}\left[\frac{1+\rho^2}{\rho}\cos\theta+i\sin\theta\cdot\frac{\rho^2-1}{\rho}\right]$$

所以

$$u=\frac{1}{2}\left(\rho+\frac{1}{\rho}\right)\cos\theta, v=\frac{1}{2}\left(\rho-\frac{1}{\rho}\right)\sin\theta$$

容易验证满足极坐标形式的 C-R 方程

$$\frac{\partial u}{\partial\theta}=-\rho\frac{\partial v}{\partial\rho}, \frac{\partial u}{\partial\rho}=\frac{1}{\rho}\frac{\partial v}{\partial\theta}$$

所以 $w$ 为 $z$ 的解析函数.

今考查其一一对应条件:由 $z_1+\frac{1}{z_1}=z_2+\frac{1}{z_2}$,可得

$$(z_1-z_2)\left(1-\frac{1}{z_1 z_2}\right)=0$$

故当 $z_1\neq z_2$ 时,则 $z_1 z_2=1$,故映射(1) 将且只将那些使得 $z_1 z_2=1$ 的点粘连在一起. 因此式(1) 在某域中一一对应的条件是:$D$ 中不包含适合 $z_1 z_2=1$ 的二点.

(2)
$$u=\frac{1}{2}\left(\rho+\frac{1}{\rho}\right)\cos\theta, v=\frac{1}{2}\left(\rho-\frac{1}{\rho}\right)\sin\theta$$

当 $\rho$ 为常数时,即 $z$ 平面上的圆周 $|z|=\rho$,在 $w$ 平面上的对应曲线为由上二式消去 $\theta$ 而得

$$\frac{u^2}{\left[\frac{1}{2}\left(\rho+\frac{1}{\rho}\right)\right]^2}+\frac{v^2}{\left[\frac{1}{2}\left(\rho-\frac{1}{\rho}\right)\right]^2}=1$$

此为半轴是 $a_\rho=\frac{1}{2}\left(\rho+\frac{1}{\rho}\right)$, $b_\rho=-\frac{1}{2}\left(\rho-\frac{1}{\rho}\right)$,焦点在$(\pm 1,0)$ 的椭圆(设 $\rho<1$, 则 $\rho-\frac{1}{\rho}$ 为负),由式(2) 可见,当顺着正向环绕 $|z|=\rho$ 时,所对应的椭圆,其环绕方向是负的,当 $\rho\to 0$ 时,半轴 $a_\rho\to\infty$, $b_\rho\to\infty$,且 $a_\rho-b_\rho=\rho\to 0$,因而椭圆逐渐增大,以致圆化;当 $\rho\to 1^-$ 时,半轴 $a_\rho\to 1$ 而 $b_\rho\to 0$,因而椭圆

逐渐地缩小为线段$[-1,+1]$,这样式(1)将圆$|z|=\rho<1$一一对应地映射为$u$轴的线段$[-1,1]$的外部.圆周$|z|=1$对应二重线段$[-1,1]$,而点$-1$与$1$保持不变,上半圆周变为线段的下岸,因$\rho\to 1^-$与$\theta\to\frac{\pi}{2}$时,$u\to 0,v=0$;下半圆周变为其上岸(如图56).

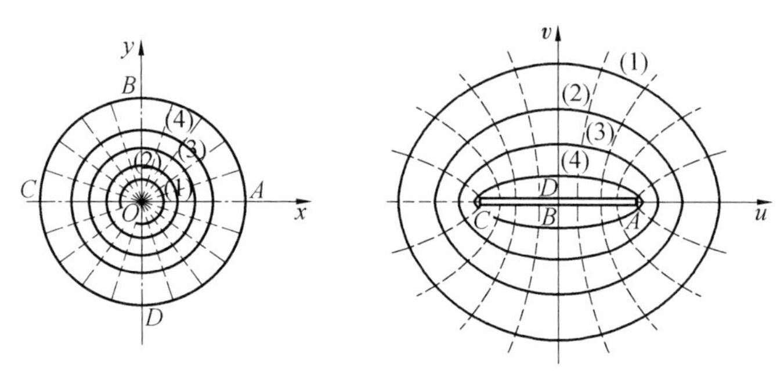


图 56

由式(2)还知,圆$|z|=\rho>1$经式(1)映射为半轴

$$a_\rho=\frac{1}{2}\left(\rho+\frac{1}{\rho}\right),b_\rho=\frac{1}{2}\left(\rho-\frac{1}{\rho}\right)$$

的椭圆,与上述椭圆相同,不过是按正向环绕而已.当$\rho\to 1^+$时,$a_\rho\to 1,b_\rho\to 0$,因而椭圆缩为线段$[-1,1]$;当$\rho\to\infty$时,$a_\rho\to\infty,b_\rho\to\infty$,且$a_\rho-b_\rho=\frac{1}{\rho}\to 0$,因而椭圆增大,变为圆;与圆周$|z|=1$对应的也是(二重的)线段$[-1,1]$,且上半圆变为其上岸,而下半圆变为下岸,于是式(1)一一对应地将圆的外部$|z|>1$映射为线段$[-1,1]$的外部.

若$\theta=$常数,即与圆直交的半射线$\arg z=\theta$.在$w$平面中的对应曲线为由式(2)中消去$\rho$而得

$$\frac{u^2}{\cos^2\theta}-\frac{v^2}{\sin^2\theta}=1$$

为一与椭圆直交的共焦点$(\pm 1,0)$双曲线族.

(3)
$$\frac{w-1}{w+1}=\frac{\frac{1}{2}\left(z+\frac{1}{z}\right)-1}{\frac{1}{2}\left(z+\frac{1}{z}\right)+1}=\frac{z^2-2z+1}{z^2+2z+1}=\left(\frac{z-1}{z+1}\right)^2$$

若不计$2\pi$的整数倍,有

$$\arg\left(\frac{w-1}{w+1}\right)=2\arg\left(\frac{z-1}{z+1}\right)$$

故过点1与$-1$作圆$B'BP$时(设圆心为$T$,如图57),则当$z$沿此圆走时,设其

圆周角为 $\alpha$,即

$$\arg\left(\frac{z-1}{z+1}\right)=\alpha$$

则

$$\arg\left(\frac{w-1}{w+1}\right)=2\alpha$$

故 $w$ 描出过点 1 与 $-1$,且圆周角为 $2\alpha$ 的圆,此圆过点 $T$(因 $OB'\cdot OB=OP\cdot OP'_1$,而 $OB=OB'=1$,故 $OP=\dfrac{1}{OP'_1}$. 设 $\overline{OP}=z$,则 $\overline{OP_1}=\dfrac{1}{z}$,$\dfrac{1}{z}$ 与 $z$ 还可以交换一个走下圆弧,另一走上圆弧).

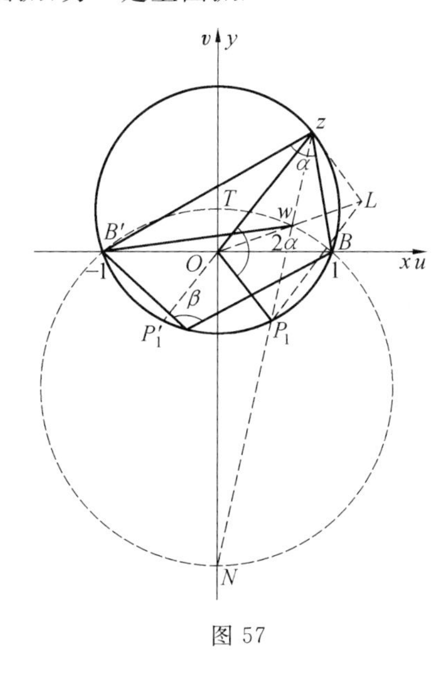


图 57

**198** 设 $w=\cos z$,求出 $z$ 平面上的半带形区域 $0\leqslant x\leqslant\pi, y\geqslant 0$ 在 $w$ 平面上的对应区域,并指出当 $z$ 描出平行于 $Ox$ 或 $Oy$ 的线段时,$w$ 所描之曲线.

**解** 令 $z=x+\mathrm{i}y, w=u+\mathrm{i}v$. 则

$$u+\mathrm{i}v=\cos(x+\mathrm{i}y)=\frac{\mathrm{e}^{y}+\mathrm{e}^{-y}}{2}\cos x-\mathrm{i}\,\frac{\mathrm{e}^{y}-\mathrm{e}^{-y}}{2}\sin x$$

所以

$$\begin{cases} u=\dfrac{e^{y}+e^{-y}}{2}\cos x \\ v=-\dfrac{e^{y}-e^{-y}}{2}\sin x \end{cases} \tag{1}$$

当 $z$ 描过射线 $AO$ 时：$x=0$，$y$ 由 $\infty$ 变至 0，而对应的：$v=0$，$u$ 由 $\infty$ 变至 1.

当 $z$ 描过线段 $OB$ 时：$y=0$，$x$ 从 0 变至 $\pi$，此时 $v=0$，$u$ 由 1 变至 $-1$.

当 $z$ 描过射线 $BA'$ 时：$x=\pi$，$y$ 由 0 变至 $\infty$，此时 $v=0$，$u$ 由 $-1$ 变至 $\infty$.

故半带形之周界对应 $w$ 平面之实轴(如图 58(a)).

又由 $0\leqslant x\leqslant\pi$，$y\geqslant 0$，知

$$\sin x\geqslant 0$$

与

$$\frac{e^{y}-e^{-y}}{2}\geqslant 0$$

于是

$$v=-\frac{e^{y}-e^{-y}}{2}\sin x\leqslant 0$$

故对应区域为 $w$ 平面的下半平面(如图 58(b)).

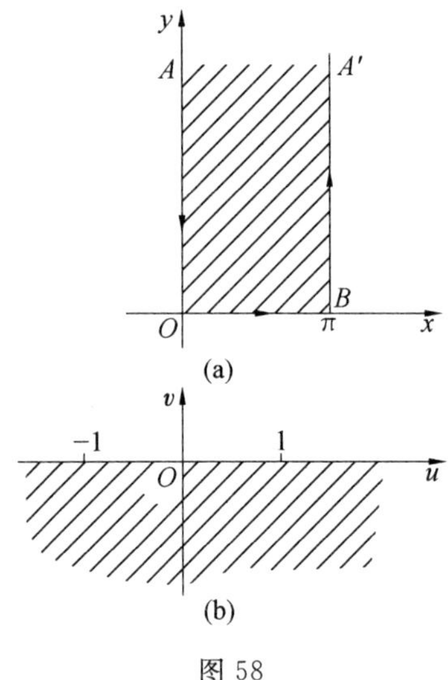


图 58

又设 $z$ 描过平行于 $Ox$ 的线段时($0\leqslant x\leqslant\pi$，$y=c>0$)，则由式(1)消去 $x$ 而得

$$\frac{4u^{2}}{(e^{c}+e^{-c})^{2}}+\frac{4v^{2}}{(e^{c}-e^{-c})^{2}}=1$$

为下半平面的一族半椭圆，如图 59 所示.

当 $z$ 描过平行于 $Oy$ 的射线时($0 \leqslant y < +\infty, 0 \leqslant x = c \leqslant \pi$),由式(1)消去 $y$ 得

$$\frac{u^2}{\cos^2 c} - \frac{v^2}{\sin^2 c} = 1$$

为一族半双曲线($v \leqslant 0$),如图 59 所示.

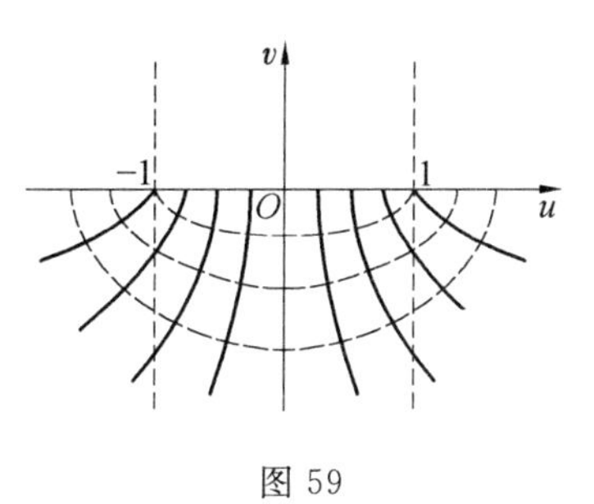

图 59

**199** 试把从中心起沿实轴上的半径剪开了的单位圆映射成上半平面.

**解** 如图 60 所示,先把从中心起沿实轴上的半径剪开了的单位圆映射成半圆,为此取

$$w' = \sqrt{z} \quad (z = \mathrm{e}^{\mathrm{i}\theta}, w' = \mathrm{e}^{\mathrm{i}\phi})$$

再把半圆映成上半平面,应取

$$w = \left(-\frac{w'+1}{w'-1}\right)^2 = \left(\frac{w'+1}{w'-1}\right)^2$$

故所求为

$$w = \left(\frac{\sqrt{z}+1}{\sqrt{z}-1}\right)^2$$

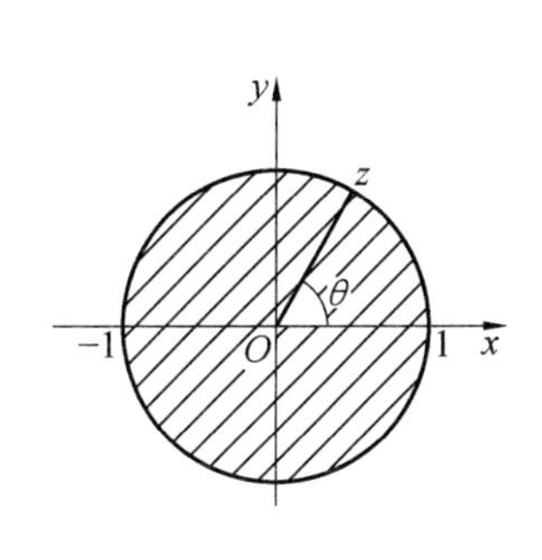

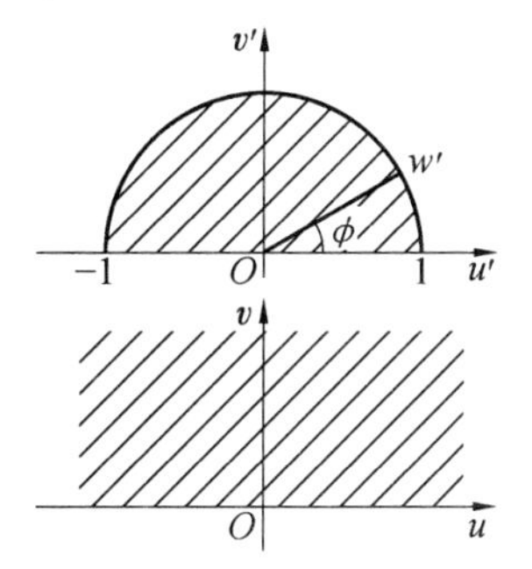

图 60

**200** 求把半圆 $|z| < 1, \mathrm{Im}\, z > 0$ 映射到上半平面的映射.

**解** 线性函数能将半圆周变为半直线,使直径仍保持为直线,为此只需将直径的一个端点化为 $\infty$ 即可,因而取

$$\omega = \frac{z+1}{z-1}$$

此时,如图 61 所示,直径 $AC$ 变为包含点 $z=0$ 的象 $\omega = -1$ 的那个半实轴,即负半轴,半圆周 $ABC$ 也变为半轴 $O\infty$,即变为与实轴垂直而包含 $z=\mathrm{i}$ 的象

$\omega=\frac{\mathrm{i}+1}{\mathrm{i}-1}=-\mathrm{i}$ 的那个半轴，即负实轴. $\omega$ 平面上的域应当在路 $ABC$ 的左方，因而它是第三象限 $\pi<\arg\omega<\frac{3\pi}{2}$，再作 $w=\omega^2$ 即得所求

$$w=\omega^2=\left(\frac{z+1}{z-1}\right)^2 \qquad (1)$$

另外，$w=\frac{1}{2}\left(z+\frac{1}{z}\right)$ 把所给的半圆变为下半平面，因而

$$W=-\frac{1}{2}\left(z+\frac{1}{z}\right) \qquad (2)$$

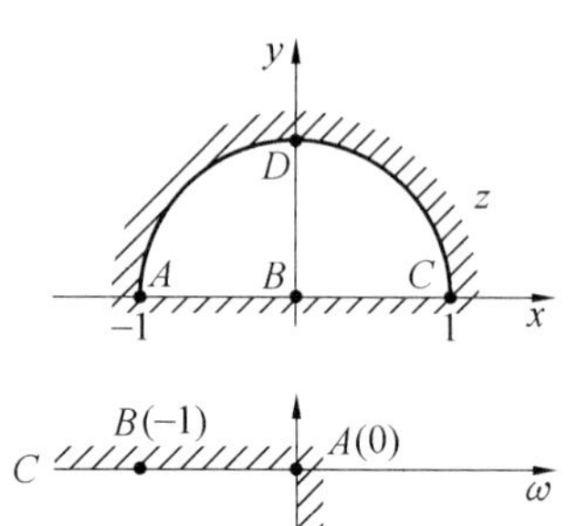


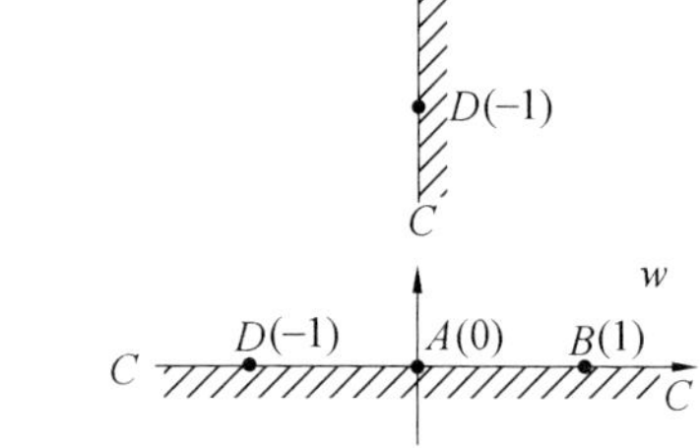




图 61

亦为所求，但式(2) 所建立的点的对应关系：$A\leftrightarrow 1,B\leftrightarrow\infty,C\leftrightarrow -1,D\leftrightarrow 0$ 与式(1) 所建立的点的对应关系：$A\leftrightarrow 0,B\leftrightarrow 1,C\leftrightarrow\infty,D\leftrightarrow -1$ 不同，若作一个补充映射，把半平面 $\operatorname{Im} w>0$ 映射为半平面 $\operatorname{Im} W>0$，而将点 $w=0,1,\infty$ 变为点 $W=1,\infty,-1$ 的线性变换

$$W=\frac{1+w}{1-w}$$

把式(1) 代入此式，得

$$W=\frac{1+\left(\frac{z+1}{z-1}\right)^2}{1-\left(\frac{z+1}{z-1}\right)^2}=-\frac{1}{2}\left(z+\frac{1}{z}\right)$$

故式(1) 与(2) 实际上只差一个分式线性变换.

**201** 求由上半平面中除去半圆 $|z|<1,\operatorname{Im} z>0$ 与射线 $y>2$，$x=0$ 后所成的区域到半平面的映射.

**解** 如图 62 所示，先用 $w=\frac{1}{2}\left(z+\frac{1}{z}\right)$ 把半圆周变成线段，并不“歪曲”境界的其他部分形状；又 $w=w^2$ 把这个域变为割去两条射线的平面；再用线段变换

$$w=\frac{w_1+\frac{9}{16}}{w_1}=1+\frac{9}{16w_1}$$

把它变为割去正半轴的平面；最后再由 $W=\sqrt{w_2}$ 把它变为上半平面，结合的

结果得

$$W=\frac{\sqrt{4z^4+17z^2+4}}{2\sqrt{z^2+1}}$$

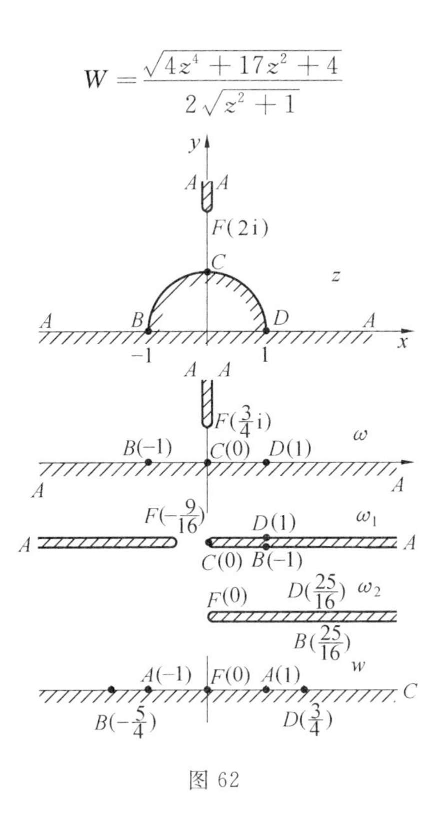


图 62

**202** 求将如图 63 所示的月牙域映射为带域 $0<\operatorname{Im} w<h$ 的映射.

**解** 先用线性函数

$$\omega=\frac{z+a}{z-a}$$

将月牙域变为扇形域,再借助于对数的分支

$$\omega_1=\ln\omega=\ln|\omega|+\mathrm{i}\arg\omega\quad(0\leqslant\arg\omega<2\pi)$$

变为宽 $\beta$ 的带域

$$\pi+\alpha<\operatorname{Im}\omega_1<\pi+\alpha+\beta$$

经第一个映射后,点 $B=\mathrm{i}a\tan\dfrac{\alpha}{2}$ 变为点 $-(\cos\alpha+\mathrm{i}\sin\alpha)$,经第二个映射后,变为点 $\omega_1=(\pi+\alpha)\mathrm{i}$;点 $A,C$ 经第二个映射后落到带域的端点;最后再用线性映射将带域变为已知域

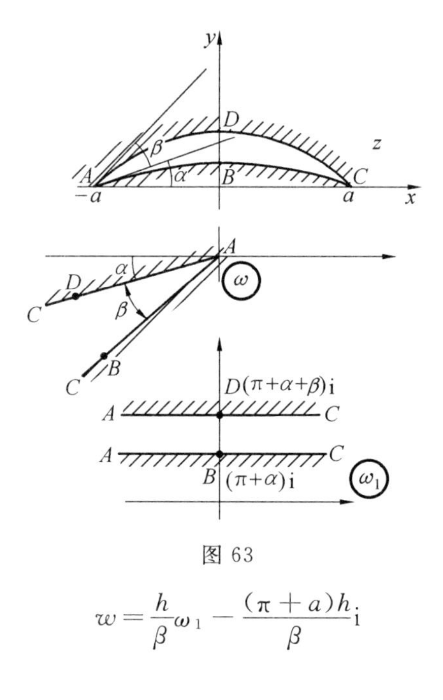


图 63

$$w=\frac{h}{\beta}\omega_1-\frac{(\pi+a)h}{\beta}\mathrm{i}$$

所以最后得

$$w=\frac{h}{\beta}\left[\ln\frac{z+a}{z-a}-(\pi+a)\mathrm{i}\right]$$

**203** 求把抛物线 $y^2=2px$ 的外部(不含焦点的域)映射为半平面的映射.

解　$w=\sqrt{\xi}$ 将抛物线 $\xi=\frac{\eta^2}{4\alpha^2}-\alpha^2$ 变为直线 $\mathrm{Im}\,w=\alpha$;取 $\alpha=\sqrt{\frac{p}{2}}$,则得抛物线 $\eta^2=2p\left(\xi+\frac{p}{2}\right)$;取 $\xi=z-\frac{p}{2}$,则抛物线变为已知的,$y^2=2px$;剩下命 $W=w-\sqrt{\frac{p}{2}}\mathrm{i}$ 即可.

最后,得

$$W=\sqrt{z-\frac{p}{2}}-\sqrt{\frac{p}{2}}\mathrm{i}$$

**204** 将椭圆 $\frac{x^2}{25}+\frac{y^2}{16}=1$ 的外部映射为单位圆的外部.

解　变为 $\xi=\frac{7}{3}$,我们就得到焦点为 $\pm 1$ 的椭圆;经映射 $\xi=$

$\frac{1}{2}\left(\omega+\frac{1}{\omega}\right)$后，与它对应的是圆周$|\omega|=3$；令$\omega=3w$，则得单位圆周.

所以最后得

$$w=\frac{z+\sqrt{z^2-9}}{9}$$

**205** 函数$w=z-\frac{z^2}{4}$把域：双纽线$(x^2+y^2)[(x-4)^2+y^2]=16$的左半所围，变成什么域？此时，与$w$平面的极坐标所对应的是什么？

答　圆$|w|<1$；与圆周$|w|=\rho$对应的是双纽线$(x^2+y^2)[(4-x)^2+y^2]=16\rho^2$，与射线$\arg w=\theta$对应的是双曲线.

**206** 映射$z\to\frac{z}{1+|z|}$给出平面到开圆盘上的一个一一且连续的变换，这是平面的一个有限模型. 求一条直线在这个变换下的象.

解　一条直线若过原点，则变为它自己上的一个线段；直线若不过原点，则变为一个二次曲线在开圆盘内的部分，以直线为准线，原点为焦点，直线到原点的距离与离心率互为倒数，为了看出这点，我们把变换式写为

$$re^{i\theta}\to\frac{re^{i\theta}}{1+r}=r_1e^{i\theta_1}$$

我们仅需考虑直线$y=b,b>0$. 或用极坐标方程$r=b\csc\theta,0<\theta<\pi$. 因

$$r=\frac{r_1}{1-r_1},\theta=\theta_1$$

故直线的象为

$$r_1=\frac{b}{b+\sin\theta_1}=\frac{1}{1-b^{-1}\sin\theta_1}$$

正如我们开始所陈述的.

**207** 设变数$z$描绘圆$|z|=1$，求点$w=\frac{z^2-az}{az-1}$描绘的路线，这里$a$为复参数.

解　对单位圆$|z|=1$上的点用$\frac{az-1}{z}$去乘，则可把变换式写为

$$wa - w\bar{z} = z - a$$

令 $z = x + \mathrm{i}y, w = u + \mathrm{i}v, a = A + \mathrm{i}B$,代入分离实、虚部可得

$$(u+1)x + vy = (u+1)A - vB$$

$$vx - (u-1)y = vA + (u+1)B$$

假定 $B \neq 0$,则这个方程组产生

$$x = A + \frac{2Bv}{u^2 + v^2 - 1}, y = -B - \frac{2B(u+1)}{u^2 + v^2 - 1}$$

因此圆 $x^2 + y^2 = 1$ 在所给变换下变为

$$(u^2 + v^2 - 1)^2 = [A(u^2 + v^2 - 1) + 2Bv]^2 + B^2[(u^2 + v^2 - 1) + 2(u+1)]^2$$

作 $T$ 轴垂直于 $w$ 平面,则这个四次式可视为抛物面 $t + 1 = u^2 + v^2$ 与斜锥面 $t^2 = (At + 2Bv)^2 + B^2(t + 2u + 2)^2$ 的交线在 $w$ 平面上的垂直投影.

这个四次式亦可逐点构造由选定的参数值 $m$,作出圆 $u^2 + v^2 = 1 + 2mB$ 与$(u + 1 + mB)^2 + (v + mA)^2 = m^2$,它们的交点就在四次式上.

**208** 求一保角映射把下图 64 中的半平面变为单位圆.

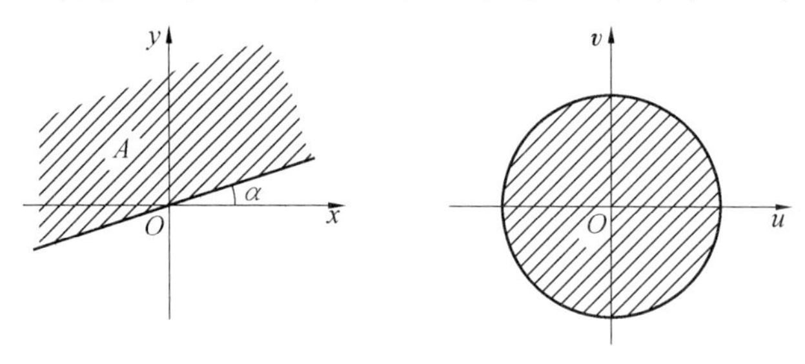


图 64

**解** 考虑 $S(z) = \mathrm{e}^{-\mathrm{i}\alpha}z$,这个映射把区域 $A$ 变为上半平面,再由前一题知,所求变换为

$$T(z) = \frac{\mathrm{e}^{-\mathrm{i}\alpha}z - \mathrm{i}}{\mathrm{e}^{-\mathrm{i}\alpha}z + \mathrm{i}}$$

**209** 试将宽度为 $\pi$ 的半带形(图 65)映射成上半平面.

**解** 如图 66 所示,所以

$$w = \left(\frac{w_3 + 1}{w_3 - 1}\right)^2 = \left(\frac{-w_2 + 1}{-w_2 - 1}\right)^2 = \left(\frac{-\mathrm{e}^{-z} + 1}{-\mathrm{e}^{-z} - 1}\right)^2 = \left(\frac{\mathrm{e}^{-z} - 1}{\mathrm{e}^{-z} + 1}\right)^2$$

即为所求的变换.

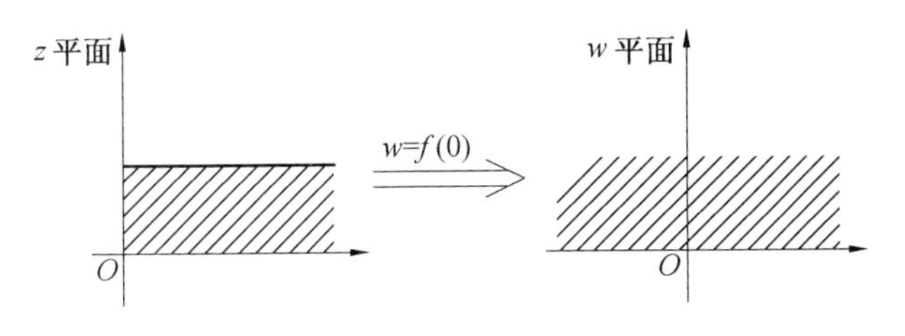


图 65

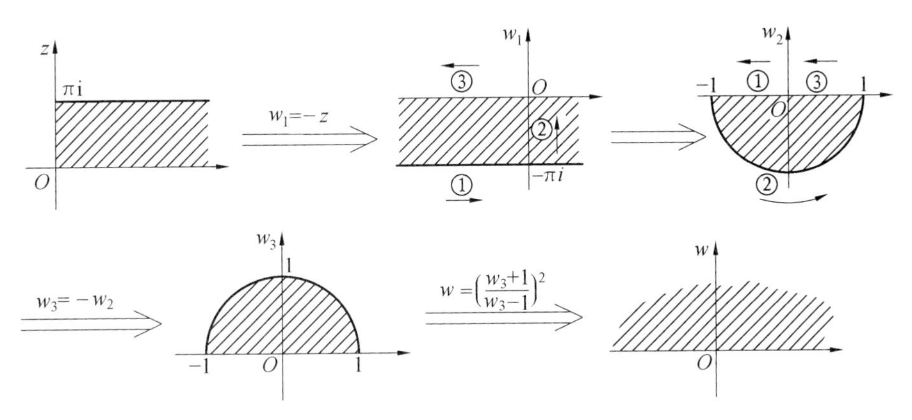


图 66

**210** 试将如图 67 所示的区域 $G$,映射到上半平面.

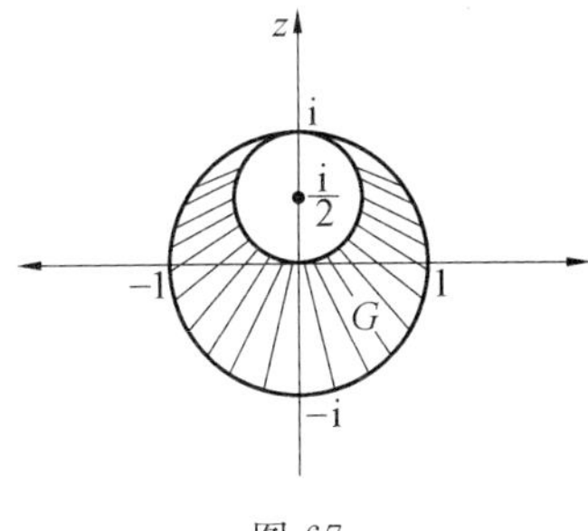


图 67

**解** 先将切点 i 变为 $w_1=\infty$,并将 $z=-\mathrm{i}$ 变为 $w_1=0$.
由线性变换的保圆性知:将两相切的圆周,变为两平行的直线.
故令

$$w_1=-\mathrm{i}\,\frac{z+\mathrm{i}}{z-\mathrm{i}}$$

则有图 68. 所以

$$w=\mathrm{e}^{w_2}=\mathrm{e}^{\pi w_1}=\mathrm{e}^{-\pi\mathrm{i}\frac{z+\mathrm{i}}{z-\mathrm{i}}}$$

即为所求.

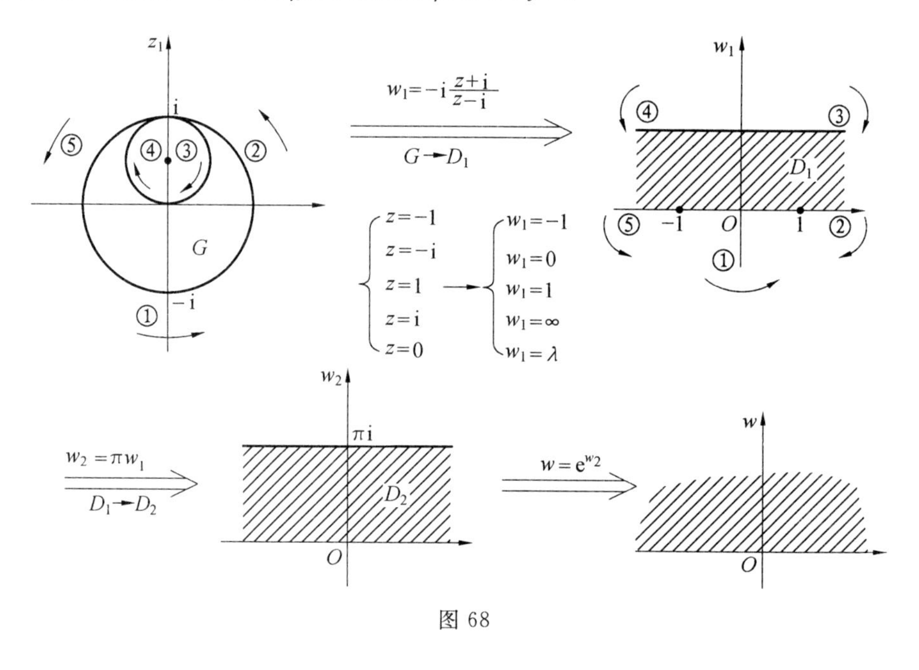


图 68

**211** 试将 $z$ 的上半平面减去一小段后构成的区域映射为宽度为 $\pi$ 的带形域(如图 69).

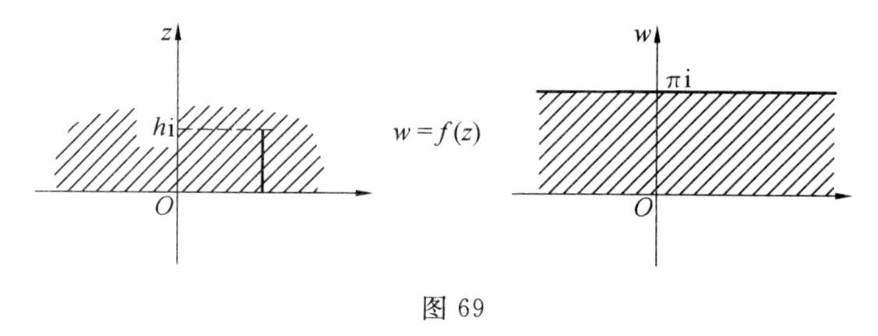


图 69

**解法一** 如图 70 所示,所以

$$w=\frac{1}{2}w_4=\frac{1}{2}\ln w_3$$

$$=\frac{1}{2}\ln(w_2+h^2)$$

$$=\frac{1}{2}\ln(w_1^2+h^2)$$

$$=\frac{1}{2}\ln[(z-r)^2+h^2]$$

即为所求.

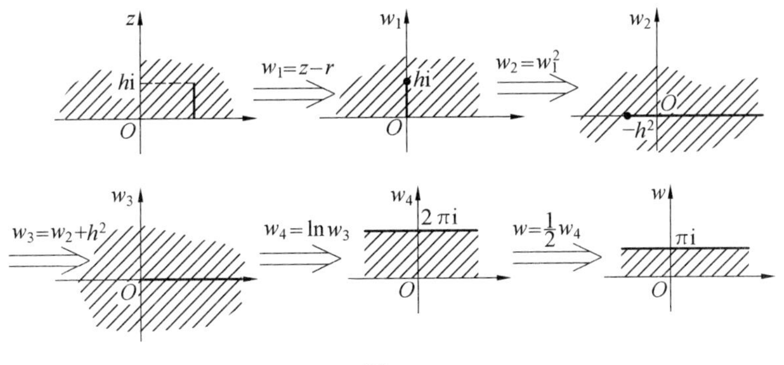


图 70

**解法二**　如图 71 所示,故

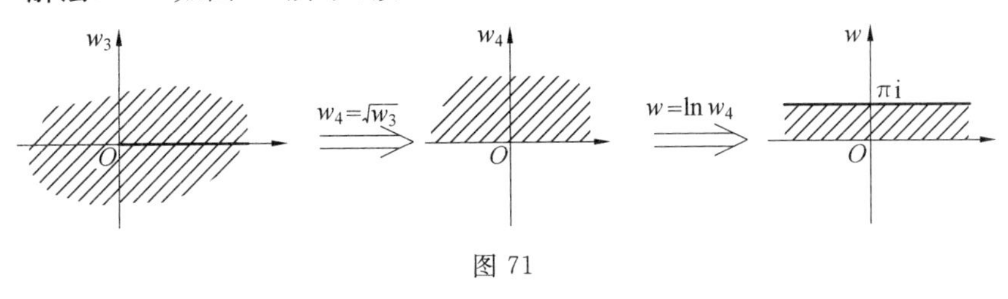


图 71

$$w=\ln w_4=\ln\sqrt{w_3}=\frac{1}{2}\ln(w_2+h^2)=\frac{1}{2}\ln[(z-r)^2+h^2]$$

**212** 试把从中心沿正实轴剪开了的单位圆,映射成单位圆,并使点 1,0,1 变成 1,$-$i,$-$1(如图 72).

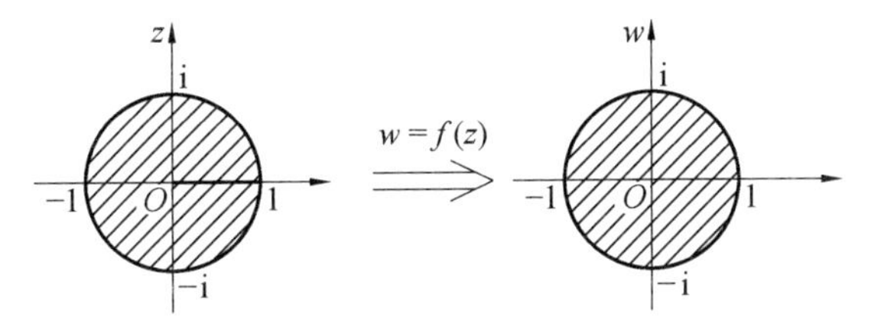


图 72

**解法一**　如图 73 所示,所以

$$w=\frac{w_3-i}{w_3+i}=\frac{w_2^2-i}{w_2^2+i}$$

$$=\frac{\left(\frac{w_1+1}{w_1-1}\right)^2-i}{\left(\frac{w_1+1}{w_1-1}\right)^2+i}$$

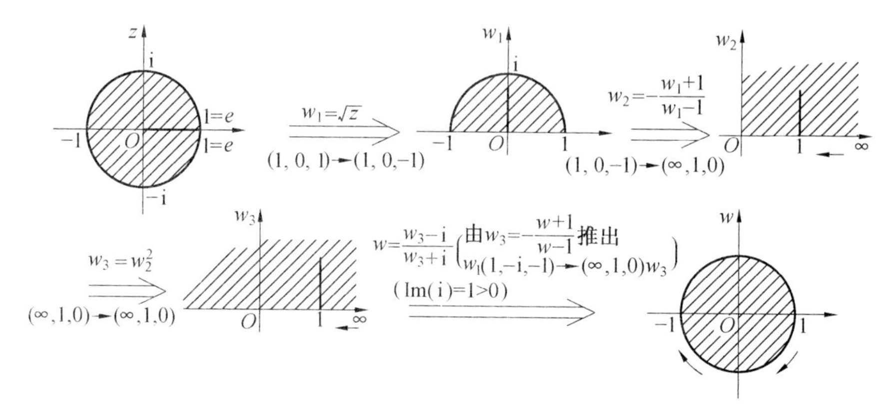


图 73

$$
=\frac{\left(\frac{\sqrt{z}+1}{\sqrt{z}-1}\right)^2-\mathrm{i}}{\left(\frac{\sqrt{z}+1}{\sqrt{z}-1}\right)^2+\mathrm{i}}
$$

$$
=\frac{(\sqrt{z}+1)^2-\mathrm{i}(\sqrt{z}-1)^2}{(\sqrt{z}+1)^2+\mathrm{i}(\sqrt{z}-1)^2}
$$

$$
=\frac{z(1-\mathrm{i})+2\sqrt{z}(1+\mathrm{i})+(1-\mathrm{i})}{z(1+\mathrm{i})+2\sqrt{z}(1-\mathrm{i})+(1+\mathrm{i})}
$$

$$
=\frac{z+1+2\mathrm{i}\sqrt{z}}{\mathrm{i}(z+1)+2\sqrt{z}}
$$

即为所求.

以下方法,只考虑从 $w_3$ 平面到 $w$ 平面的变换.

**解法二** 由交比不变,得

$$
(1,-\mathrm{i},w,-1)=(\infty,1,w_3,0)
$$

$$
\frac{w-1}{w+\mathrm{i}}\cdot\frac{-1+\mathrm{i}}{-2}=\frac{1}{w_3-1}\cdot(-1)
$$

所以

$$
w_3=-\mathrm{i}\,\frac{w+1}{w-1}
$$

**解法三** 考虑上半平面变为单位圆的公式,故令

$$
w=k\,\frac{w_3-\beta}{w_3-\bar{\beta}}
$$

(1) 因为 $w_3=\infty$ 时,$w=1$,所以 $k=1$;

(2) 又 $w_3=0$ 时,$w=-1$,所以 $-1=\frac{-\beta}{-\bar{\beta}}$,即 $\beta=-\bar{\beta}$;

(3) 又 $w_3=1$ 时,$w=-\mathrm{i}$,即

$$-\mathrm{i}=\frac{1-\beta}{1-\bar{\beta}}$$

所以

$$1-\beta=\bar{\beta}\mathrm{i}-\mathrm{i}$$

故得 $\bar{\beta}=-\mathrm{i}$,所以 $\beta=\mathrm{i}$. 于是

$$w=\frac{w_3-\mathrm{i}}{w_3+\mathrm{i}}\quad(\mathrm{Im}\ \mathrm{i}=1>0)(\text{同解法一})$$

**解法四** 要使 $w_3:(\infty,1,0)\Rightarrow w:(1,-\mathrm{i},-1)$,令

$$w=\frac{aw_3+b}{cw_3+d}$$

$$\begin{cases}1=\dfrac{a}{c} & (w_3=\infty\Rightarrow w=1)\\ -\mathrm{i}=\dfrac{a+b}{c+d} & (w_3=1\Rightarrow w=-\mathrm{i})\\ -1=\dfrac{b}{d} & (w_3=0\Rightarrow w=-1)\end{cases}$$

解之可得

$$\frac{d}{c}=\mathrm{i},\frac{b}{a}=-\mathrm{i},a=c,b=-d$$

所以

$$w=\frac{w_3+\dfrac{b}{a}}{w_3+\dfrac{d}{c}}=\frac{w_3-\mathrm{i}}{w_3+\mathrm{i}},\mathrm{Im}\ \mathrm{i}=1>0\quad(\text{同解法一})$$

**213** 确定一个函数,它将 $w$ 平面的区域 $G$ 映到 $z$ 平面的上半平面.

**解** 如图 74 所示,设点 $P,Q,S$ 和 $T$ 分别映入 $P',Q',S',T'$. 我们可以把 $PQST$ 看作为多边形(一个三角形)的极限情况,以两个顶点在 $Q$ 和 $S$ 而第三个顶点 $P$ 或 $T$ 在无穷远处.

根据 Schwarz-Christoffel 变换,因为在 $Q$ 和 $S$ 处的角度等于 $\frac{\pi}{2}$,所以我们有

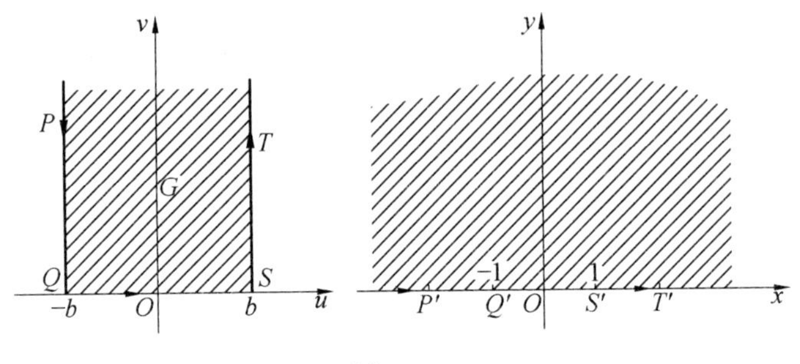


图 74

$$\frac{\mathrm{d}w}{\mathrm{d}z}=A(z+1)^{\frac{\frac{\pi}{2}}{\pi}-1}(z-1)^{\frac{\frac{\pi}{2}}{\pi}-1}=\frac{A}{\sqrt{z^2-1}}=\frac{k}{\sqrt{1-z^2}}$$

积分之

$$w=k\int\frac{\mathrm{d}z}{\sqrt{1-z^2}}+B=k\arcsin z+B$$

当 $z=1$ 时,$w=b$. 因此 $b=k\arcsin(1)+B=k\frac{\pi}{2}+B$.

当 $z=-1$ 时,$w=-b$. 因此 $-b=k\arcsin(-1)+B=-\frac{k\pi}{2}+B$,于是 $B=0,k=\frac{2B}{\pi}$,从而

$$w=\frac{2b}{\pi}\arcsin z \text{ 或 } z=\sin\frac{\pi w}{2b}$$

**214** 证明:对于封闭的多边形,在 Schwarz-Christoffel 变换中,其指数$\frac{\alpha_1}{\pi}-1,\frac{\alpha_2}{\pi}-1,\cdots,\frac{\alpha_n}{\pi}-1$ 的和等于 $-2$.

**证** 任何一个封闭的多边形的外角之和是 $2\pi$,于是

$$(\pi-\alpha_1)+(\pi-\alpha_2)+\cdots+(\pi-\alpha_n)=2\pi$$

除以 $-\pi$,得

$$\left(\frac{\alpha_1}{\pi}-1\right)+\left(\frac{\alpha_2}{\pi}-1\right)+\cdots+\left(\frac{\alpha_n}{\pi}-1\right)=-2$$

**215** 求保角映射把 $A=\{z\mid 0<\arg z<\frac{\pi}{2},0<|z|<1\}$ 变为 $D=\{z\mid |z|<1\}$.

**解** 首先考虑 $z^1\to z^2$,它把 $A$ 变为 $B$,$B$ 为 $D$ 与上半平面的交集;其次映

射 $B$ 到第一象限由 $z^1 \to \dfrac{1+z}{1-z}$，则平方就得出上半平面；最后 $z^1 \to \dfrac{z-\mathrm{i}}{z+\mathrm{i}}$ 给出单位圆（如图 75 所示）.

因此由逐次代换

$$w_1 = z^2, w_2 = \frac{1+w}{1-w_1} = \frac{1+z^2}{1-z^2}, w_3 = w_2^2 = \left(\frac{1+z^2}{1-z^2}\right)^2$$

$$w_4 = \frac{w_3 - \mathrm{i}}{w_3 + \mathrm{i}} = \frac{\left(\frac{1+z^2}{1-z^2}\right)^2 - 1}{\left(\frac{1+z^2}{1-z^2}\right)^2 + 1}$$

给出所求变换

$$f(z) = \frac{(1+z^2)^2 - \mathrm{i}(1-z^2)^2}{(1+z^2)^2 + \mathrm{i}(1-z^2)^2}$$

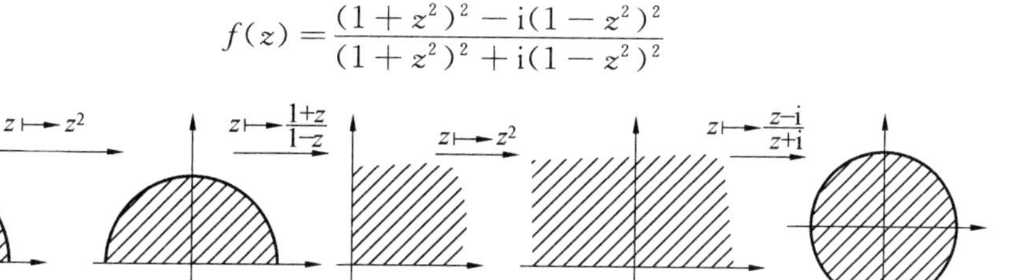


图 75

**216** 验证如图 76 所示的变换：

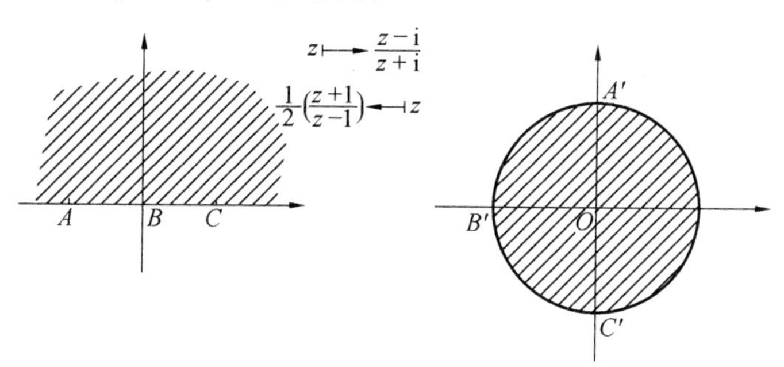


图 76

**解** 我们看出分式线性变换 $T(z) = \dfrac{az+b}{cz+d}$，使 $T(-1) = \mathrm{i}, T(0) = -1$，$T(1) = -\mathrm{i}$，因此

$$\frac{-a+b}{-c+d} = \mathrm{i}, b = -d, \frac{a+b}{c+d} = -\mathrm{i}$$

解之得

$$-2d=\mathrm{i}(-2c)$$

或

$$d=\mathrm{i}c$$

于是

$$a=-\mathrm{i}d$$

我们可以令 $b=1$(因分子、分母可乘一常数),于是

$$d=-1,a=\mathrm{i},c=-\mathrm{i}$$

因此

$$T(z)=\frac{\mathrm{i}z+1}{-\mathrm{i}z-1}=\frac{z-\mathrm{i}}{z+\mathrm{i}}$$

我们还必须核对 $T(\mathrm{i})$ 在单位圆内,这是显然的,因 $T(\mathrm{i})=0$.

**217** 设 $f(z)$ 于 $|z|<1$ 时正则,且 $\mathrm{Re}\{f(z)\}>0$,又 $f(0)=a>0$,则 $|f'(0)|\leqslant 2a$.

**证** 假定能找到线性变换 $g=\phi(f)$,使 $\mathrm{Re}(f)=0$ 对应到 $|g|=1$,而 $f=a$ 对应到 $g=0$,则在 $\mathrm{Re}\{f(z)\}>0$,亦即 $|z|<1$ 时,将有 $|g(z)|<1$,且有 $g(0)=0$.这时所给问题便易于解决了,我们有

$$|g'(0)|=\left|\frac{1}{2\pi\mathrm{i}}\int_{|z|=1}\frac{g(z)}{z^2}\mathrm{d}z\right|\leqslant\frac{1}{1-\varepsilon}$$

令 $\varepsilon\to 0$,就得到

$$|g'(0)|\leqslant 1$$

像求上半平面变为单位圆的线性变换那样,所求的线性变换为

$$g(z)=\frac{f(z)-a}{f(z)+a}$$

或

$$f(z)=a\,\frac{1+g(z)}{1-g(z)}$$

于是

$$f'(0)=\frac{2ag'(z)}{[1-g(z)]^2}$$

从而

$$|f'(0)|=2a|g'(0)|\leqslant 2a$$

**218** 若 $f(z)$ 在区域 $D$ 中单叶(即在 $D$ 中解析、单值,且任何值都不能取得一次以上者),则在 $D$ 中必有 $f'(z)\neq 0$.

**证** 若不然,假定 $f'(z_0)=0$,则 $f(z)-f(z_0)$ 在 $z_0$ 上有 $n(n\geqslant 2)$ 次零点.因为 $f(z)$ 非常数,故必有圆 $|z-z_0|=\delta$,使 $f(z)-f(z_0)$ 在其上无处为零,且在圆内,除 $z_0$ 外 $f'(z)$ 无其他零点.用 $m$ 表示 $|f(z)-f(z_0)|$ 在圆上的下确界,则由 Rouche 定理,对于 $0<|a|<m$,$f(z)-f(z_0)-a$ 在圆中有 $n$ 个零点(它不可能有高次零点,因为 $f'(z)$ 在圆中别无其他零点),但这与 $f(z)$ 取任何值都不能多于一次矛盾.

**219** 设 $w=f(z)$ 在 $|z|<1$ 内解析,且 $|f(z)|\leqslant 1$,$w_0=f(z_0)$,则当 $|z|<1$ 时有

$$\left|\frac{f(z)-w_0}{1-\overline{w}_0 f(z)}\right|\leqslant\left|\frac{z-z_0}{1-\overline{z}_0 z}\right|$$

等号成立仅限于

$$\frac{f(z)-w_0}{1-\overline{w}_0 f(z)}\equiv \mathrm{e}^{\mathrm{i}\theta}\frac{z-z_0}{1-\overline{z}_0 z}$$

的情形.

**证** 因 $|f(z)|<1$,故 $|w_0|<1$,于是 $z$ 平面及 $w$ 平面上单位圆内部互相对应,而 $z=z_0$ 及 $w=w_0$ 对应于原点的线性变换为

$$\zeta=\frac{z-z_0}{1-\overline{z}_0 z},\omega=\frac{w-w_0}{1-\overline{w}_0 w}$$

由此

$$z=\frac{\zeta+z_0}{1+\overline{z}_0\zeta}$$

故有

$$\omega=\frac{f(z)-w_0}{1-\overline{w}_0 f(z)}=\frac{f\left(\dfrac{\zeta+z_0}{1+\overline{z}_0\zeta}\right)-w}{1-\overline{w}_0 f\left(\dfrac{\zeta+z_0}{1+\overline{z}_0\zeta}\right)}$$

设为 $\omega=F(\zeta)$,则 $F(\zeta)$ 于 $|\zeta|<1$ 解析,$|F(\zeta)|<1$ 且 $F(0)=0$,故 $\zeta=0$ 除可能为奇异点外 $\dfrac{F(\zeta)}{\zeta}$ 于 $|\zeta|<1$ 为解析,从而由最大值原理知,当 $|\zeta|\leqslant r<1$ 时

$$\left|\frac{F(\zeta)}{\zeta}\right|\leqslant\frac{1}{r}$$

令 $r\to 1$,则 $\left|\dfrac{F(\zeta)}{\zeta}\right|\leqslant 1$,得证.

等号成立仅限于 $F(\zeta)\equiv e^{i\theta}\zeta$ 的情形.

**220** $f(z)$ 在 $|z|<1$ 上为解析,则当 $|f(z)|\leqslant 1$ 时

$$\frac{|f(0)|-|z|}{1-|f(0)||z|}\leqslant |f(z)|\leqslant \frac{|f(0)|+|z|}{1+|f(0)||z|}$$

**证** 设 $w=f(z)$,则于前题中令 $z_0=0$,得

$$\left|\frac{w-w_0}{1-\overline{w}_0 w}\right|\leqslant |z|$$

对于 $w_0=f(0)>0$ 的情形,上面不等式变为

$$\left|\frac{w-w_0}{1-w_0 w}\right|\leqslant |z|=r$$

对适合该式的 $w$ 的模的最大值 $M$ 与最小值 $m$ 来说,可以令

$$\frac{w-w_0}{1-w_0 w}=\pm r$$

解之得

$$M=\frac{w_0+r}{1+rw_0},m=\frac{w_0-r}{1-rw_0}$$

所以当 $f(0)=w_0>0$ 时,有

$$\frac{f(0)-|z|}{1-|z|f(0)}\leqslant |f(z)|\leqslant \frac{f(0)+|z|}{1+|z|f(0)}$$

当 $f(0)$ 为非正数的情形,因为可以适当地旋转 $w$ 平面,能化为上面的情形,所以,最终还是有

$$\frac{|f(0)|-|z|}{1-|z||f(0)|}\leqslant |f(z)|\leqslant \frac{|f(0)|+|z|}{1+|z||f(0)|}$$

**221** $f(z)$ 于 $|z|<1$ 内解析,且 $|f(z)|\leqslant 1$,则

$$|f'(z)|\leqslant \frac{1-|f(z)|^2}{1-|z|^2}\leqslant \frac{1}{1-|z|^2}$$

**证** 设 $w=f(z_0)$,作

$$g(z)=\frac{f(z)-w_0}{1-\overline{w}_0 f(z)}\cdot\frac{1-\overline{z}_0 z}{z-z_0} \tag{a}$$

则由第219题的最后一式知有

$$|g(z)|\leqslant 1$$

于是上式可写为

$$\frac{|f(z)-f(z_0)|}{|z-z_0|}\leqslant \left|\frac{1-\overline{f(z_0)}f(z)}{1-\overline{z}_0 z}\right|$$

令 $z \to z_0$，便得

$$|f'(z_0)| \leqslant \frac{1-|f(z_0)|^2}{1-|z_0|^2} \leqslant \frac{1}{1-|z_0|^2}$$

由于 $z_0$ 为 $|z|<1$ 内任一点，故原式成立.

**222** 把 $|z|<1$ 映射为 $|w|<1$ 的线性变换中，有

$$\frac{|\mathrm{d}z|}{1-|z|^2} = \frac{|\mathrm{d}w|}{1-|w|^2} \quad \text{(Poincaré 微分不变式)}$$

**证** 依题意所给的线性变换，能由

$$\frac{z-a}{1-\bar{a}z} = \mathrm{e}^{\mathrm{i}\theta}\,\frac{w-b}{1-\bar{b}w}$$

给出，因此若令 $z \to a$，则 $w \to b$，所以

$$\frac{\mathrm{d}z}{1-|a|^2} = \mathrm{e}^{\mathrm{i}\theta}\,\frac{\mathrm{d}w}{1-|b|^2}$$

故

$$\frac{|\mathrm{d}z|}{1-|z|^2} = \frac{|\mathrm{d}w|}{1-|w|^2}$$

**223** 求表示 Riemann 球面上的旋转的线性变换.

**解** 设复数平面上的 $z$ 对应于 Riemann 球面上的点用 $R(z)$ 表示，易知 Riemann 球面 $\Sigma$ 上的旋转能用线性变换表示.

若设旋转 $\Sigma$ 使 $R(a)$ 与原点一致，则通过 $R(a)$ 的 $\Sigma$ 的直径的另一端点 $R\left(-\frac{1}{\bar{a}}\right)$ 将成为北极，所以这个线性变换是

$$\xi = k\,\frac{z-a}{z+\dfrac{1}{\bar{a}}} \quad (k \text{ 为常数})$$

由于 $z=0$ 是在 $|\xi|=|a|$ 上，所以

$$|k| = \frac{1}{|a|}$$

即

$$k = \frac{\mathrm{e}^{\mathrm{i}\theta}}{\bar{a}} \quad (0 \leqslant \theta < 2\pi)$$

所以得

$$\xi = \mathrm{e}^{\mathrm{i}\theta}\,\frac{z-a}{1+\bar{a}z}$$

**224** 设 $f(z)$ 于 $|z|<1$ 为解析,且 $|f(z)|\leqslant 1$, $f(0)=0$,则有

$$f'(z)\leqslant\begin{cases}1 & (|z|\leqslant\sqrt{2}-1)\\ \dfrac{(1-|z|^2)^2}{4|z|(1+|z|^2)} & (\sqrt{2}-1<|z|<1)\end{cases}$$

成立.

**证** 取 $|z|<1$ 内任意一点 $z_0$,则由第 221 题中的式(a)得

$$\frac{f(z)-f(z_0)}{z-z_0}=\frac{1-\overline{f(z_0)}f(z)}{1-\bar{z}_0 z}\cdot g(z) \tag{b}$$

令 $z\to z_0$,则有

$$f'(z_0)=\frac{1-|f(z_0)|^2}{1-|z_0|^2}\cdot g(z_0)$$

可是 $g(z)$ 于 $|z|<1$ 为解析,且因 $|g(z)|\leqslant 1$,所以由第 220 题知有

$$|g(z_0)|\leqslant\frac{|g(0)|+|z_0|}{1+|g(0)||z_0|}$$

又于式(b)中设 $z=0$ 时,得

$$f(z_0)=z_0\cdot g(0)$$

故

$$|f'(z_0)|=\frac{1-|f(z_0)|^2}{1-|z_0|}\cdot|g(z_0)|$$
$$\leqslant\frac{1-|z_0|^2|g(0)|^2}{1-|z_0|^2}\cdot\frac{|g(0)|+|z_0|}{1+|g(0)||z_0|}$$

若令 $|g(0)|=a$ 时,则有

$$f'(z_0)\leqslant\frac{(1-a|z_0|)(a+|z_0|)}{1-|z_0|^2}$$

分子 $0\leqslant a\leqslant\dfrac{1-|z_0|^2}{2|z_0|}=a_0$ 单调增大,但当 $|z_0|\leqslant\sqrt{2}-1$ 时 $a_0\geqslant 1$,故当 $|z_0|\leqslant\sqrt{2}-1$ 时,上式右边的最大值为 1.

当 $|z_0|>\sqrt{2}-1$ 时,于 $a=a_0=\dfrac{1-|z_0|^2}{2|z_0|}$ 右边为最大,其最大值是

$$\frac{(1+|z_0|^2)^2}{4|z_0|(1-|z_0|^2)}$$

于是便得所给的不等式,因为在这些结果中,有等号成立的情形,所以在右边不能用比它小的值替换.

**225** $f(z)$ 于 $|z|<1$ 上为解析，若设 $|f(z)|\leqslant 1, f(0)=0, f'(0)=a$ 时，证明：$|z|(a-|z|)\leqslant(1-a|z|)|f(z)|$.

**证** $h(z)=\dfrac{f(z)}{z}$ 在 $|z|<1$ 上解析，且有

$$|h(z)|\leqslant 1$$

故由第 220 题知有

$$\frac{|f(z)|}{|z|}=|h(z)|\geqslant\frac{|h(0)|-|z|}{1-|h(0)||z|}=\frac{a-|z|}{1-a|z|}$$

**226** 设 $|a_n|<1, |b_n|<1, \lim a_n=\lim b_n=1, \dfrac{1-|b_n|}{1-|a_n|}=\alpha$ $(0<\alpha<+\infty)$，如果适当地选取 $\{\theta_n\}(0\leqslant\theta_n<2\pi)$，证明：线性变换到 $\dfrac{w-b_n}{1-\bar{b}_n w}=e^{i\theta_n}\dfrac{z-a_n}{1-\bar{a}_n z}(n=1,2,\cdots)$，当 $n\to\infty$ 时，收敛于 $\dfrac{1-w}{1+w}=\alpha\dfrac{1-z}{1+z}$.

**证** 设 $|a_n|=p_n, |b_n|=q_n, \arg a_n=\phi_n, \arg b_n=\psi_n(0\leqslant\phi_n,\psi_n<2\pi)$.

若设

$$Z_n=\frac{z-a_n}{1-\bar{a}_n z}, W_n=\frac{w-b_n}{1-\bar{b}_n w}$$

$$t_n=e^{-i\phi_n z}, g_n=e^{-i\psi_n w}$$

时，则

$$Z_n=e^{i\phi_n}\frac{t_n-p_n}{1-p_n t_n}, W_n=e^{i\psi_n}\frac{g_n-q_n}{1-g_n q_n}$$

$$W_n=e^{i\theta_n}Z_n$$

在这里，若设 $\theta_n=\psi_n-\phi_n$.

$$\frac{1+e^{-i\phi_n}Z_n}{1-e^{-i\phi_n}Z_n}=\frac{1+e^{i\psi_n}W_n}{1-e^{i\psi_n}W_n}$$

因此

$$\frac{1-g_n}{1+g_n}=\frac{1-q_n}{1-p_n}\cdot\frac{1+p_n}{1+q_n}\cdot\frac{1-t_n}{1+t_n}$$

若取 $n\to\infty$，则得

$$\frac{1-w}{1+w}=\alpha\frac{1-z}{1+z}$$

# 编辑手记

大学生除了课本后的习题和考研辅导班留的习题，还要再做什么题吗？我们先看看邻居印度的情况.

当代一流的四位印度数学家：S. R. S. Varadhan（概率，获 Abel 奖），K. R. Pathasarathy（量子概率），V. S. Vara darajan（数学物理），还有 R. Ranga Rao（分析学家）. 他们竟然是读研究生时的同学，自发地一起搞了 3 年的讨论班. 这样的学习态度恐怕就不单单是要应付考试，而只能用热爱甚至是酷爱数学来解释. 做习题是理解数学的不二法门. 只做课本中的习题是远远不够的，还应找些课外题目来做. 网络上题目很多，但不靠谱、不聚堆、没条理. 所以还是应该找一本纸质书. 本书是个不错的选择，它连分析学的最基本的部分都包含了. 对于学分析学的学生都有用，不论是实分析还是复分析. 借此，我们回顾一下分析学的简要历史.

分析学(analysis)是 17 世纪以来围绕微积分学发展起来的数学分支. 一般认为它是数学中最大的一个分支. 分析学所研究的内容随着数学的发展而不断变动. 17～18 世纪的分析学，以微积分学和无穷级数为主，包括变分学、微分方程、积分方程和复变函数论的基本内容. 到了 19 世纪，变分法、微分方程和积分方程得到很大发展. 但在这一时期，随着微积分基础的严密化，函数论得到极大发展,并在分析学中占据特殊地位.在20世纪,由于变分法和积分方程一般理论的需要,产生了泛函分析.20世纪以来,由于数学其他分支的发展和相互渗透,推动了近代微分方程的发展.它已成为分析学的一个最大分支.虽然它的内容仍属于分析学,但我们把它作为数学的一个独立分支,与概率论和数理统计等分支并列.分析学的近代发展,还包括大范围变分法、遍历理论、位势论和流形上的分析,这些分支又与数学的其他分支相互渗透和综合.

早期的微积分学也叫无穷小分析.这是因为在创立微积分的过程中,主要研究对象是无穷小量.1669年,牛顿发表了题为《运用无穷多项方程的分析学》的小册子,称微积分学为分析学,他把无穷级数也纳入了分析学的范围.当时微积分的名称还没有出现,牛顿称这门新学科为分析学,以示其区别于几何学和代数学.最早把"分析"与"无穷小"联系起来的是法国数学家洛必达.他的著作《无穷小分析》(1696年)是第一本系统的微积分教科书.

极限和定积分的思想,在古代已经萌芽.在中国,公元前4世纪,桓团、公孙龙等提出的"一尺之棰,日取其半,万世不竭",以及刘徽所创割圆术,都反映了朴素的极限思想.在古希腊,德谟克利特提出原子论思想,欧多克索斯建立了求面积和体积的穷竭法,阿基米德对面积和体积问题的进一步研究,这些工作都孕育了近代积分学的思想.

在17世纪,研究运动成为自然科学的中心课题.微积分的出现,最初是为了处理几何学和力学中的几种典型问题.成批的欧洲学者围绕面积、体积、曲线长、物体重心、质点运动的瞬时速度,曲线的切线和函数极值等问题做了大量的工作,穷竭法被逐步修改,并最终为现代积分法所代替.有关微分学的工作,大体上是沿着两条不同路径进行的,一条是运动学的,一条是几何学的,有时也是交叉在一起的.在这一时期,出现了大量的极成功的并且富有启发性的方法,有关微积分学的大量知识已经积累起来.

17世纪末,英国数学家牛顿和德国数学家莱布尼茨各自独立地在前人工作的基础上创立了微积分学.他们分别从力学和几何学的角度建立了微积分学的基本定理和运算法则,从而使微积分能普遍应用于自然科学的各个领域,成为一门独立的学科,并且是数学中最大分支"分析学"的源头.

微积分学的建立,使分析数学得到迅速的发展.在18世纪,微积分学成为数学发展的主要线索.微积分本身的内容不断地得到完善,其应用范围日益扩大.

由于围绕微积分发明权所产生的争议,使微积分在英国和欧洲大陆沿着完全不同的路线发展.在英国,数学家们出于对牛顿的崇拜和狭隘的民族偏见,拘泥于牛顿的流数法,故步自封.在泰勒和马克劳林之后,数学发展陷于长期的停滞状态.而在欧洲大陆,伯努利家族的数学家们和欧拉继承了莱布尼茨的微积分,使之发扬光大.特别是欧拉开始把函数作为微积分的主要研究对象,使微积分的发展进入了新的阶段.

在这一时期的数学家大都忙于获取微积分的成果与应用,较少顾及其概念和方法的严密性.尽管如此,也有一些人对建立微积分的严格基础做出重要尝试.除了欧拉的函数理论外,另一位天才的分析大师拉格朗日采用所谓“代数的途径”,主张用泰勒级数来定义导数,以此来作为微积分理论的出发点.达朗贝尔则发展了牛顿的“首末比方法”,用极限概念代替含糊的“最初与最末比”说法.

微积分在物理、力学和天文学中的广泛应用,是18世纪分析数学发展的一大特点.这种应用使分析学的研究领域不断扩充,形成了许多新的分支.

1747年,达朗贝尔关于弦振动的著名研究,导出了弦振动方程及其最早的解,成为偏微分方程的发端.通过对引力问题的深入探讨,获得了另一类重要的偏微分方程——位势方程.与偏微分方程相关的一些理论问题也开始引起注意.

常微分方程的发展更为迅速.从17世纪末开始,三体问题、摆的运动及弹性理论等的数学描述引出了一系列的常微分方程,其中以三体问题最为重要,二阶常微分方程在其中占有中心位置.约翰·伯努利、欧拉、黎卡提、泰勒等人在这方面都做出了重要工作.

变分法起源于最速降线问题和与之相类似的其他问题.欧拉从1728年开始从事这类问题的研究,最终确立了求积分极值问题的一般方法,奠定了变分法的基础.拉格朗日发展了欧拉的方法,首先将变分法建立在分析的基础之上,他还用变分法来建立其分析力学体系.

这些新的分支与微积分共同构成了分析学的广大领域,它与代数、几何并列为数学的三大分支.

18世纪末到19世纪初,为微积分奠基的工作已迫切地摆在数学家面前.19世纪分析严格化的倡导者有高斯、波尔查诺、柯西、阿贝尔、迪利克雷和魏尔斯特拉斯等人.1812年,高斯对超几何级数进行了严密研究,这是最早的有关级数收敛性的工作.1817年,波尔查诺放弃无穷小量的概念,用极限观念给出导数和连续性的定义,并得到判别级数收敛的一般准则.但是他的工作没有及时被数学界了解.柯西是对分析严格化影响最大的学者,1821年发表了代表作《分析教程》,除独立得到波尔查诺的基本结果外,还用极限概念定义了连续函数的定积分.这是建立分析严格理论的第一部重要著作.阿贝尔一直强调分析中定理的严格证明,在1826年最早使用一致收敛的思想证明了一个一致收敛的连续函数项级数之和在其收敛域内连续.1837年,迪利克雷按变量间对应的说法给出了现代意义下的函数定义.从1841年起,魏尔斯特拉斯开始了将分析奠基于算术的工作,他采用明确的一致收敛概念,使级数理论更趋完善.他把柯西的极限方法发展为现代通用的 $\varepsilon-\delta$ 说法.但是直到19世纪70年代,算术中最基本的实数概念仍是模糊的.1872年,魏尔斯特拉斯、康托、戴德金和其他一些数学家在确认有理数存在的前提下.通过不同途径(戴德金分割、有理数基本序列等)给出无理数的精确定义.又经过不少数学家的努力,最终在1881年,由皮亚诺建立了自然数的公理体系.由此可从逻辑上严格定义正整数、负数、分析和无理数,从此微积分学才形成了严密的理论体系.

单复变函数论在19世纪分析学中占据特殊地位,几乎相当于17～18世纪微积分在数学中所处的位置.在18世纪,欧拉、达朗贝尔和拉普拉斯等人联系着力学的发展,对于单复变函数已经做了不少的工作.但函数论作为一门学科的发展,是19世纪的事.复变函数论的理论基础主要由柯西、黎曼和魏尔斯特拉斯建立起来.

19世纪以来偏微分方程和常微分方程的理论也有很大发展.特别应该指出的是,与偏微分方程密切相关的傅立叶分析也在这一世纪发展起来.傅立叶在1811年的论文中采取把函数用三角函数展开的方法来解热传导方程,从而产生了傅立叶级数和傅立叶积分的概念.由此建立了傅立叶分析的理论.这一理论很快得到发展和广泛的应用.

20世纪初,由于19世纪以来对于函数性质的一系列发现,打破了自从微积分学发展以来形成的一些传统理解.又由于对傅立叶分析的进一步研究,显示了黎曼积分的局限性.这两方面的原因,都促使对积分理论的进一步探讨.1902年,勒贝格在前人工作的基础上出色地完成了这项工作,建立了后来人们称之为勒贝格积分的理论,奠定了实变函数论的基础.

泛函分析的发展反映了20世纪数学发展的一个特点,即对普遍性和统一性的追求.在泛函分析中,函数已不作为个别对象来研究,而是作为空间中的一个点.与几何学结合起来,对整个一类函数的性质加以研究.泛函的抽象理论是1887年由意大利数学家沃尔泰拉在他关于变分法的工作中开始的,但泛函分析的开端还与积分方程有密切联系.在建立函数空间和泛函的抽象理论的卓越成就中,应首推法国数学家弗雷歇的著名工作.希尔伯特、施密特、巴拿赫、冯·诺伊曼、迪拉克、盖尔范德等在发展泛函分析理论的工作中都做出了杰出的贡献.

函数逼近论也是在19世纪末至20世纪初发展起来的分析学的一个分支.它的中心思想是用简单的函数来逼近复杂的函数.1859年切比雪夫考虑了最佳逼近问题,1885年魏尔斯特拉斯证明了连续函数可用多项式在固定区间上一致逼近.他们的工作至今仍有影响.函数构造论的基础是由美国数学家杰克逊和苏联数学家伯恩斯坦奠定的(1912年).1957年,柯尔莫戈洛夫关于用单变量函数表示多变量函数的工作,进一步发挥了函数逼近论的中心思想.在函数逼近中,逼近的方式和所选用的工具直接影响逼近程度.柯尔莫戈洛夫、美国数学家沃尔什、洛伦茨等在这方面都有重要工作.函数逼近论的思想已经渗透到分析学的许多领域.

20世纪发展起来的多复变函数论是近代分析学中很有发展前途的分支之一.早在19世纪,魏尔斯特拉斯、庞加莱和库辛就把单复变函数论中的一些重要结果向多复变量的情形推广,得到了多复变全纯函数的一些基本结果.20世纪以来,特别是30年代以后,多复变函数的研究十分活跃.法国数学家H.嘉当、日本数学家冈·潔取得了显著成果.50年代以后,在多复变函数的研究中,出现了用拓扑和几何方法研究多复变全纯函数整体性质的趋势.而近代微分几何与复分析的相互融合导致了复流形概念的建立,以及对多复变函数的自守函数的研究.这些都表明近代多复变函数的发展更趋于综合.它除了联系着分析学的许多分支外,还紧密联系着几何学、代数学以及代数几何的发展,体现了近代数学发展的特点.

在阅读本书时,还有一个问题是怎样做习题,习题做不出来该怎么办.一般老师给出的建议是给一个时间节点,比如一周时间,做不出来就看看书后的答案.这只是普通教师给普通学生的建议,那么优秀的教师和优秀的学生该怎么做呢?当然是反复啃名著,将名著中的基本原理吃透后,自会有解答的思路出现.

众所周知,苏步青教授的微分几何领路人是洼田教授.那么苏步青的这位留德的老师是如何指导他的呢?洼田对他要求十分严格,每周要他汇报学习情况.有一次他遇到一个难题,解不出来,就去问洼田老师.老师不直接给他答案,要他去看一本巨著——沙尔门·菲德拉的《解析几何》,这书有三巨册2 000页.开始时,苏步青觉得老师不肯给自己教导,心中有些不愉快,可是又不得不去啃这书.两年后,他读完这本书,问题解决了,而他的基础更踏实了,以后终身可受用,他这才明白老师的良苦用心.

最后一个问题是,如果不为考研,读这么多复变函数论有什么用.往低点说,即使是当一名合格的中学数学教师,如果没有较深厚的复变函数功底都不可以.你可发现本卷中许多题目在中学都出现过,有些还是各级各类的数学奥赛的试题.

往高一点说,毕业后要想当一名工程技术人员,没点复变函数论功底更不行.Wylie(不是那个续译《几何原本》的 Alexander Wylie)的《Advanced Engineering Mathematics》(McGraw-Hill,1951)中,列举了几方面的简单应用列于后.供了解:

**一、在流体力学的应用**

设流体在二维空间中流动,就是在平行于某一平面的所有平面上流动状态都是相同的流动.我们只需考虑其在某一个平面上的流动.取这个平面作复数平面.假定所考虑的流体是不可压缩和没有粘性的理想流体,而且是定常的,即和时间无关的流动.

设 $O$ 为坐标原点,流体任一个质点所走的路线为 $\Gamma$,$\Gamma$ 叫作流线.如流体在每一点的流动速度为已知,则通过弧 $OAP$ 的流量等于速度沿法线方向的分量的积分.

假定在流体流动的区域内没有流源,就是没有中途加入的流体,同时流体也不中途减少,则流体在每单位时间流过弧 $OAP$ 的量是等于在同时间内流过其他弧(如弧 $OBP$,$OCP'$ 等)的量(图 1).但如 $P$ 在另一条流线上,则流过的量就会改变.因此对每一条流线,有一个定值和它相对应,

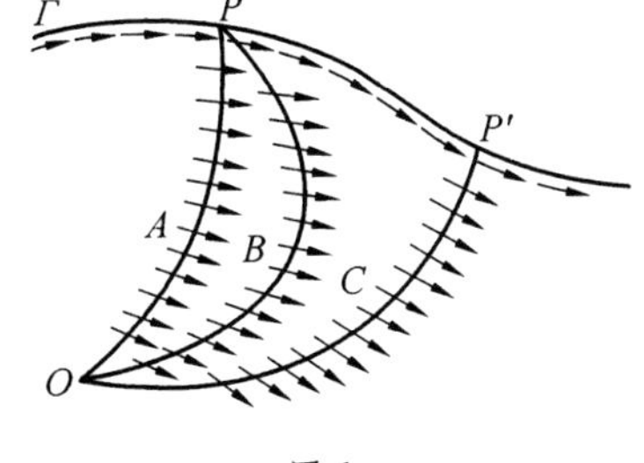

图 1

而对全部流线就存在一个函数 $\Psi(x,y)$，它在点 $P(x,y)$ 的值等于在单位时间内流过从任意定点 $O$ 到 $P$ 的弧段的流体质量，加上一个任意常数，这叫作流函数.

设流函数 $\Psi$ 为已知，则流体流动的性质可以决定，因为由流函数，可推知流速度在每点的分量. 设在流动平面上取弧 $\mathrm{d}s$，并令流体在 $\mathrm{d}s$ 上的点 $x,y$ 的分速度分别为 $V_x,V_y$(图 2). 因经过弧 $\mathrm{d}s$ 的流动率是 $\mathrm{d}\Psi$，所以

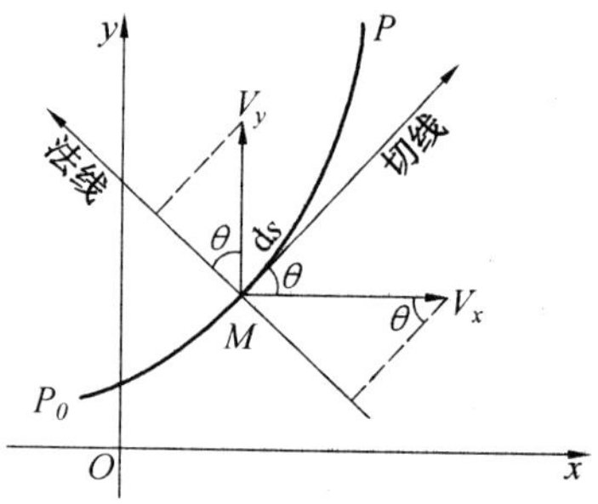

$$\mathrm{d}\Psi=(V_x\sin\theta-V_y\cos\theta)\mathrm{d}s$$

图 2

因

$$\mathrm{d}x=\cos\theta\mathrm{d}s,\mathrm{d}y=\sin\theta\mathrm{d}s$$

故得

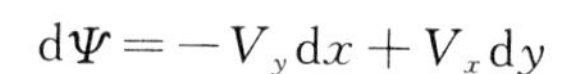

$$\mathrm{d}\Psi=-V_y\mathrm{d}x+V_x\mathrm{d}y$$

假定 $\Psi$ 是可微函数，则由

$$\mathrm{d}\Psi=\frac{\partial\Psi}{\partial x}\mathrm{d}x+\frac{\partial\Psi}{\partial y}\mathrm{d}y$$

得

$$V_x=\frac{\partial\Psi}{\partial y},\quad V_y=-\frac{\partial\Psi}{\partial x}\tag{1}$$

设 $C$ 是在流体平面上的闭曲线. 考虑流体速度沿 $C$ 的切线分量的线积分

$$K=\int_C(V_x\cos\theta+V_y\sin\theta)\mathrm{d}s$$
$$=\int_C V_x\mathrm{d}x+V_y\mathrm{d}y$$

$K$ 叫作环流. 设 $C$ 所围的区域为 $D$(图 3)，由格林定理

$$K=\iint_D\left(\frac{\partial V_y}{\partial x}-\frac{\partial V_x}{\partial y}\right)\mathrm{d}\sigma\tag{2}$$

令

$$\frac{\partial V_y}{\partial x}-\frac{\partial V_x}{\partial y}=2\omega$$

由

$$\mathrm{d}K=\left(\frac{\partial V_y}{\partial x}-\frac{\partial V_x}{\partial y}\right)\mathrm{d}\sigma$$

应用到半径为无限小的圆上

$$\mathrm{d}K=(2\omega)(\pi\varepsilon^2)=(2\pi\varepsilon)(\omega\varepsilon)$$

因 $2\pi\varepsilon$ 是长度，$\omega\varepsilon$ 必须是速度. 所以 $\omega$ 是流体的角速度，叫作涡流.

由式(2)，当且只当 $\omega=0$ 时，沿任一闭曲线的环流才为零：$K=0$. $\omega=0$ 的流动叫作无旋运动.

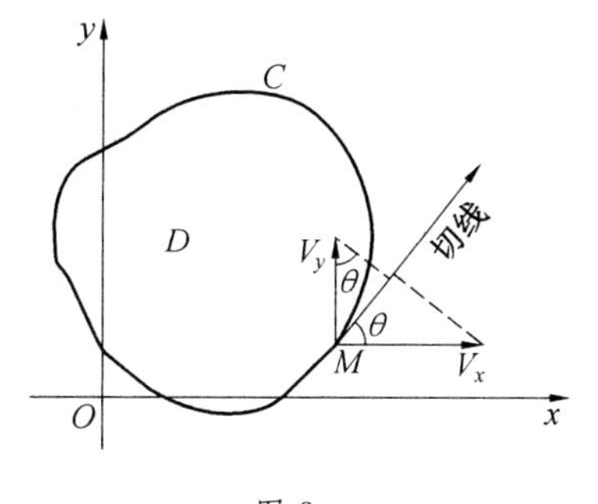


图 3

现在不考虑沿闭曲线的流动，而研究沿弧 $P_0P$ 的流动. 设运动是无旋的，即 $\frac{\partial V_y}{\partial x}=\frac{\partial V_x}{\partial y}$，并设 $P_0$ 为固定，则与线路无关的线积分

$$\int_{P_0}^{P}V_x\mathrm{d}x+V_y\mathrm{d}y$$

是点 $P$ 的函数. 命这个函数为 $\Phi$，这叫作速度势. 因此

$$V_x=\frac{\partial\Phi}{\partial x},V_y=\frac{\partial\Phi}{\partial y}\tag{3}$$

如果流动是无源且无旋的，由式(1)与(3)，得

$$\begin{cases}\dfrac{\partial\Phi}{\partial x}=\dfrac{\partial\Psi}{\partial y}\\[2ex]\dfrac{\partial\Phi}{\partial y}=-\dfrac{\partial\Psi}{\partial x}\end{cases}\tag{4}$$

所以函数 $\Phi$ 与 $\Psi$ 满足 C-R 条件，从而也满足拉普拉斯方程. 因此

$$w=f(z)=\Phi+\mathrm{i}\Psi\tag{5}$$

是一个正则函数. 函数 $f(z)$ 叫作复势. 知流线 $\Psi$(=常数)和等势线 $\Phi$(=常数)成正交.

反过来，如 $f(z)$ 是正则函数，则其实部和虚部分别是某一无源无旋运动的速度势和流函数.

流动的速度 $V$ 是

$$V=V_x+\mathrm{i}V_y=\frac{\partial\Phi}{\partial x}+\mathrm{i}\frac{\partial\Phi}{\partial y}=\frac{\partial\Phi}{\partial x}-\mathrm{i}\frac{\partial\Psi}{\partial x}$$

$$=\overline{\frac{\partial\Phi}{\partial x}+\mathrm{i}\frac{\partial\Psi}{\partial x}}=\overline{f'(z)}\tag{6}$$

**例 1** 设 $w=Kz=K(x+\mathrm{i}y)$,其中 $K$ 为正实数.

在此流线是平行于 $x$ 轴的平行线 $y=$常数.因 $\frac{\partial\Phi}{\partial x}=K,\frac{\partial\Phi}{\partial y}=0$,所以在每点的速度都是等于 $K$.

**例 2** 设 $w=Kz^2$,其中 $K$ 是正实数.

因 $\Psi=2Kxy$,所以流线方程是 $xy=$常数.这是一族正双曲线,以坐标轴为渐近线(图 4).图中矢向表流动方向.

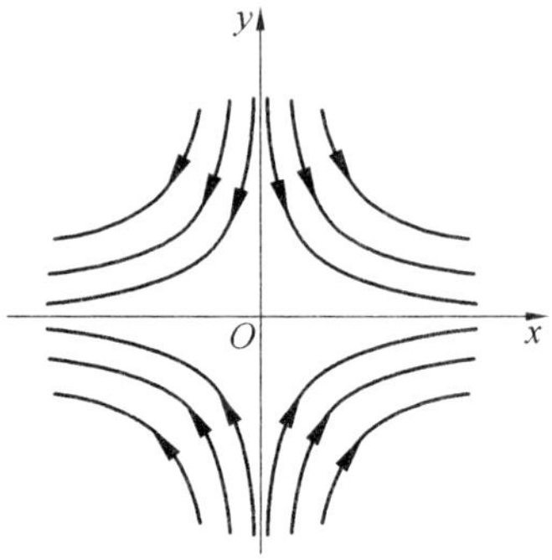

图 4

**例 3** 设

$$w=K\left(z+\frac{a^2}{z}\right)$$

其中 $K,a$ 都是正实数.

在此流函数为

$$\Psi=K\left(y-\frac{a^2y}{x^2+y^2}\right)$$

所以流线方程为

$$y-\frac{a^2y}{x^2+y^2}=C(\text{常数})$$

当 $C=0$,得 $y=0$ 或 $x^2+y^2=a^2$.所以 $x$ 轴和圆 $x^2+y^2=a^2$ 都是流线.由于我们假定流体是理想的,如我们放置一个垂直于 $z$ 平面而半径为 $a$ 的圆柱体于流体中间,则得围绕圆柱的流动.流动的速度由式(6)得

$$V=K\left(1-\frac{a^2}{z^2}\right)$$

在离圆柱很远的地方,我们有

$$V=\lim_{z\to\infty}K\left(1-\frac{a^2}{z^2}\right)=K$$

所以在离圆柱很远的地方,速度趋于定量,因而流动是等速(图 5).

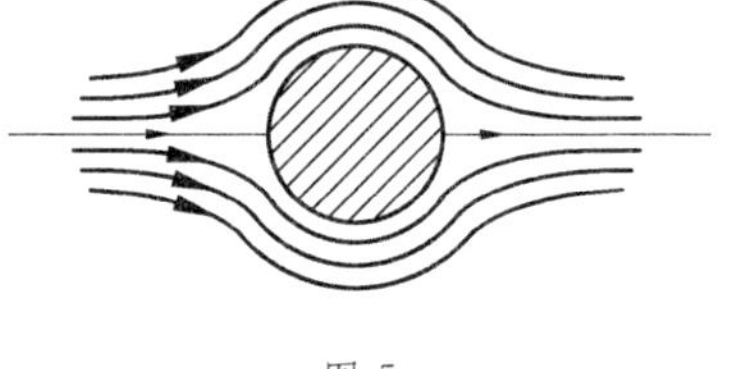

图 5

利用保形映射,我们可以从一个已知的流动推出无数个其他流动.设 $f(z)=\Phi+\mathrm{i}\Psi$ 表示在 $z$ 平面上的流体的复势,则其流线是 $\Psi=$常数.引用保形变换

$$z=F(\zeta)$$

将 $z$ 平面变换为 $\zeta$ 平面，$\zeta=\xi+\mathrm{i}\eta$，则

$$\Phi+\mathrm{i}\Psi=f(z)=f[F(\zeta)]=G(\zeta)$$

于是作为 $\xi,\eta$ 的函数 $\Phi$ 和 $\Psi$，将是在 $\zeta$ 平面上的速度势和流函数.

**二、在静电学的应用**

假定电荷在平行于一个平面的所有平面上的分布情况都是相同的.取一个平面为 $z$ 平面，则电力场是二维的.

在 $z$ 平面上一点 $z$ 的电势 $V$ 是 $x,y$ 的实函数.如在这一点没有电荷，则 $V$ 满足拉普拉斯方程

$$\frac{\partial^2 v}{\partial x^2}+\frac{\partial^2 V}{\partial y^2}=0$$

因此我们可以求得一个正则函数 $f(z)$，以 $V$ 为其虚部

$$w=f(z)=U+\mathrm{i}V$$

从而等势线 $V$(=常数)和力线 $U$(=常数)成正交.

在点 $z$，电力的分力是 $-\frac{\partial V}{\partial x},-\frac{\partial V}{\partial y}$，所以结果的强度是

$$R^2=\left(\frac{\partial V}{\partial x}\right)^2+\left(\frac{\partial V}{\partial y}\right)^2=\left(\frac{\partial U}{\partial x}\right)^2+\left(\frac{\partial V}{\partial x}\right)^2=\left|\frac{\mathrm{d}w}{\mathrm{d}z}\right|^2$$

应用保形变换 $z=F(\zeta)$，则 $w$ 变换为在 $\zeta$ 平面的复势.

**三、在热学上的应用**

设在一个具有均匀导热率 $k$ 的物体中，热在平行于 $z$ 平面的所有平面上的分布相同，而且流动状态是定常的，即温度的分布与时间无关的.若 $\theta$ 为在点 $z$ 的温度，则在该点热沿 $x$ 方向的流量为 $-k\frac{\partial\theta}{\partial y}$，而沿 $y$ 方向的流量为 $-k\frac{\partial\theta}{\partial x}$. 假定在以 $\mathrm{d}x,\mathrm{d}y$ 为边，一个顶点在点$(x,y)$上的矩形中没有另外热源，则 $\theta$ 满足拉普拉斯方程

$$\frac{\partial^2\theta}{\partial x^2}+\frac{\partial^2\theta}{\partial y^2}=0$$

因此在热传导中存在着关系

$$f(z)=\Phi+\mathrm{i}\theta$$

$\Phi$(=常数)是流线，$\theta$(=常数)是等温线，两者互相正交.

技不压身，这年头干点啥都不容易！最后要说明的一点是复数域和实数

域既有联系又有区别.有一些结论在两个域中都成立,但有一些则未必.我们知道,在实数域内,柯西方程

$$f(x+y)=f(x)+f(y)$$

的连续函数解有且仅有

$$f(x)=f(1)x$$

但该结论在复数域内不成立.例如,对任意复数

$$z=x+\mathrm{i}y\in C$$

定义函数 $f(z)=x+y$,易知 $f(z)$ 在复平面上处处连续.

现任取

$$z_1=a+\mathrm{i}b,z_2=c+\mathrm{i}d$$

则

$$f(z_1)=a+b$$

$$f(z_2)=c+d$$

$$z_1+z_2=(a+c)+\mathrm{i}(b+d)$$

$$f(z_1+z_2)=a+b+c+d$$

故

$$f(z_1+z_2)=f(z_1)+f(z_2)$$

即 $f(z)$ 是柯西方程的连续解.

但是

$$f(z)=x+y$$

$$f(1)=1$$

$$f(1)z=x+\mathrm{i}y\neq x+y=f(z)$$

所以,虚数有风险,类比需谨慎!

下面借此编辑手记介绍一下书名中提到的普里瓦洛夫(1891—1941)和俄罗斯数学.

普里瓦洛夫(Привалов, Иван Иванович),苏联人.1891 年 2 月 11 日生于别依津斯基.1913 年毕业于莫斯科大学后,曾在萨拉托夫大学工作.1918 年获数学物理学博士学位,并成为教授.1922 年回到莫斯科,先后在莫斯科大学和航空学院任教.1939 年成为苏联科学院通讯院士.1941 年 7 月 13 日逝世.

普里瓦洛夫的研究工作主要涉及函数论与积分方程.有许多研究成果是

他与鲁金共同取得的,他们用实变函数论的方法研究解析函数的边界特性与边界值问题.1918年他在学位论文《关于柯西积分》中,推广了鲁金一普里瓦洛夫唯一性定理,证明了柯西型积分的基本引理和奇异积分定理.他是苏联较早从事单值函数论研究的数学家之一,所谓黎曼一普里瓦洛夫问题就是他的研究成果之一.他还写了三角级数论及次调和函数论方面的著作.他发表了70多部专著和教科书,其中《复变函数引论》《解析几何》都是多次重版的著作,并且被译成多种外文出版.

普里瓦洛夫毕业于莫斯科大学又曾工作于莫斯科大学,而这个大学是具有传奇性的:7个沃尔夫数学奖获得者;6个菲尔茨奖获得者(其中有两位双奖获得者)出自同一所大学同一个系,数量之多,成就之大,估计世界上没有任何一所大学的数学系出其左右.这些获奖者中,除了柯尔莫哥洛夫和盖尔方德以外,基本都是50年代以后培养的.毕业几年后基本都成了世界一流的数学家.

据我们工作室的老作者阮可之先生(他曾于20世纪七八十年代就读于复旦大学数学系,与前国家副主席李源潮同期)在微信圈中评论说:俄罗斯学数学的方式和中国不一样.盖尔方德90年代移民美国之后一直在我们学校,我和他挺熟的.他在莫斯科时每天四五点开始有讨论班,没有时间限制,一般要到晚上九十点.讨论班的主力是学生.他通常都是去中学挑最好的学生到他的讨论班,一般十四五岁.他会给他们一篇他感兴趣的文章,让这些学生在他讨论班上讲.看不懂就自己补没有学过的内容,从头讲起,直到学生和盖尔方德自己都弄懂为止.通常到了文章都弄懂的时候,也就已经有想法了,很快就会解决一些问题.很多一流数学家都是这样培养出来的.

一位复旦大学数学系77级(1978～1982年)学生,现为美国某大学数学系教授,在同学群中写的一篇短文:

**俄罗斯的数学为什么这么强?**

世界第一数学强校的背后纵观整个20世纪的数学史,苏俄数学无疑是一支令人瞩目的力量.百年来,苏俄涌现了上百位世界一流的数学家,其中如鲁金,亚历山大洛夫,柯尔莫哥洛夫,盖尔方德,沙法列维奇,阿诺德等都是响当当的数学大师.而这些优秀数学家则大多毕业于莫斯科大学[①].

莫斯科大学所涌现的优秀数学家数量之多,质量之高,恐怕除了19世纪末20世纪初的哥廷根大学,在20世纪就再也没有哪个大学敢与之相比了,即使是赫赫有名的普林斯顿大学也没有出过这么多的优秀数学家,莫斯科大学是当之无愧的世界第一数学强校.

对于莫斯科大学,我们是既熟悉又陌生,说熟悉是因为,中国大学的数学系都或多或少受了莫斯科大学的影响.我们曾经长期学习莫斯科大学的数学教材,做莫斯科大学的数学习题集,直到现在许多数学专业的学生还在做各种莫斯科大学编写的习题集.

如在下我,就曾经做过吉米多维奇的《数学分析习题集》、巴赫瓦洛夫的《解析几何习题集》、普罗斯库列科夫的《线性代数习题集》、法捷耶夫的《高等代数习题集》、费利波夫的《常微分方程习题集》、沃尔维科斯基的《复变函数习题集》、弗拉基米罗夫的《数学物理方程习题集》、费坚科的《微分几何习题集》、克里洛夫的《泛函分析——理论·习题·解答》、捷利亚柯夫斯基的《实变函数习题集》.

说陌生是因为,莫斯科大学有很多方面和中国大学大相径庭.那么莫斯科大学成为世界数学第一强校奥秘何在?我很幸运,家里有亲戚曾于80年代公派到莫斯科大学数学力学部读副博士(相当于美国的博士),又有熟人正在莫斯科大学数学力学系读副博士,从中了解了莫斯科大学数学学科的一些具体情况,特地把这些都发在BBS上,让大家看看,世界一流的数学家是如何一个一个地从莫斯科大学走出的.

邓小平有句话说足球要从娃娃抓起,莫斯科大学则是数学要从娃娃抓起.每年暑假,俄罗斯各个大学的数学力学系和计算数学系(俄罗斯的大学没有我们这样的数学学院,如莫斯科大学,有18个系和2个学院,和数学有关的是数学力学系和计算数学与自动控制系,数学力学系下设数学部和力学部,其中的力学部和我国的力学系大不相同,倒接近于应用数学系,计算数学与控制论系包括计算数学部

① 全名莫斯科国立罗蒙诺索夫大学,这里简称莫斯科大学.——编校者注

和控制论部2个部,计算数学部和我国的信息与计算科学专业相当,控制论部接近于我国的自动化系.但是数学学的很多,前两年数学力学系及计算数学与控制论系一起上课,第三年数学力学系和计算数学与控制论系一起学计算数学方面的课程,到大四大五才单独上专业课)都要举办数学夏令营,凡是喜欢数学的中小学生都可以报名参加,完全是自愿的.由各个大学的数学教授给学生讲课做数学方面的讲座和报告.莫斯科大学的数学夏令营是最受欢迎的,每年报名都是人满为患,大家都希望能一睹数学大师们的风采,听数学大师讲课、做报告,特别是苏联著名的数学家柯尔莫哥洛夫和维诺格拉多夫、吉洪诺夫(苏联有了微型电子计算机后,吉洪诺夫经常在夏令营里教人玩计算机)几乎每年都参加夏令营的活动.

数学夏令营和我国的奥数班不同,它的目的不是让学生参加什么竞赛,拿什么奖,而是培养学生对数学的兴趣,发现有数学天赋的学生,使他们能通过和数学家的接触,让他们了解数学,并最终走上数学家的道路.

在柯尔莫哥洛夫的提议下,从20世纪70年代开始,苏联的各个名牌大学大多举办了科学中学,从夏令营中发现的有科学方面天赋的学生都能报名进入科学中学,由大学教授直接授课,他们毕业后都能进入各个名牌大学.其中最著名的当属莫斯科大学的柯尔莫哥洛夫科学中学.这所学校从全国招收有数学、物理方面天赋的学生,完全免费.对家境贫寒的学生还发给补助,尽管莫斯科大学现在经济上困难重重,但这点直到现在都没变.事实上科学中学的学生成才率相当 高,这点是有目共睹的.到80年代末,90年代初,已经有几个当年的柯尔莫哥洛夫科学中学的学生成了科学院院士.

中国的大学,近年来偶有爆出招生中走后门的丑闻.其实以前就有高干子弟,成绩不好,居然能进名牌大学的事情.像五六十年代的北京大学、科技大学、清华大学都有这样的学生.南京大学当年被院系调整搞得乱七八糟,从当家老大变成二流重点大学.现在,大概没哪个中央领导的子弟看得上它,所以估计像这样的学生是没有的.反观莫斯科大学,那可是非硬功夫进不去的,就算你是苏共总书记的儿子也一样.

莫斯科大学敢如此硬气,其实是其前校长彼得罗夫斯基(我们对这位大数学家不会陌生吧!)利用担任最高苏维埃主席团成员以及和苏共的各个高级官员的良好关系争来的尚方宝剑有关.

苏联有明确规定,包括莫斯科大学在内的几个名牌大学招生只认水平不认人(其他大学,高级官员的子女同等条件优先),必须是择优录取.莫斯科大学的生源好,和苏联的整体基础教育水平高也有关.苏联有一点值得中国学习,苏联的中小学的教学大纲和教材都是请一些有水平的科学家编写的,像数学就是柯尔莫哥洛夫、吉洪诺夫和邦德里雅金写的,而且苏联已经把微积分、线性代数、欧氏空间解析几何放到中学教了.大学的数学分析、代数、几何就可以在更高的观点上看问题了(其实和美国的高等微积分、初等微积分的方法相似).

有一流的生源,不一定能培养出一流的数学家,还必须要有严谨的学风.莫斯科大学的规定相当的严格:必修课,一门不及格(不过政治和体育除外,政治是因为学校在这方面睁一只眼闭一只眼,纯粹是给上面看的),留级;两门不及格,开除,而且考试纪律很严,作弊简直是比登天还难! 莫斯科大学的考试方法非常特殊,完全用口试的方式.主课如数学分析或者现代几何学、物理学、理论力学之类,一个学期要考好几次,像数学分析,要考 7~8 次.考试一般的方法如下:考场里有 2~3 个考官考 1 个学生,第一个学生考试以前,第二个学生先抽签(签上就是考题),考试时间一般是 30~45 分钟,第一个考试的时候,第二个在旁边准备,其他人在门外等候,考生要当场分析问题给考官听后,再做解答.据称难度远大于笔试,感觉像论文答辩.

不过莫斯科大学有一点是挺自由的,就是转专业,这一般都能成功,像柯尔莫哥洛夫就是从历史系转到数学力学系,这是尽人皆知的.中国的数学专业往往是老师满堂灌,学生下面听,最糟糕的是有的老师基本是照本宣科,整个一个读书机器.莫斯科大学的老师上课,基本不按教学大纲讲课(其实教学大纲也说教师在满足大纲的基本要求的情况下,应当按自己的理解讲课),也没有什么固定的教材,教师往往同时指定好几本书为教材，其实就是没有教材，只有参考书. 而且莫斯科大学的课程都有相应的讨论课，每门课的讨论课和讲课的比例至少是 1∶1，像外语课就完全是讨论课了！讨论课一般是一个助教带上一组学生，组成讨论班，像一些基础课的讨论班比如大一、大二的数学分析、解析几何、线性代数与几何（其实讲的是微分几何和射影几何）、代数学、微分方程、复分析、大三的微分几何与拓扑、大四的现代几何学（整体微分几何）都是以讨论习题和讲课内容为主. 为了让学生多做题、做好题，所以教师要准备有足够的高质量的习题资料，像前面说的各种各样的习题集，就是把其中的一部分题目拿出来出版发行（事实上在打基础的阶段不多练习是不行的）. 总的来说，讨论课的数量大于讲授，如 1987 年该校的大纲，大一第一学期，每周讲课是 13 节，讨论课是 24 节（不算选修课）. 而且莫斯科大学有个好传统就是基础课都是由名教授甚至院士来讲，柯尔莫哥洛夫、辛钦都曾经给大一学生上过《数学分析》这样的基础课，现在的莫斯科大学校长萨多夫尼奇，目前也在给大一学生讲《数学分析》（不过校长事情太多，不太可能一个人把课给上下来）.

想培养一流数学家，就一定要重视科研训练，包括参加各种学术讨论班和写论文，莫斯科大学的学生如果在入学以前参加过数学夏令营，那他在入学以前已经有一定的科研训练，因为在夏令营期间就要组织写小论文.

入学以后，学校也鼓励学生写论文，到大三下学期学生要参加至少一个学术讨论班，以决定大四大五是参加哪个教研组. 莫斯科大学数学部有 17 个教研室，如数学分析教研室，函数论与泛函分析教研室，高等代数教研室，高等几何与拓扑学教研室，微分几何及其应用教研室，一般拓扑与几何学教研室，离散数学教研室，微分方程教研室，计算数学教研室，数理逻辑与算法论教研室，概率论教研室，数理统计与随机过程教研室，一般控制问题教研室，数论教研室，智能系统数学理论教研室，动力系统理论教研室，数学与力学史教研室，初等数学教学法教研室等. 每个教研室下设教研组（教研组既是科研单位又是教学单位）的活动（莫斯科大学数学系，到了大四大五，学生每学期要参加一个学术讨论班)目的是写论文,莫斯科大学要求本科毕业生至少要有三篇论文,其中两篇是学年论文,一篇作为毕业论文,毕业论文要提前半年发表在专门发表毕业论文的杂志上,半年内无人提出异议方可进行论文答辩,而且参加答辩的人是从全国随机抽取的.答辩时还要考察一下学生的专业知识,这种答辩又称为国家考试.

对于本科生,需要让他们对数学和相邻学科有个全面的了解,莫斯科大学在这点做得很不错,数学系的学生不仅要学习现代几何学、高等代数(内容大概包括交换代数和李群李代数)等现代数学,也要学习理论力学、连续介质力学、物理学中的数学方法(大概相当于我国物理专业的电动力学、热力学与统计物理、量子力学)等课程.而且还有各种各样的选修课,供学生选择.必修课中的专业课里不仅有纯数学课程也有变分法与最优控制这样的应用数学课程,所以莫斯科大学的学生在应用数学方面尤其出色.

要成为一个合格的数学家,光短短5年的本科是远远不够的,还要经过3～4年的副博士阶段的学习和无固定期限地做博士研究,应该说莫斯科大学的研究生院在数学方面绝对是天下第一的研究生院,莫斯科大学研究生院在数学方面有门类齐全的各种讨论班,讨论班的组织者都是世界闻名的数学家,参加讨论班的不仅有莫斯科大学的学者,还有来自全苏各个科研机构的学者.经过5年的必修课和专业课、选修课的学习,凡是到莫斯科大学研究生院来的学生都有很扎实的专业知识,所以莫斯科大学的研究生是不上课的,一来就是上讨论班,进行科学研究,同样研究生想毕业也要拿出毕业论文和学年论文,毕业论文要拿到杂志上发表半年以后,有15名来自不同单位的博士签名,才能参加答辩.答辩的规矩比本科生更严格,只有通过毕业答辩和学年论文的答辩才能拿到数学科学副博士学位.至于数学科学博士,则是给有一定成就的科学家的学位,要拿博士至少要有一本合格的专著才行.

如果谁拿到莫斯科大学的数学科学博士的学位,那么谁就可以到大多数世界一流大学谋个教授(包括助教授)当!但是这个过程是十分难完成的,俄罗斯有种说法,说院士为什么比一般人长寿,是因为院士居然可以完成从本科到博士这样折磨人的过程,所以身体一定好得很!

说到莫斯科大学的数学,有一个人是不能不提的,那就是数学大师柯尔莫哥洛夫,应该说柯尔莫哥洛夫不仅是数学家,而且是教育家,但是这并不是我在这里要专门介绍他的原因,我专门介绍他是基于以下几个原因:①如果说使莫斯科大学的数学跻身于世界一流是在鲁金和彼得罗夫斯基的带领之下,那么使莫斯科大学真正成为世界第一数学强校则是在柯尔莫哥洛夫担任数学力学部主任的时期.②柯尔莫哥洛夫是莫斯科数学学派中承前启后的一代中的领军人物,特别是如盖尔方德、阿诺德等著名数学家都是他的学生.③柯尔莫哥洛夫虽然没当过莫斯科大学校长,但是彼得罗夫斯基去世后,他在莫斯科大学基本上就是太上校长,莫斯科大学的一些改革措施都和他多少有些关系.对于数学家柯尔莫哥洛夫,大家一定很熟悉,但是对于教育家柯尔莫哥洛夫,大家就不大清楚了!下面是我从沃尔夫奖得主,日本著名数学家伊藤清写的一篇纪念柯尔莫哥洛夫的文章中摘抄下来的:

“柯尔莫哥洛夫认为,数学需要特别的才能这种观念在多数情况下是被夸大了,学生觉得数学特别难,问题多半出在教师身上,当然学生对数学的适应性的确存在差异,这种适应性表现在:①算法能力,也就是对复杂式子作高明的变形,以解决标准方法解决不了的问题的能力;②几何直观的能力,对于抽象的东西能把它在头脑里像图画一样表达出来,并进行思考的能力;③一步一步进行逻辑推理的能力.”

“但是柯尔莫哥洛夫也指出,仅有这些能力,而不对研究的题目有持久的兴趣,不做持久的努力,也是无用的.柯尔莫哥洛夫认为,在大学里好的教师要做到以下几点:①讲课高明,特别是能用其他科学领域的例子来吸引学生,增进理解,培养理论联系实际的能力;②以清楚的解释和广博的知识来吸引学生学习;③善于因材施教.”

“柯尔莫哥洛夫认为以上三条都是有价值的,特别是:‘③善于因材施教’,这是一个好教师必须做到的,那么对于数学力学系或计算数学与控制论系的学生又应当怎样做呢?柯尔莫哥洛夫认为除了通常的要求外,有两点要特别强调:①要把泛函分析这样的重要学科(他说的重要学科恐怕还包括拓扑学和抽象代数)当成日常工具一样应用自如;②要重视实际问题.”

“柯尔莫哥洛夫认为,学生刚开始搞研究时,首先必须让学生树立‘我能够搞出东西’的自信心,所以教师在帮助学生选课题时,不能只考虑问题的重要性,关键是要看问题是否在学生的能力范围之内,而且需要学生做出最大的努力才能解决问题.”

其实科研训练应当是越早越好,在学生做习题的时候就要注意进行科研训练了!这也是莫斯科大学数学成功的秘诀之一.莫斯科大学讨论课上的习题根本没有我们常见的套公式、套定理的题目.比如,我的那个亲戚,在莫斯科大学读书时担任数学分析课的助教(莫斯科大学学数学的学生毕业后大多数是到各个大学担任教师,所以莫斯科大学很重视学生的教学能力,一般研究生都要作助教,本科生毕业前要进行大学数学的教学实习),据他说,主讲教授每次布置的讨论课题目简直稀奇古怪,比如说有一次,是叫他让学生利用隐函数定理证明拓扑学中的 Morse 引理;还有一次,叫他给出有界变差函数的定义,然后证明全变差的可加性等等,一直到雅可比分解!基本上把我们国家的实变函数课中的有关问题都干掉了!总之他们经常叫学生证明一些后续课程中的定理,据他们认为这样做基本等于叫学生做小论文,算是模拟科研,对以后做科研是有好处的.

最后,我们的结论是:俄罗斯经济虽停滞,但数学从未被超越!

**刘培杰**

2017 年 4 月 20 日

于哈工大

# 刘培杰数学工作室
# 已出版(即将出版)图书目录——初等数学

| 书　　名 | 出版时间 | 定　价 | 编号 |
|---|---|---|---|
| 新编中学数学解题方法全书(高中版)上卷(第2版) | 2018—08 | 58.00 | 951 |
| 新编中学数学解题方法全书(高中版)中卷(第2版) | 2018—08 | 68.00 | 952 |
| 新编中学数学解题方法全书(高中版)下卷(一)(第2版) | 2018—08 | 58.00 | 953 |
| 新编中学数学解题方法全书(高中版)下卷(二)(第2版) | 2018—08 | 58.00 | 954 |
| 新编中学数学解题方法全书(高中版)下卷(三)(第2版) | 2018—08 | 68.00 | 955 |
| 新编中学数学解题方法全书(初中版)上卷 | 2008—01 | 28.00 | 29 |
| 新编中学数学解题方法全书(初中版)中卷 | 2010—07 | 38.00 | 75 |
| 新编中学数学解题方法全书(高考复习卷) | 2010—01 | 48.00 | 67 |
| 新编中学数学解题方法全书(高考真题卷) | 2010—01 | 38.00 | 62 |
| 新编中学数学解题方法全书(高考精华卷) | 2011—03 | 68.00 | 118 |
| 新编平面解析几何解题方法全书(专题讲座卷) | 2010—01 | 18.00 | 61 |
| 新编中学数学解题方法全书(自主招生卷) | 2013—08 | 88.00 | 261 |
| 数学奥林匹克与数学文化(第一辑) | 2006—05 | 48.00 | 4 |
| 数学奥林匹克与数学文化(第二辑)(竞赛卷) | 2008—01 | 48.00 | 19 |
| 数学奥林匹克与数学文化(第二辑)(文化卷) | 2008—07 | 58.00 | 36′ |
| 数学奥林匹克与数学文化(第三辑)(竞赛卷) | 2010—01 | 48.00 | 59 |
| 数学奥林匹克与数学文化(第四辑)(竞赛卷) | 2011—08 | 58.00 | 87 |
| 数学奥林匹克与数学文化(第五辑) | 2015—06 | 98.00 | 370 |
| 世界著名平面几何经典著作钩沉——几何作图专题卷(上) | 2009—06 | 48.00 | 49 |
| 世界著名平面几何经典著作钩沉——几何作图专题卷(下) | 2011—01 | 88.00 | 80 |
| 世界著名平面几何经典著作钩沉(民国平面几何老课本) | 2011—03 | 38.00 | 113 |
| 世界著名平面几何经典著作钩沉(建国初期平面三角老课本) | 2015—08 | 38.00 | 507 |
| 世界著名解析几何经典著作钩沉——平面解析几何卷 | 2014—01 | 38.00 | 264 |
| 世界著名数论经典著作钩沉(算术卷) | 2012—01 | 28.00 | 125 |
| 世界著名数学经典著作钩沉——立体几何卷 | 2011—02 | 28.00 | 88 |
| 世界著名三角学经典著作钩沉(平面三角卷Ⅰ) | 2010—06 | 28.00 | 69 |
| 世界著名三角学经典著作钩沉(平面三角卷Ⅱ) | 2011—01 | 38.00 | 78 |
| 世界著名初等数论经典著作钩沉(理论和实用算术卷) | 2011—07 | 38.00 | 126 |
| 发展你的空间想象力(第2版) | 2019—11 | 68.00 | 1117 |
| 空间想象力进阶 | 2019—05 | 68.00 | 1062 |
| 走向国际数学奥林匹克的平面几何试题诠释.第1卷 | 2019—07 | 88.00 | 1043 |
| 走向国际数学奥林匹克的平面几何试题诠释.第2卷 | 2019—09 | 78.00 | 1044 |
| 走向国际数学奥林匹克的平面几何试题诠释.第3卷 | 2019—03 | 78.00 | 1045 |
| 走向国际数学奥林匹克的平面几何试题诠释.第4卷 | 2019—09 | 98.00 | 1046 |
| 平面几何证明方法全书 | 2007—08 | 35.00 | 1 |
| 平面几何证明方法全书习题解答(第2版) | 2006—12 | 18.00 | 10 |
| 平面几何天天练上卷·基础篇(直线型) | 2013—01 | 58.00 | 208 |
| 平面几何天天练中卷·基础篇(涉及圆) | 2013—01 | 28.00 | 234 |
| 平面几何天天练下卷·提高篇 | 2013—01 | 58.00 | 237 |
| 平面几何专题研究 | 2013—07 | 98.00 | 258 |

# 刘培杰数学工作室
# 已出版(即将出版)图书目录——初等数学

| 书　　名 | 出版时间 | 定　价 | 编号 |
|---|---|---|---|
| 最新世界各国数学奥林匹克中的平面几何试题 | 2007－09 | 38.00 | 14 |
| 数学竞赛平面几何典型题及新颖解 | 2010－07 | 48.00 | 74 |
| 初等数学复习及研究(平面几何) | 2008－09 | 58.00 | 38 |
| 初等数学复习及研究(立体几何) | 2010－06 | 38.00 | 71 |
| 初等数学复习及研究(平面几何)习题解答 | 2009－01 | 48.00 | 42 |
| 几何学教程(平面几何卷) | 2011－03 | 68.00 | 90 |
| 几何学教程(立体几何卷) | 2011－07 | 68.00 | 130 |
| 几何变换与几何证题 | 2010－06 | 88.00 | 70 |
| 计算方法与几何证题 | 2011－06 | 28.00 | 129 |
| 立体几何技巧与方法 | 2014－04 | 88.00 | 293 |
| 几何瑰宝——平面几何500名题暨1000条定理(上、下) | 2010－07 | 138.00 | 76,77 |
| 三角形的解法与应用 | 2012－07 | 18.00 | 183 |
| 近代的三角形几何学 | 2012－07 | 48.00 | 184 |
| 一般折线几何学 | 2015－08 | 48.00 | 503 |
| 三角形的五心 | 2009－06 | 28.00 | 51 |
| 三角形的六心及其应用 | 2015－10 | 68.00 | 542 |
| 三角形趣谈 | 2012－08 | 28.00 | 212 |
| 解三角形 | 2014－01 | 28.00 | 265 |
| 三角学专门教程 | 2014－09 | 28.00 | 387 |
| 图天下几何新题试卷.初中(第2版) | 2017－11 | 58.00 | 855 |
| 圆锥曲线习题集(上册) | 2013－06 | 68.00 | 255 |
| 圆锥曲线习题集(中册) | 2015－01 | 78.00 | 434 |
| 圆锥曲线习题集(下册·第1卷) | 2016－10 | 78.00 | 683 |
| 圆锥曲线习题集(下册·第2卷) | 2018－01 | 98.00 | 853 |
| 圆锥曲线习题集(下册·第3卷) | 2019－10 | 128.00 | 1113 |
| 论九点圆 | 2015－05 | 88.00 | 645 |
| 近代欧氏几何学 | 2012－03 | 48.00 | 162 |
| 罗巴切夫斯基几何学及几何基础概要 | 2012－07 | 28.00 | 188 |
| 罗巴切夫斯基几何学初步 | 2015－06 | 28.00 | 474 |
| 用三角、解析几何、复数、向量计算解数学竞赛几何题 | 2015－03 | 48.00 | 455 |
| 美国中学几何教程 | 2015－04 | 88.00 | 458 |
| 三线坐标与三角形特征点 | 2015－04 | 98.00 | 460 |
| 平面解析几何方法与研究(第1卷) | 2015－05 | 18.00 | 471 |
| 平面解析几何方法与研究(第2卷) | 2015－06 | 18.00 | 472 |
| 平面解析几何方法与研究(第3卷) | 2015－07 | 18.00 | 473 |
| 解析几何研究 | 2015－01 | 38.00 | 425 |
| 解析几何学教程.上 | 2016－01 | 38.00 | 574 |
| 解析几何学教程.下 | 2016－01 | 38.00 | 575 |
| 几何学基础 | 2016－01 | 58.00 | 581 |
| 初等几何研究 | 2015－02 | 58.00 | 444 |
| 十九和二十世纪欧氏几何学中的片段 | 2017－01 | 58.00 | 696 |
| 平面几何中考.高考.奥数一本通 | 2017－07 | 28.00 | 820 |
| 几何学简史 | 2017－08 | 28.00 | 833 |
| 四面体 | 2018－01 | 48.00 | 880 |
| 平面几何证明方法思路 | 2018－12 | 68.00 | 913 |
| 平面几何图形特性新析.上篇 | 2019－01 | 68.00 | 911 |
| 平面几何图形特性新析.下篇 | 2018－06 | 88.00 | 912 |
| 平面几何范例多解探究.上篇 | 2018－04 | 48.00 | 910 |
| 平面几何范例多解探究.下篇 | 2018－12 | 68.00 | 914 |
| 从分析解题过程学解题:竞赛中的几何问题研究 | 2018－07 | 68.00 | 946 |
| 从分析解题过程学解题:竞赛中的向量几何与不等式研究(全2册) | 2019－06 | 138.00 | 1090 |
| 二维、三维欧氏几何的对偶原理 | 2018－12 | 38.00 | 990 |
| 星形大观及闭折线论 | 2019－03 | 68.00 | 1020 |
| 圆锥曲线之设点与设线 | 2019－05 | 60.00 | 1063 |
| 立体几何的问题和方法 | 2019－11 | 58.00 | 1127 |

# 刘培杰数学工作室

# 已出版(即将出版)图书目录——初等数学

| 书　　名 | 出版时间 | 定　价 | 编号 |
|---|---|---|---|
| 俄罗斯平面几何问题集 | 2009－08 | 88.00 | 55 |
| 俄罗斯立体几何问题集 | 2014－03 | 58.00 | 283 |
| 俄罗斯几何大师——沙雷金论数学及其他 | 2014－01 | 48.00 | 271 |
| 来自俄罗斯的 5000 道几何习题及解答 | 2011－03 | 58.00 | 89 |
| 俄罗斯初等数学问题集 | 2012－05 | 38.00 | 177 |
| 俄罗斯函数问题集 | 2011－03 | 38.00 | 103 |
| 俄罗斯组合分析问题集 | 2011－01 | 48.00 | 79 |
| 俄罗斯初等数学万题选——三角卷 | 2012－11 | 38.00 | 222 |
| 俄罗斯初等数学万题选——代数卷 | 2013－08 | 68.00 | 225 |
| 俄罗斯初等数学万题选——几何卷 | 2014－01 | 68.00 | 226 |
| 俄罗斯《量子》杂志数学征解问题 100 题选 | 2018－08 | 48.00 | 969 |
| 俄罗斯《量子》杂志数学征解问题又 100 题选 | 2018－08 | 48.00 | 970 |
| 463 个俄罗斯几何老问题 | 2012－01 | 28.00 | 152 |
| 《量子》数学短文精粹 | 2018－09 | 38.00 | 972 |
| 用三角、解析几何等计算解来自俄罗斯的几何题 | 2019－11 | 88.00 | 1119 |
| 谈谈素数 | 2011－03 | 18.00 | 91 |
| 平方和 | 2011－03 | 18.00 | 92 |
| 整数论 | 2011－05 | 38.00 | 120 |
| 从整数谈起 | 2015－10 | 28.00 | 538 |
| 数与多项式 | 2016－01 | 38.00 | 558 |
| 谈谈不定方程 | 2011－05 | 28.00 | 119 |
| 解析不等式新论 | 2009－06 | 68.00 | 48 |
| 建立不等式的方法 | 2011－03 | 98.00 | 104 |
| 数学奥林匹克不等式研究 | 2009－08 | 68.00 | 56 |
| 不等式研究(第二辑) | 2012－02 | 68.00 | 153 |
| 不等式的秘密(第一卷)(第 2 版) | 2014－02 | 38.00 | 286 |
| 不等式的秘密(第二卷) | 2014－01 | 38.00 | 268 |
| 初等不等式的证明方法 | 2010－06 | 38.00 | 123 |
| 初等不等式的证明方法(第二版) | 2014－11 | 38.00 | 407 |
| 不等式・理论・方法(基础卷) | 2015－07 | 38.00 | 496 |
| 不等式・理论・方法(经典不等式卷) | 2015－07 | 38.00 | 497 |
| 不等式・理论・方法(特殊类型不等式卷) | 2015－07 | 48.00 | 498 |
| 不等式探究 | 2016－03 | 38.00 | 582 |
| 不等式探秘 | 2017－01 | 88.00 | 689 |
| 四面体不等式 | 2017－01 | 68.00 | 715 |
| 数学奥林匹克中常见重要不等式 | 2017－09 | 38.00 | 845 |
| 三正弦不等式 | 2018－09 | 98.00 | 974 |
| 函数方程与不等式:解法与稳定性结果 | 2019－04 | 68.00 | 1058 |
| 同余理论 | 2012－05 | 38.00 | 163 |
| [x]与{x} | 2015－04 | 48.00 | 476 |
| 极值与最值.上卷 | 2015－06 | 28.00 | 486 |
| 极值与最值.中卷 | 2015－06 | 38.00 | 487 |
| 极值与最值.下卷 | 2015－06 | 28.00 | 488 |
| 整数的性质 | 2012－11 | 38.00 | 192 |
| 完全平方数及其应用 | 2015－08 | 78.00 | 506 |
| 多项式理论 | 2015－10 | 88.00 | 541 |
| 奇数、偶数、奇偶分析法 | 2018－01 | 98.00 | 876 |
| 不定方程及其应用.上 | 2018－12 | 58.00 | 992 |
| 不定方程及其应用.中 | 2019－01 | 78.00 | 993 |
| 不定方程及其应用.下 | 2019－02 | 98.00 | 994 |

# 刘培杰数学工作室
# 已出版(即将出版)图书目录——初等数学

| 书　　名 | 出版时间 | 定　价 | 编号 |
| --- | --- | --- | --- |
| 历届美国中学生数学竞赛试题及解答(第一卷)1950—1954 | 2014—07 | 18.00 | 277 |
| 历届美国中学生数学竞赛试题及解答(第二卷)1955—1959 | 2014—04 | 18.00 | 278 |
| 历届美国中学生数学竞赛试题及解答(第三卷)1960—1964 | 2014—06 | 18.00 | 279 |
| 历届美国中学生数学竞赛试题及解答(第四卷)1965—1969 | 2014—04 | 28.00 | 280 |
| 历届美国中学生数学竞赛试题及解答(第五卷)1970—1972 | 2014—06 | 18.00 | 281 |
| 历届美国中学生数学竞赛试题及解答(第六卷)1973—1980 | 2017—07 | 18.00 | 768 |
| 历届美国中学生数学竞赛试题及解答(第七卷)1981—1986 | 2015—01 | 18.00 | 424 |
| 历届美国中学生数学竞赛试题及解答(第八卷)1987—1990 | 2017—05 | 18.00 | 769 |
| 历届中国数学奥林匹克试题集(第2版) | 2017—03 | 38.00 | 757 |
| 历届加拿大数学奥林匹克试题集 | 2012—08 | 38.00 | 215 |
| 历届美国数学奥林匹克试题集:多解推广加强(第2版) | 2016—03 | 48.00 | 592 |
| 历届波兰数学竞赛试题集.第1卷,1949～1963 | 2015—03 | 18.00 | 453 |
| 历届波兰数学竞赛试题集.第2卷,1964～1976 | 2015—03 | 18.00 | 454 |
| 历届巴尔干数学奥林匹克试题集 | 2015—05 | 38.00 | 466 |
| 保加利亚数学奥林匹克 | 2014—10 | 38.00 | 393 |
| 圣彼得堡数学奥林匹克试题集 | 2015—01 | 38.00 | 429 |
| 匈牙利奥林匹克数学竞赛题解.第1卷 | 2016—05 | 28.00 | 593 |
| 匈牙利奥林匹克数学竞赛题解.第2卷 | 2016—05 | 28.00 | 594 |
| 历届美国数学邀请赛试题集(第2版) | 2017—10 | 78.00 | 851 |
| 全国高中数学竞赛试题及解答.第1卷 | 2014—07 | 38.00 | 331 |
| 普林斯顿大学数学竞赛 | 2016—06 | 38.00 | 669 |
| 亚太地区数学奥林匹克竞赛题 | 2015—07 | 18.00 | 492 |
| 日本历届(初级)广中杯数学竞赛试题及解答.第1卷(2000～2007) | 2016—05 | 28.00 | 641 |
| 日本历届(初级)广中杯数学竞赛试题及解答.第2卷(2008～2015) | 2016—05 | 38.00 | 642 |
| 360个数学竞赛问题 | 2016—08 | 58.00 | 677 |
| 奥数最佳实战题.上卷 | 2017—06 | 38.00 | 760 |
| 奥数最佳实战题.下卷 | 2017—05 | 58.00 | 761 |
| 哈尔滨市早期中学数学竞赛试题汇编 | 2016—07 | 28.00 | 672 |
| 全国高中数学联赛试题及解答:1981—2017(第2版) | 2018—05 | 98.00 | 920 |
| 20世纪50年代全国部分城市数学竞赛试题汇编 | 2017—07 | 28.00 | 797 |
| 国内外数学竞赛题及精解:2017～2018 | 2019—06 | 45.00 | 1092 |
| 许康华竞赛优学精选集.第一辑 | 2018—08 | 68.00 | 949 |
| 天问叶班数学问题征解100题.Ⅰ,2016—2018 | 2019—05 | 88.00 | 1075 |
| 美国初中数学竞赛:AMC8准备(共6卷) | 2019—07 | 138.00 | 1089 |
| 美国高中数学竞赛:AMC10准备(共6卷) | 2019—08 | 158.00 | 1105 |
| 高考数学临门一脚(含密押三套卷)(理科版) | 2017—01 | 45.00 | 743 |
| 高考数学临门一脚(含密押三套卷)(文科版) | 2017—01 | 45.00 | 744 |
| 新课标高考数学题型全归纳(文科版) | 2015—05 | 72.00 | 467 |
| 新课标高考数学题型全归纳(理科版) | 2015—05 | 82.00 | 468 |
| 洞穿高考数学解答题核心考点(理科版) | 2015—11 | 49.80 | 550 |
| 洞穿高考数学解答题核心考点(文科版) | 2015—11 | 46.80 | 551 |

# 刘培杰数学工作室
# 已出版(即将出版)图书目录——初等数学

| 书　　名 | 出版时间 | 定　价 | 编号 |
|---|---|---|---|
| 高考数学题型全归纳:文科版.上 | 2016—05 | 53.00 | 663 |
| 高考数学题型全归纳:文科版.下 | 2016—05 | 53.00 | 664 |
| 高考数学题型全归纳:理科版.上 | 2016—05 | 58.00 | 665 |
| 高考数学题型全归纳:理科版.下 | 2016—05 | 58.00 | 666 |
| 王连笑教你怎样学数学:高考选择题解题策略与客观题实用训练 | 2014—01 | 48.00 | 262 |
| 王连笑教你怎样学数学:高考数学高层次讲座 | 2015—02 | 48.00 | 432 |
| 高考数学的理论与实践 | 2009—08 | 38.00 | 53 |
| 高考数学核心题型解题方法与技巧 | 2010—01 | 28.00 | 86 |
| 高考思维新平台 | 2014—03 | 38.00 | 259 |
| 30 分钟拿下高考数学选择题、填空题(理科版) | 2016—10 | 39.80 | 720 |
| 30 分钟拿下高考数学选择题、填空题(文科版) | 2016—10 | 39.80 | 721 |
| 高考数学压轴题解题诀窍(上)(第 2 版) | 2018—01 | 58.00 | 874 |
| 高考数学压轴题解题诀窍(下)(第 2 版) | 2018—01 | 48.00 | 875 |
| 北京市五区文科数学三年高考模拟题详解:2013～2015 | 2015—08 | 48.00 | 500 |
| 北京市五区理科数学三年高考模拟题详解:2013～2015 | 2015—09 | 68.00 | 505 |
| 向量法巧解数学高考题 | 2009—08 | 28.00 | 54 |
| 高考数学解题金典(第 2 版) | 2017—01 | 78.00 | 716 |
| 高考物理解题金典(第 2 版) | 2019—05 | 68.00 | 717 |
| 高考化学解题金典(第 2 版) | 2019—05 | 58.00 | 718 |
| 我一定要赚分:高中物理 | 2016—01 | 38.00 | 580 |
| 数学高考参考 | 2016—01 | 78.00 | 589 |
| 2011～2015 年全国及各省市高考数学文科精品试题审题要津与解法研究 | 2015—10 | 68.00 | 539 |
| 2011～2015 年全国及各省市高考数学理科精品试题审题要津与解法研究 | 2015—10 | 88.00 | 540 |
| 最新全国及各省市高考数学试卷解法研究及点拨评析 | 2009—02 | 38.00 | 41 |
| 2011 年全国及各省市高考数学试题审题要津与解法研究 | 2011—10 | 48.00 | 139 |
| 2013 年全国及各省市高考数学试题解析与点评 | 2014—01 | 48.00 | 282 |
| 全国及各省市高考数学试题审题要津与解法研究 | 2015—02 | 48.00 | 450 |
| 高中数学章节起始课的教学研究与案例设计 | 2019—05 | 28.00 | 1064 |
| 新课标高考数学——五年试题分章详解(2007～2011)(上、下) | 2011—10 | 78.00 | 140,141 |
| 全国中考数学压轴题审题要津与解法研究 | 2013—04 | 78.00 | 248 |
| 新编全国及各省市中考数学压轴题审题要津与解法研究 | 2014—05 | 58.00 | 342 |
| 全国及各省市 5 年中考数学压轴题审题要津与解法研究(2015 版) | 2015—04 | 58.00 | 462 |
| 中考数学专题总复习 | 2007—04 | 28.00 | 6 |
| 中考数学较难题常考题型解题方法与技巧 | 2016—09 | 48.00 | 681 |
| 中考数学难题常考题型解题方法与技巧 | 2016—09 | 48.00 | 682 |
| 中考数学中档题常考题型解题方法与技巧 | 2017—08 | 68.00 | 835 |
| 中考数学选择填空压轴好题妙解 365 | 2017—05 | 38.00 | 759 |
| 中小学数学的历史文化 | 2019—11 | 48.00 | 1124 |
| 初中平面几何百题多思创新解 | 2020—01 | 58.00 | 1125 |
| 初中数学中考备考 | 2020—01 | 58.00 | 1126 |
| 高考数学之九章演义 | 2019—08 | 68.00 | 1044 |
| 化学可以这样学:高中化学知识方法智慧感悟疑难辨析 | 2019—07 | 58.00 | 1103 |
| 如何成为学习高手 | 2019—09 | 58.00 | 1107 |

# 刘培杰数学工作室

# 已出版(即将出版)图书目录——初等数学

| 书　　名 | 出版时间 | 定　价 | 编号 |
|---|---|---|---|
| 中考数学小压轴汇编初讲 | 2017-07 | 48.00 | 788 |
| 中考数学大压轴专题微言 | 2017-09 | 48.00 | 846 |
| 怎么解中考平面几何探索题 | 2019-06 | 48.00 | 1093 |
| 北京中考数学压轴题解题方法突破(第5版) | 2020-01 | 58.00 | 1120 |
| 助你高考成功的数学解题智慧:知识是智慧的基础 | 2016-01 | 58.00 | 596 |
| 助你高考成功的数学解题智慧:错误是智慧的试金石 | 2016-04 | 58.00 | 643 |
| 助你高考成功的数学解题智慧:方法是智慧的推手 | 2016-04 | 68.00 | 657 |
| 高考数学奇思妙解 | 2016-04 | 38.00 | 610 |
| 高考数学解题策略 | 2016-05 | 48.00 | 670 |
| 数学解题泄天机(第2版) | 2017-10 | 48.00 | 850 |
| 高考物理压轴题全解 | 2017-04 | 48.00 | 746 |
| 高中物理经典问题25讲 | 2017-05 | 28.00 | 764 |
| 高中物理教学讲义 | 2018-01 | 48.00 | 871 |
| 2016年高考文科数学真题研究 | 2017-04 | 58.00 | 754 |
| 2016年高考理科数学真题研究 | 2017-04 | 78.00 | 755 |
| 2017年高考理科数学真题研究 | 2018-01 | 58.00 | 867 |
| 2017年高考文科数学真题研究 | 2018-01 | 48.00 | 868 |
| 初中数学、高中数学脱节知识补缺教材 | 2017-06 | 48.00 | 766 |
| 高考数学小题抢分必练 | 2017-10 | 48.00 | 834 |
| 高考数学核心素养解读 | 2017-09 | 38.00 | 839 |
| 高考数学客观题解题方法和技巧 | 2017-10 | 38.00 | 847 |
| 十年高考数学精品试题审题要津与解法研究.上卷 | 2018-01 | 68.00 | 872 |
| 十年高考数学精品试题审题要津与解法研究.下卷 | 2018-01 | 58.00 | 873 |
| 中国历届高考数学试题及解答.1949-1979 | 2018-01 | 38.00 | 877 |
| 历届中国高考数学试题及解答.第二卷,1980—1989 | 2018-10 | 28.00 | 975 |
| 历届中国高考数学试题及解答.第三卷,1990—1999 | 2018-10 | 48.00 | 976 |
| 数学文化与高考研究 | 2018-03 | 48.00 | 882 |
| 跟我学解高中数学题 | 2018-07 | 58.00 | 926 |
| 中学数学研究的方法及案例 | 2018-05 | 58.00 | 869 |
| 高考数学抢分技能 | 2018-07 | 68.00 | 934 |
| 高一新生常用数学方法和重要数学思想提升教材 | 2018-06 | 38.00 | 921 |
| 2018年高考数学真题研究 | 2019-01 | 68.00 | 1000 |
| 高考数学全国卷16道选择、填空题常考题型解题诀窍.理科 | 2018-09 | 88.00 | 971 |
| 高考数学全国卷16道选择、填空题常考题型解题诀窍.文科 | 2020-01 | 88.00 | 1123 |
| 高中数学一题多解 | 2019-06 | 58.00 | 1087 |
| 新编640个世界著名数学智力趣题 | 2014-01 | 88.00 | 242 |
| 500个最新世界著名数学智力趣题 | 2008-06 | 48.00 | 3 |
| 400个最新世界著名数学最值问题 | 2008-09 | 48.00 | 36 |
| 500个世界著名数学征解问题 | 2009-06 | 48.00 | 52 |
| 400个中国最佳初等数学征解老问题 | 2010-01 | 48.00 | 60 |
| 500个俄罗斯数学经典老题 | 2011-01 | 28.00 | 81 |
| 1000个国外中学物理好题 | 2012-04 | 48.00 | 174 |
| 300个日本高考数学题 | 2012-05 | 38.00 | 142 |
| 700个早期日本高考数学试题 | 2017-02 | 88.00 | 752 |
| 500个前苏联早期高考数学试题及解答 | 2012-05 | 28.00 | 185 |
| 546个早期俄罗斯大学生数学竞赛题 | 2014-03 | 38.00 | 285 |
| 548个来自美苏的数学好问题 | 2014-11 | 28.00 | 396 |
| 20所苏联著名大学早期入学试题 | 2015-02 | 18.00 | 452 |
| 161道德国工科大学生必做的微分方程习题 | 2015-05 | 28.00 | 469 |
| 500个德国工科大学生必做的高数习题 | 2015-06 | 28.00 | 478 |
| 360个数学竞赛问题 | 2016-08 | 58.00 | 677 |
| 200个趣味数学故事 | 2018-02 | 48.00 | 857 |
| 470个数学奥林匹克中的最值问题 | 2018-10 | 88.00 | 985 |
| 德国讲义日本考题.微积分卷 | 2015-04 | 48.00 | 456 |
| 德国讲义日本考题.微分方程卷 | 2015-04 | 38.00 | 457 |
| 二十世纪中叶中、英、美、日、法、俄高考数学试题精选 | 2017-06 | 38.00 | 783 |

# 刘培杰数学工作室
# 已出版(即将出版)图书目录——初等数学

| 书　　名 | 出版时间 | 定　价 | 编号 |
|---|---|---|---|
| 中国初等数学研究　2009 卷(第 1 辑) | 2009—05 | 20.00 | 45 |
| 中国初等数学研究　2010 卷(第 2 辑) | 2010—05 | 30.00 | 68 |
| 中国初等数学研究　2011 卷(第 3 辑) | 2011—07 | 60.00 | 127 |
| 中国初等数学研究　2012 卷(第 4 辑) | 2012—07 | 48.00 | 190 |
| 中国初等数学研究　2014 卷(第 5 辑) | 2014—02 | 48.00 | 288 |
| 中国初等数学研究　2015 卷(第 6 辑) | 2015—06 | 68.00 | 493 |
| 中国初等数学研究　2016 卷(第 7 辑) | 2016—04 | 68.00 | 609 |
| 中国初等数学研究　2017 卷(第 8 辑) | 2017—01 | 98.00 | 712 |
| 初等数学研究在中国. 第 1 辑 | 2019—03 | 158.00 | 1024 |
| 初等数学研究在中国. 第 2 辑 | 2019—10 | 158.00 | 1116 |
| 几何变换(Ⅰ) | 2014—07 | 28.00 | 353 |
| 几何变换(Ⅱ) | 2015—06 | 28.00 | 354 |
| 几何变换(Ⅲ) | 2015—01 | 38.00 | 355 |
| 几何变换(Ⅳ) | 2015—12 | 38.00 | 356 |
| 初等数论难题集(第一卷) | 2009—05 | 68.00 | 44 |
| 初等数论难题集(第二卷)(上、下) | 2011—02 | 128.00 | 82,83 |
| 数论概貌 | 2011—03 | 18.00 | 93 |
| 代数数论(第二版) | 2013—08 | 58.00 | 94 |
| 代数多项式 | 2014—06 | 38.00 | 289 |
| 初等数论的知识与问题 | 2011—02 | 28.00 | 95 |
| 超越数论基础 | 2011—03 | 28.00 | 96 |
| 数论初等教程 | 2011—03 | 28.00 | 97 |
| 数论基础 | 2011—03 | 18.00 | 98 |
| 数论基础与维诺格拉多夫 | 2014—03 | 18.00 | 292 |
| 解析数论基础 | 2012—08 | 28.00 | 216 |
| 解析数论基础(第二版) | 2014—01 | 48.00 | 287 |
| 解析数论问题集(第二版)(原版引进) | 2014—05 | 88.00 | 343 |
| 解析数论问题集(第二版)(中译本) | 2016—04 | 88.00 | 607 |
| 解析数论基础(潘承洞,潘承彪著) | 2016—07 | 98.00 | 673 |
| 解析数论导引 | 2016—07 | 58.00 | 674 |
| 数论入门 | 2011—03 | 38.00 | 99 |
| 代数数论入门 | 2015—03 | 38.00 | 448 |
| 数论开篇 | 2012—07 | 28.00 | 194 |
| 解析数论引论 | 2011—03 | 48.00 | 100 |
| Barban Davenport Halberstam 均值和 | 2009—01 | 40.00 | 33 |
| 基础数论 | 2011—03 | 28.00 | 101 |
| 初等数论 100 例 | 2011—05 | 18.00 | 122 |
| 初等数论经典例题 | 2012—07 | 18.00 | 204 |
| 最新世界各国数学奥林匹克中的初等数论试题(上、下) | 2012—01 | 138.00 | 144,145 |
| 初等数论(Ⅰ) | 2012—01 | 18.00 | 156 |
| 初等数论(Ⅱ) | 2012—01 | 18.00 | 157 |
| 初等数论(Ⅲ) | 2012—01 | 28.00 | 158 |

# 刘培杰数学工作室
# 已出版(即将出版)图书目录——初等数学

| 书　　名 | 出版时间 | 定　价 | 编号 |
|---|---|---|---|
| 平面几何与数论中未解决的新老问题 | 2013—01 | 68.00 | 229 |
| 代数数论简史 | 2014—11 | 28.00 | 408 |
| 代数数论 | 2015—09 | 88.00 | 532 |
| 代数、数论及分析习题集 | 2016—11 | 98.00 | 695 |
| 数论导引提要及习题解答 | 2016—01 | 48.00 | 559 |
| 素数定理的初等证明. 第 2 版 | 2016—09 | 48.00 | 686 |
| 数论中的模函数与狄利克雷级数(第二版) | 2017—11 | 78.00 | 837 |
| 数论:数学导引 | 2018—01 | 68.00 | 849 |
| 范氏大代数 | 2019—02 | 98.00 | 1016 |
| 解析数学讲义. 第一卷,导来式及微分、积分、级数 | 2019—04 | 88.00 | 1021 |
| 解析数学讲义. 第二卷,关于几何的应用 | 2019—04 | 68.00 | 1022 |
| 解析数学讲义. 第三卷,解析函数论 | 2019—04 | 78.00 | 1023 |
| 分析・组合・数论纵横谈 | 2019—04 | 58.00 | 1039 |
| Hall 代数:民国时期的中学数学课本:英文 | 2019—08 | 88.00 | 1106 |
| | | | |
| 数学精神巡礼 | 2019—01 | 58.00 | 731 |
| 数学眼光透视(第 2 版) | 2017—06 | 78.00 | 732 |
| 数学思想领悟(第 2 版) | 2018—01 | 68.00 | 733 |
| 数学方法溯源(第 2 版) | 2018—08 | 68.00 | 734 |
| 数学解题引论 | 2017—05 | 58.00 | 735 |
| 数学史话览胜(第 2 版) | 2017—01 | 48.00 | 736 |
| 数学应用展观(第 2 版) | 2017—08 | 68.00 | 737 |
| 数学建模尝试 | 2018—04 | 48.00 | 738 |
| 数学竞赛采风 | 2018—01 | 68.00 | 739 |
| 数学测评探营 | 2019—05 | 58.00 | 740 |
| 数学技能操握 | 2018—03 | 48.00 | 741 |
| 数学欣赏拾趣 | 2018—02 | 48.00 | 742 |
| | | | |
| 从毕达哥拉斯到怀尔斯 | 2007—10 | 48.00 | 9 |
| 从迪利克雷到维斯卡尔迪 | 2008—01 | 48.00 | 21 |
| 从哥德巴赫到陈景润 | 2008—05 | 98.00 | 35 |
| 从庞加莱到佩雷尔曼 | 2011—08 | 138.00 | 136 |
| | | | |
| 博弈论精粹 | 2008—03 | 58.00 | 30 |
| 博弈论精粹. 第二版(精装) | 2015—01 | 88.00 | 461 |
| 数学 我爱你 | 2008—01 | 28.00 | 20 |
| 精神的圣徒　别样的人生——60 位中国数学家成长的历程 | 2008—09 | 48.00 | 39 |
| 数学史概论 | 2009—06 | 78.00 | 50 |
| 数学史概论(精装) | 2013—03 | 158.00 | 272 |
| 数学史选讲 | 2016—01 | 48.00 | 544 |
| 斐波那契数列 | 2010—02 | 28.00 | 65 |
| 数学拼盘和斐波那契魔方 | 2010—07 | 38.00 | 72 |
| 斐波那契数列欣赏(第 2 版) | 2018—08 | 58.00 | 948 |
| Fibonacci 数列中的明珠 | 2018—06 | 58.00 | 928 |
| 数学的创造 | 2011—02 | 48.00 | 85 |
| 数学美与创造力 | 2016—01 | 48.00 | 595 |
| 数海拾贝 | 2016—01 | 48.00 | 590 |
| 数学中的美(第 2 版) | 2019—04 | 68.00 | 1057 |
| 数论中的美学 | 2014—12 | 38.00 | 351 |

# 刘培杰数学工作室
# 已出版(即将出版)图书目录——初等数学

| 书　　名 | 出版时间 | 定　价 | 编号 |
|---|---|---|---|
| 数学王者　科学巨人——高斯 | 2015－01 | 28.00 | 428 |
| 振兴祖国数学的圆梦之旅:中国初等数学研究史话 | 2015－06 | 98.00 | 490 |
| 二十世纪中国数学史料研究 | 2015－10 | 48.00 | 536 |
| 数字谜、数阵图与棋盘覆盖 | 2016－01 | 58.00 | 298 |
| 时间的形状 | 2016－01 | 38.00 | 556 |
| 数学发现的艺术:数学探索中的合情推理 | 2016－07 | 58.00 | 671 |
| 活跃在数学中的参数 | 2016－07 | 48.00 | 675 |
| 数学解题——靠数学思想给力(上) | 2011－07 | 38.00 | 131 |
| 数学解题——靠数学思想给力(中) | 2011－07 | 48.00 | 132 |
| 数学解题——靠数学思想给力(下) | 2011－07 | 38.00 | 133 |
| 我怎样解题 | 2013－01 | 48.00 | 227 |
| 数学解题中的物理方法 | 2011－06 | 28.00 | 114 |
| 数学解题的特殊方法 | 2011－06 | 48.00 | 115 |
| 中学数学计算技巧 | 2012－01 | 48.00 | 116 |
| 中学数学证明方法 | 2012－01 | 58.00 | 117 |
| 数学趣题巧解 | 2012－03 | 28.00 | 128 |
| 高中数学教学通鉴 | 2015－05 | 58.00 | 479 |
| 和高中生漫谈:数学与哲学的故事 | 2014－08 | 28.00 | 369 |
| 算术问题集 | 2017－03 | 38.00 | 789 |
| 张教授讲数学 | 2018－07 | 38.00 | 933 |
| 自主招生考试中的参数方程问题 | 2015－01 | 28.00 | 435 |
| 自主招生考试中的极坐标问题 | 2015－04 | 28.00 | 463 |
| 近年全国重点大学自主招生数学试题全解及研究.华约卷 | 2015－02 | 38.00 | 441 |
| 近年全国重点大学自主招生数学试题全解及研究.北约卷 | 2016－05 | 38.00 | 619 |
| 自主招生数学解证宝典 | 2015－09 | 48.00 | 535 |
| 格点和面积 | 2012－07 | 18.00 | 191 |
| 射影几何趣谈 | 2012－04 | 28.00 | 175 |
| 斯潘纳尔引理——从一道加拿大数学奥林匹克试题谈起 | 2014－01 | 28.00 | 228 |
| 李普希兹条件——从几道近年高考数学试题谈起 | 2012－10 | 18.00 | 221 |
| 拉格朗日中值定理——从一道北京高考试题的解法谈起 | 2015－10 | 18.00 | 197 |
| 闵科夫斯基定理——从一道清华大学自主招生试题谈起 | 2014－01 | 28.00 | 198 |
| 哈尔测度——从一道冬令营试题的背景谈起 | 2012－08 | 28.00 | 202 |
| 切比雪夫逼近问题——从一道中国台北数学奥林匹克试题谈起 | 2013－04 | 38.00 | 238 |
| 伯恩斯坦多项式与贝齐尔曲面——从一道全国高中数学联赛试题谈起 | 2013－03 | 38.00 | 236 |
| 卡塔兰猜想——从一道普特南竞赛试题谈起 | 2013－06 | 18.00 | 256 |
| 麦卡锡函数和阿克曼函数——从一道前南斯拉夫数学奥林匹克试题谈起 | 2012－08 | 18.00 | 201 |
| 贝蒂定理与拉姆贝克莫斯尔定理——从一个拣石子游戏谈起 | 2012－08 | 18.00 | 217 |
| 皮亚诺曲线和豪斯道夫分球定理——从无限集谈起 | 2012－08 | 18.00 | 211 |
| 平面凸图形与凸多面体 | 2012－10 | 28.00 | 218 |
| 斯坦因豪斯问题——从一道二十五省市自治区中学数学竞赛试题谈起 | 2012－07 | 18.00 | 196 |

# 刘培杰数学工作室

# 已出版(即将出版)图书目录——初等数学

| 书　　名 | 出版时间 | 定　价 | 编号 |
|---|---|---|---|
| 纽结理论中的亚历山大多项式与琼斯多项式——从一道北京市高一数学竞赛试题谈起 | 2012—07 | 28.00 | 195 |
| 原则与策略——从波利亚"解题表"谈起 | 2013—04 | 38.00 | 244 |
| 转化与化归——从三大尺规作图不能问题谈起 | 2012—08 | 28.00 | 214 |
| 代数几何中的贝祖定理(第一版)——从一道 IMO 试题的解法谈起 | 2013—08 | 18.00 | 193 |
| 成功连贯理论与约当块理论——从一道比利时数学竞赛试题谈起 | 2012—04 | 18.00 | 180 |
| 素数判定与大数分解 | 2014—08 | 18.00 | 199 |
| 置换多项式及其应用 | 2012—10 | 18.00 | 220 |
| 椭圆函数与模函数——从一道美国加州大学洛杉矶分校(UCLA)博士资格考题谈起 | 2012—10 | 28.00 | 219 |
| 差分方程的拉格朗日方法——从一道 2011 年全国高考理科试题的解法谈起 | 2012—08 | 28.00 | 200 |
| 力学在几何中的一些应用 | 2013—01 | 38.00 | 240 |
| 从根式解到伽罗华理论 | 2020—01 | 48.00 | 1121 |
| 康托洛维奇不等式——从一道全国高中联赛试题谈起 | 2013—03 | 28.00 | 337 |
| 西格尔引理——从一道第 18 届 IMO 试题的解法谈起 | 即将出版 | | |
| 罗斯定理——从一道前苏联数学竞赛试题谈起 | 即将出版 | | |
| 拉克斯定理和阿廷定理——从一道 IMO 试题的解法谈起 | 2014—01 | 58.00 | 246 |
| 毕卡大定理——从一道美国大学数学竞赛试题谈起 | 2014—07 | 18.00 | 350 |
| 贝齐尔曲线——从一道全国高中联赛试题谈起 | 即将出版 | | |
| 拉格朗日乘子定理——从一道 2005 年全国高中联赛试题的高等数学解法谈起 | 2015—05 | 28.00 | 480 |
| 雅可比定理——从一道日本数学奥林匹克试题谈起 | 2013—04 | 48.00 | 249 |
| 李天岩一约克定理——从一道波兰数学竞赛试题谈起 | 2014—06 | 28.00 | 349 |
| 整系数多项式因式分解的一般方法——从克朗耐克算法谈起 | 即将出版 | | |
| 布劳维不动点定理——从一道前苏联数学奥林匹克试题谈起 | 2014—01 | 38.00 | 273 |
| 伯恩赛德定理——从一道英国数学奥林匹克试题谈起 | 即将出版 | | |
| 布查特一莫斯特定理——从一道上海市初中竞赛试题谈起 | 即将出版 | | |
| 数论中的同余数问题——从一道普特南竞赛试题谈起 | 即将出版 | | |
| 范·德蒙行列式——从一道美国数学奥林匹克试题谈起 | 即将出版 | | |
| 中国剩余定理:总数法构建中国历史年表 | 2015—01 | 28.00 | 430 |
| 牛顿程序与方程求根——从一道全国高考试题解法谈起 | 即将出版 | | |
| 库默尔定理——从一道 IMO 预选试题谈起 | 即将出版 | | |
| 卢丁定理——从一道冬令营试题的解法谈起 | 即将出版 | | |
| 沃斯滕霍姆定理——从一道 IMO 预选试题谈起 | 即将出版 | | |
| 卡尔松不等式——从一道莫斯科数学奥林匹克试题谈起 | 即将出版 | | |
| 信息论中的香农熵——从一道近年高考压轴题谈起 | 即将出版 | | |
| 约当不等式——从一道希望杯竞赛试题谈起 | 即将出版 | | |
| 拉比诺维奇定理 | 即将出版 | | |
| 刘维尔定理——从一道《美国数学月刊》征解问题的解法谈起 | 即将出版 | | |
| 卡塔兰恒等式与级数求和——从一道 IMO 试题的解法谈起 | 即将出版 | | |
| 勒让德猜想与素数分布——从一道爱尔兰竞赛试题谈起 | 即将出版 | | |
| 天平称重与信息论——从一道基辅市数学奥林匹克试题谈起 | 即将出版 | | |
| 哈密尔顿一凯莱定理:从一道高中数学联赛试题的解法谈起 | 2014—09 | 18.00 | 376 |
| 艾思特曼定理——从一道 CMO 试题的解法谈起 | 即将出版 | | |

# 刘培杰数学工作室 已出版(即将出版)图书目录——初等数学

| 书　　名 | 出版时间 | 定　价 | 编号 |
|---|---|---|---|
| 阿贝尔恒等式与经典不等式及应用 | 2018－06 | 98.00 | 923 |
| 迪利克雷除数问题 | 2018－07 | 48.00 | 930 |
| 幻方、幻立方与拉丁方 | 2019－08 | 48.00 | 1092 |
| 帕斯卡三角形 | 2014－03 | 18.00 | 294 |
| 蒲丰投针问题——从2009年清华大学的一道自主招生试题谈起 | 2014－01 | 38.00 | 295 |
| 斯图姆定理——从一道“华约”自主招生试题的解法谈起 | 2014－01 | 18.00 | 296 |
| 许瓦兹引理——从一道加利福尼亚大学伯克利分校数学系博士生试题谈起 | 2014－08 | 18.00 | 297 |
| 拉姆塞定理——从王诗宬院士的一个问题谈起 | 2016－04 | 48.00 | 299 |
| 坐标法 | 2013－12 | 28.00 | 332 |
| 数论三角形 | 2014－04 | 38.00 | 341 |
| 毕克定理 | 2014－07 | 18.00 | 352 |
| 数林掠影 | 2014－09 | 48.00 | 389 |
| 我们周围的概率 | 2014－10 | 38.00 | 390 |
| 凸函数最值定理:从一道华约自主招生题的解法谈起 | 2014－10 | 28.00 | 391 |
| 易学与数学奥林匹克 | 2014－10 | 38.00 | 392 |
| 生物数学趣谈 | 2015－01 | 18.00 | 409 |
| 反演 | 2015－01 | 28.00 | 420 |
| 因式分解与圆锥曲线 | 2015－01 | 18.00 | 426 |
| 轨迹 | 2015－01 | 28.00 | 427 |
| 面积原理:从常庚哲命的一道CMO试题的积分解法谈起 | 2015－01 | 48.00 | 431 |
| 形形色色的不动点定理:从一道28届IMO试题谈起 | 2015－01 | 38.00 | 439 |
| 柯西函数方程:从一道上海交大自主招生的试题谈起 | 2015－02 | 28.00 | 440 |
| 三角恒等式 | 2015－02 | 28.00 | 442 |
| 无理性判定:从一道2014年“北约”自主招生试题谈起 | 2015－01 | 38.00 | 443 |
| 数学归纳法 | 2015－03 | 18.00 | 451 |
| 极端原理与解题 | 2015－04 | 28.00 | 464 |
| 法雷级数 | 2014－08 | 18.00 | 367 |
| 摆线族 | 2015－01 | 38.00 | 438 |
| 函数方程及其解法 | 2015－05 | 38.00 | 470 |
| 含参数的方程和不等式 | 2012－09 | 28.00 | 213 |
| 希尔伯特第十问题 | 2016－01 | 38.00 | 543 |
| 无穷小量的求和 | 2016－01 | 28.00 | 545 |
| 切比雪夫多项式:从一道清华大学金秋营试题谈起 | 2016－01 | 38.00 | 583 |
| 泽肯多夫定理 | 2016－03 | 38.00 | 599 |
| 代数等式证题法 | 2016－01 | 28.00 | 600 |
| 三角等式证题法 | 2016－01 | 28.00 | 601 |
| 吴大任教授藏书中的一个因式分解公式:从一道美国数学邀请赛试题的解法谈起 | 2016－06 | 28.00 | 656 |
| 易卦——类万物的数学模型 | 2017－08 | 68.00 | 838 |
| “不可思议”的数与数系可持续发展 | 2018－01 | 38.00 | 878 |
| 最短线 | 2018－01 | 38.00 | 879 |
| 幻方和魔方(第一卷) | 2012－05 | 68.00 | 173 |
| 尘封的经典——初等数学经典文献选读(第一卷) | 2012－07 | 48.00 | 205 |
| 尘封的经典——初等数学经典文献选读(第二卷) | 2012－07 | 38.00 | 206 |
| 初级方程式论 | 2011－03 | 28.00 | 106 |
| 初等数学研究(Ⅰ) | 2008－09 | 68.00 | 37 |
| 初等数学研究(Ⅱ)(上、下) | 2009－05 | 118.00 | 46,47 |

# 刘培杰数学工作室
# 已出版(即将出版)图书目录——初等数学

| 书　　名 | 出版时间 | 定　价 | 编号 |
| --- | --- | --- | --- |
| 趣味初等方程妙题集锦 | 2014－09 | 48.00 | 388 |
| 趣味初等数论选美与欣赏 | 2015－02 | 48.00 | 445 |
| 耕读笔记(上卷):一位农民数学爱好者的初数探索 | 2015－04 | 28.00 | 459 |
| 耕读笔记(中卷):一位农民数学爱好者的初数探索 | 2015－05 | 28.00 | 483 |
| 耕读笔记(下卷):一位农民数学爱好者的初数探索 | 2015－05 | 28.00 | 484 |
| 几何不等式研究与欣赏.上卷 | 2016－01 | 88.00 | 547 |
| 几何不等式研究与欣赏.下卷 | 2016－01 | 48.00 | 552 |
| 初等数列研究与欣赏·上 | 2016－01 | 48.00 | 570 |
| 初等数列研究与欣赏·下 | 2016－01 | 48.00 | 571 |
| 趣味初等函数研究与欣赏.上 | 2016－09 | 48.00 | 684 |
| 趣味初等函数研究与欣赏.下 | 2018－09 | 48.00 | 685 |
| 火柴游戏 | 2016－05 | 38.00 | 612 |
| 智力解谜.第1卷 | 2017－07 | 38.00 | 613 |
| 智力解谜.第2卷 | 2017－07 | 38.00 | 614 |
| 故事智力 | 2016－07 | 48.00 | 615 |
| 名人们喜欢的智力问题 | 2020－01 | 48.00 | 616 |
| 数学大师的发现、创造与失误 | 2018－01 | 48.00 | 617 |
| 异曲同工 | 2018－09 | 48.00 | 618 |
| 数学的味道 | 2018－01 | 58.00 | 798 |
| 数学千字文 | 2018－10 | 68.00 | 977 |
| 数贝偶拾——高考数学题研究 | 2014－04 | 28.00 | 274 |
| 数贝偶拾——初等数学研究 | 2014－04 | 38.00 | 275 |
| 数贝偶拾——奥数题研究 | 2014－04 | 48.00 | 276 |
| 钱昌本教你快乐学数学(上) | 2011－12 | 48.00 | 155 |
| 钱昌本教你快乐学数学(下) | 2012－03 | 58.00 | 171 |
| 集合、函数与方程 | 2014－01 | 28.00 | 300 |
| 数列与不等式 | 2014－01 | 38.00 | 301 |
| 三角与平面向量 | 2014－01 | 28.00 | 302 |
| 平面解析几何 | 2014－01 | 38.00 | 303 |
| 立体几何与组合 | 2014－01 | 28.00 | 304 |
| 极限与导数、数学归纳法 | 2014－01 | 38.00 | 305 |
| 趣味数学 | 2014－03 | 28.00 | 306 |
| 教材教法 | 2014－04 | 68.00 | 307 |
| 自主招生 | 2014－05 | 58.00 | 308 |
| 高考压轴题(上) | 2015－01 | 48.00 | 309 |
| 高考压轴题(下) | 2014－10 | 68.00 | 310 |
| 从费马到怀尔斯——费马大定理的历史 | 2013－10 | 198.00 | Ⅰ |
| 从庞加莱到佩雷尔曼——庞加莱猜想的历史 | 2013－10 | 298.00 | Ⅱ |
| 从切比雪夫到爱尔特希(上)——素数定理的初等证明 | 2013－07 | 48.00 | Ⅲ |
| 从切比雪夫到爱尔特希(下)——素数定理100年 | 2012－12 | 98.00 | Ⅲ |
| 从高斯到盖尔方特——二次域的高斯猜想 | 2013－10 | 198.00 | Ⅳ |
| 从库默尔到朗兰兹——朗兰兹猜想的历史 | 2014－01 | 98.00 | Ⅴ |
| 从比勃巴赫到德布朗斯——比勃巴赫猜想的历史 | 2014－02 | 298.00 | Ⅵ |
| 从麦比乌斯到陈省身——麦比乌斯变换与麦比乌斯带 | 2014－02 | 298.00 | Ⅶ |
| 从布尔到豪斯道夫——布尔方程与格论漫谈 | 2013－10 | 198.00 | Ⅷ |
| 从开普勒到阿诺德——三体问题的历史 | 2014－05 | 298.00 | Ⅸ |
| 从华林到华罗庚——华林问题的历史 | 2013－10 | 298.00 | Ⅹ |

# 刘培杰数学工作室<br>已出版(即将出版)图书目录——初等数学

| 书　　名 | 出版时间 | 定　价 | 编号 |
|---|---|---|---|
| 美国高中数学竞赛五十讲.第1卷(英文) | 2014－08 | 28.00 | 357 |
| 美国高中数学竞赛五十讲.第2卷(英文) | 2014－08 | 28.00 | 358 |
| 美国高中数学竞赛五十讲.第3卷(英文) | 2014－09 | 28.00 | 359 |
| 美国高中数学竞赛五十讲.第4卷(英文) | 2014－09 | 28.00 | 360 |
| 美国高中数学竞赛五十讲.第5卷(英文) | 2014－10 | 28.00 | 361 |
| 美国高中数学竞赛五十讲.第6卷(英文) | 2014－11 | 28.00 | 362 |
| 美国高中数学竞赛五十讲.第7卷(英文) | 2014－12 | 28.00 | 363 |
| 美国高中数学竞赛五十讲.第8卷(英文) | 2015－01 | 28.00 | 364 |
| 美国高中数学竞赛五十讲.第9卷(英文) | 2015－01 | 28.00 | 365 |
| 美国高中数学竞赛五十讲.第10卷(英文) | 2015－02 | 38.00 | 366 |
| 三角函数(第2版) | 2017－04 | 38.00 | 626 |
| 不等式 | 2014－01 | 38.00 | 312 |
| 数列 | 2014－01 | 38.00 | 313 |
| 方程(第2版) | 2017－04 | 38.00 | 624 |
| 排列和组合 | 2014－01 | 28.00 | 315 |
| 极限与导数(第2版) | 2016－04 | 38.00 | 635 |
| 向量(第2版) | 2018－08 | 58.00 | 627 |
| 复数及其应用 | 2014－08 | 28.00 | 318 |
| 函数 | 2014－01 | 38.00 | 319 |
| 集合 | 2020－01 | 48.00 | 320 |
| 直线与平面 | 2014－01 | 28.00 | 321 |
| 立体几何(第2版) | 2016－04 | 38.00 | 629 |
| 解三角形 | 即将出版 |  | 323 |
| 直线与圆(第2版) | 2016－11 | 38.00 | 631 |
| 圆锥曲线(第2版) | 2016－09 | 48.00 | 632 |
| 解题通法(一) | 2014－07 | 38.00 | 326 |
| 解题通法(二) | 2014－07 | 38.00 | 327 |
| 解题通法(三) | 2014－05 | 38.00 | 328 |
| 概率与统计 | 2014－01 | 28.00 | 329 |
| 信息迁移与算法 | 即将出版 |  | 330 |
| IMO 50年.第1卷(1959－1963) | 2014－11 | 28.00 | 377 |
| IMO 50年.第2卷(1964－1968) | 2014－11 | 28.00 | 378 |
| IMO 50年.第3卷(1969－1973) | 2014－09 | 28.00 | 379 |
| IMO 50年.第4卷(1974－1978) | 2016－04 | 38.00 | 380 |
| IMO 50年.第5卷(1979－1984) | 2015－04 | 38.00 | 381 |
| IMO 50年.第6卷(1985－1989) | 2015－04 | 58.00 | 382 |
| IMO 50年.第7卷(1990－1994) | 2016－01 | 48.00 | 383 |
| IMO 50年.第8卷(1995－1999) | 2016－06 | 38.00 | 384 |
| IMO 50年.第9卷(2000－2004) | 2015－04 | 58.00 | 385 |
| IMO 50年.第10卷(2005－2009) | 2016－01 | 48.00 | 386 |
| IMO 50年.第11卷(2010－2015) | 2017－03 | 48.00 | 646 |

# 刘培杰数学工作室
# 已出版(即将出版)图书目录——初等数学

| 书　名 | 出版时间 | 定　价 | 编号 |
| --- | --- | --- | --- |
| 数学反思(2006—2007) | 即将出版 | | 915 |
| 数学反思(2008—2009) | 2019—01 | 68.00 | 917 |
| 数学反思(2010—2011) | 2018—05 | 58.00 | 916 |
| 数学反思(2012—2013) | 2019—01 | 58.00 | 918 |
| 数学反思(2014—2015) | 2019—03 | 78.00 | 919 |
| 历届美国大学生数学竞赛试题集.第一卷(1938—1949) | 2015—01 | 28.00 | 397 |
| 历届美国大学生数学竞赛试题集.第二卷(1950—1959) | 2015—01 | 28.00 | 398 |
| 历届美国大学生数学竞赛试题集.第三卷(1960—1969) | 2015—01 | 28.00 | 399 |
| 历届美国大学生数学竞赛试题集.第四卷(1970—1979) | 2015—01 | 18.00 | 400 |
| 历届美国大学生数学竞赛试题集.第五卷(1980—1989) | 2015—01 | 28.00 | 401 |
| 历届美国大学生数学竞赛试题集.第六卷(1990—1999) | 2015—01 | 28.00 | 402 |
| 历届美国大学生数学竞赛试题集.第七卷(2000—2009) | 2015—08 | 18.00 | 403 |
| 历届美国大学生数学竞赛试题集.第八卷(2010—2012) | 2015—01 | 18.00 | 404 |
| 新课标高考数学创新题解题诀窍:总论 | 2014—09 | 28.00 | 372 |
| 新课标高考数学创新题解题诀窍:必修1～5分册 | 2014—08 | 38.00 | 373 |
| 新课标高考数学创新题解题诀窍:选修2－1,2－2,1－1,1－2分册 | 2014—09 | 38.00 | 374 |
| 新课标高考数学创新题解题诀窍:选修2－3,4－4,4－5分册 | 2014—09 | 18.00 | 375 |
| 全国重点大学自主招生英文数学试题全攻略:词汇卷 | 2015—07 | 48.00 | 410 |
| 全国重点大学自主招生英文数学试题全攻略:概念卷 | 2015—01 | 28.00 | 411 |
| 全国重点大学自主招生英文数学试题全攻略:文章选读卷(上) | 2016—09 | 38.00 | 412 |
| 全国重点大学自主招生英文数学试题全攻略:文章选读卷(下) | 2017—01 | 58.00 | 413 |
| 全国重点大学自主招生英文数学试题全攻略:试题卷 | 2015—07 | 38.00 | 414 |
| 全国重点大学自主招生英文数学试题全攻略:名著欣赏卷 | 2017—03 | 48.00 | 415 |
| 劳埃德数学趣题大全.题目卷.1:英文 | 2016—01 | 18.00 | 516 |
| 劳埃德数学趣题大全.题目卷.2:英文 | 2016—01 | 18.00 | 517 |
| 劳埃德数学趣题大全.题目卷.3:英文 | 2016—01 | 18.00 | 518 |
| 劳埃德数学趣题大全.题目卷.4:英文 | 2016—01 | 18.00 | 519 |
| 劳埃德数学趣题大全.题目卷.5:英文 | 2016—01 | 18.00 | 520 |
| 劳埃德数学趣题大全.答案卷:英文 | 2016—01 | 18.00 | 521 |
| 李成章教练奥数笔记.第1卷 | 2016—01 | 48.00 | 522 |
| 李成章教练奥数笔记.第2卷 | 2016—01 | 48.00 | 523 |
| 李成章教练奥数笔记.第3卷 | 2016—01 | 38.00 | 524 |
| 李成章教练奥数笔记.第4卷 | 2016—01 | 38.00 | 525 |
| 李成章教练奥数笔记.第5卷 | 2016—01 | 38.00 | 526 |
| 李成章教练奥数笔记.第6卷 | 2016—01 | 38.00 | 527 |
| 李成章教练奥数笔记.第7卷 | 2016—01 | 38.00 | 528 |
| 李成章教练奥数笔记.第8卷 | 2016—01 | 48.00 | 529 |
| 李成章教练奥数笔记.第9卷 | 2016—01 | 28.00 | 530 |

# 刘培杰数学工作室 已出版(即将出版)图书目录——初等数学

| 书　　名 | 出版时间 | 定　价 | 编号 |
| --- | --- | --- | --- |
| 第19～23届"希望杯"全国数学邀请赛试题审题要津详细评注(初一版) | 2014—03 | 28.00 | 333 |
| 第19～23届"希望杯"全国数学邀请赛试题审题要津详细评注(初二、初三版) | 2014—03 | 38.00 | 334 |
| 第19～23届"希望杯"全国数学邀请赛试题审题要津详细评注(高一版) | 2014—03 | 28.00 | 335 |
| 第19～23届"希望杯"全国数学邀请赛试题审题要津详细评注(高二版) | 2014—03 | 38.00 | 336 |
| 第19～25届"希望杯"全国数学邀请赛试题审题要津详细评注(初一版) | 2015—01 | 38.00 | 416 |
| 第19～25届"希望杯"全国数学邀请赛试题审题要津详细评注(初二、初三版) | 2015—01 | 58.00 | 417 |
| 第19～25届"希望杯"全国数学邀请赛试题审题要津详细评注(高一版) | 2015—01 | 48.00 | 418 |
| 第19～25届"希望杯"全国数学邀请赛试题审题要津详细评注(高二版) | 2015—01 | 48.00 | 419 |
| 物理奥林匹克竞赛大题典——力学卷 | 2014—11 | 48.00 | 405 |
| 物理奥林匹克竞赛大题典——热学卷 | 2014—04 | 28.00 | 339 |
| 物理奥林匹克竞赛大题典——电磁学卷 | 2015—07 | 48.00 | 406 |
| 物理奥林匹克竞赛大题典——光学与近代物理卷 | 2014—06 | 28.00 | 345 |
| 历届中国东南地区数学奥林匹克试题集(2004～2012) | 2014—06 | 18.00 | 346 |
| 历届中国西部地区数学奥林匹克试题集(2001～2012) | 2014—07 | 18.00 | 347 |
| 历届中国女子数学奥林匹克试题集(2002～2012) | 2014—08 | 18.00 | 348 |
| 数学奥林匹克在中国 | 2014—06 | 98.00 | 344 |
| 数学奥林匹克问题集 | 2014—01 | 38.00 | 267 |
| 数学奥林匹克不等式散论 | 2010—06 | 38.00 | 124 |
| 数学奥林匹克不等式欣赏 | 2011—09 | 38.00 | 138 |
| 数学奥林匹克超级题库(初中卷上) | 2010—01 | 58.00 | 66 |
| 数学奥林匹克不等式证明方法和技巧(上、下) | 2011—08 | 158.00 | 134,135 |
| 他们学什么:原民主德国中学数学课本 | 2016—09 | 38.00 | 658 |
| 他们学什么:英国中学数学课本 | 2016—09 | 38.00 | 659 |
| 他们学什么:法国中学数学课本.1 | 2016—09 | 38.00 | 660 |
| 他们学什么:法国中学数学课本.2 | 2016—09 | 28.00 | 661 |
| 他们学什么:法国中学数学课本.3 | 2016—09 | 38.00 | 662 |
| 他们学什么:苏联中学数学课本 | 2016—09 | 28.00 | 679 |
| 高中数学题典——集合与简易逻辑·函数 | 2016—07 | 48.00 | 647 |
| 高中数学题典——导数 | 2016—07 | 48.00 | 648 |
| 高中数学题典——三角函数·平面向量 | 2016—07 | 48.00 | 649 |
| 高中数学题典——数列 | 2016—07 | 58.00 | 650 |
| 高中数学题典——不等式·推理与证明 | 2016—07 | 38.00 | 651 |
| 高中数学题典——立体几何 | 2016—07 | 48.00 | 652 |
| 高中数学题典——平面解析几何 | 2016—07 | 78.00 | 653 |
| 高中数学题典——计数原理·统计·概率·复数 | 2016—07 | 48.00 | 654 |
| 高中数学题典——算法·平面几何·初等数论·组合数学·其他 | 2016—07 | 68.00 | 655 |

# 刘培杰数学工作室
# 已出版(即将出版)图书目录——初等数学

| 书　　名 | 出版时间 | 定　价 | 编号 |
|---|---|---|---|
| 台湾地区奥林匹克数学竞赛试题.小学一年级 | 2017－03 | 38.00 | 722 |
| 台湾地区奥林匹克数学竞赛试题.小学二年级 | 2017－03 | 38.00 | 723 |
| 台湾地区奥林匹克数学竞赛试题.小学三年级 | 2017－03 | 38.00 | 724 |
| 台湾地区奥林匹克数学竞赛试题.小学四年级 | 2017－03 | 38.00 | 725 |
| 台湾地区奥林匹克数学竞赛试题.小学五年级 | 2017－03 | 38.00 | 726 |
| 台湾地区奥林匹克数学竞赛试题.小学六年级 | 2017－03 | 38.00 | 727 |
| 台湾地区奥林匹克数学竞赛试题.初中一年级 | 2017－03 | 38.00 | 728 |
| 台湾地区奥林匹克数学竞赛试题.初中二年级 | 2017－03 | 38.00 | 729 |
| 台湾地区奥林匹克数学竞赛试题.初中三年级 | 2017－03 | 28.00 | 730 |
| 不等式证题法 | 2017－04 | 28.00 | 747 |
| 平面几何培优教程 | 2019－08 | 88.00 | 748 |
| 奥数鼎级培优教程.高一分册 | 2018－09 | 88.00 | 749 |
| 奥数鼎级培优教程.高二分册.上 | 2018－04 | 68.00 | 750 |
| 奥数鼎级培优教程.高二分册.下 | 2018－04 | 68.00 | 751 |
| 高中数学竞赛冲刺宝典 | 2019－04 | 68.00 | 883 |
| 初中尖子生数学超级题典.实数 | 2017－07 | 58.00 | 792 |
| 初中尖子生数学超级题典.式、方程与不等式 | 2017－08 | 58.00 | 793 |
| 初中尖子生数学超级题典.圆、面积 | 2017－08 | 38.00 | 794 |
| 初中尖子生数学超级题典.函数、逻辑推理 | 2017－08 | 48.00 | 795 |
| 初中尖子生数学超级题典.角、线段、三角形与多边形 | 2017－07 | 58.00 | 796 |
| 数学王子——高斯 | 2018－01 | 48.00 | 858 |
| 坎坷奇星——阿贝尔 | 2018－01 | 48.00 | 859 |
| 闪烁奇星——伽罗瓦 | 2018－01 | 58.00 | 860 |
| 无穷统帅——康托尔 | 2018－01 | 48.00 | 861 |
| 科学公主——柯瓦列夫斯卡娅 | 2018－01 | 48.00 | 862 |
| 抽象代数之母——埃米·诺特 | 2018－01 | 48.00 | 863 |
| 电脑先驱——图灵 | 2018－01 | 58.00 | 864 |
| 昔日神童——维纳 | 2018－01 | 48.00 | 865 |
| 数坛怪侠——爱尔特希 | 2018－01 | 68.00 | 866 |
| 传奇数学家徐利治 | 2019－09 | 88.00 | 1110 |
| 当代世界中的数学.数学思想与数学基础 | 2019－01 | 38.00 | 892 |
| 当代世界中的数学.数学问题 | 2019－01 | 38.00 | 893 |
| 当代世界中的数学.应用数学与数学应用 | 2019－01 | 38.00 | 894 |
| 当代世界中的数学.数学王国的新疆域(一) | 2019－01 | 38.00 | 895 |
| 当代世界中的数学.数学王国的新疆域(二) | 2019－01 | 38.00 | 896 |
| 当代世界中的数学.数林撷英(一) | 2019－01 | 38.00 | 897 |
| 当代世界中的数学.数林撷英(二) | 2019－01 | 48.00 | 898 |
| 当代世界中的数学.数学之路 | 2019－01 | 38.00 | 899 |

# 刘培杰数学工作室
# 已出版(即将出版)图书目录——初等数学

| 书　　名 | 出版时间 | 定　价 | 编号 |
|---|---|---|---|
| 105 个代数问题:来自 AwesomeMath 夏季课程 | 2019－02 | 58.00 | 956 |
| 106 个几何问题:来自 AwesomeMath 夏季课程 | 即将出版 |  | 957 |
| 107 个几何问题:来自 AwesomeMath 全年课程 | 即将出版 |  | 958 |
| 108 个代数问题:来自 AwesomeMath 全年课程 | 2019－01 | 68.00 | 959 |
| 109 个不等式:来自 AwesomeMath 夏季课程 | 2019－04 | 58.00 | 960 |
| 国际数学奥林匹克中的 110 个几何问题 | 即将出版 |  | 961 |
| 111 个代数和数论问题 | 2019－05 | 58.00 | 962 |
| 112 个组合问题:来自 AwesomeMath 夏季课程 | 2019－05 | 58.00 | 963 |
| 113 个几何不等式:来自 AwesomeMath 夏季课程 | 即将出版 |  | 964 |
| 114 个指数和对数问题:来自 AwesomeMath 夏季课程 | 2019－09 | 48.00 | 965 |
| 115 个三角问题:来自 AwesomeMath 夏季课程 | 2019－09 | 58.00 | 966 |
| 116 个代数不等式:来自 AwesomeMath 全年课程 | 2019－04 | 58.00 | 967 |
| 紫色彗星国际数学竞赛试题 | 2019－02 | 58.00 | 999 |
| 澳大利亚中学数学竞赛试题及解答(初级卷)1978～1984 | 2019－02 | 28.00 | 1002 |
| 澳大利亚中学数学竞赛试题及解答(初级卷)1985～1991 | 2019－02 | 28.00 | 1003 |
| 澳大利亚中学数学竞赛试题及解答(初级卷)1992～1998 | 2019－02 | 28.00 | 1004 |
| 澳大利亚中学数学竞赛试题及解答(初级卷)1999～2005 | 2019－02 | 28.00 | 1005 |
| 澳大利亚中学数学竞赛试题及解答(中级卷)1978～1984 | 2019－03 | 28.00 | 1006 |
| 澳大利亚中学数学竞赛试题及解答(中级卷)1985～1991 | 2019－03 | 28.00 | 1007 |
| 澳大利亚中学数学竞赛试题及解答(中级卷)1992～1998 | 2019－03 | 28.00 | 1008 |
| 澳大利亚中学数学竞赛试题及解答(中级卷)1999～2005 | 2019－03 | 28.00 | 1009 |
| 澳大利亚中学数学竞赛试题及解答(高级卷)1978～1984 | 2019－05 | 28.00 | 1010 |
| 澳大利亚中学数学竞赛试题及解答(高级卷)1985～1991 | 2019－05 | 28.00 | 1011 |
| 澳大利亚中学数学竞赛试题及解答(高级卷)1992～1998 | 2019－05 | 28.00 | 1012 |
| 澳大利亚中学数学竞赛试题及解答(高级卷)1999～2005 | 2019－05 | 28.00 | 1013 |
| 天才中小学生智力测验题.第一卷 | 2019－03 | 38.00 | 1026 |
| 天才中小学生智力测验题.第二卷 | 2019－03 | 38.00 | 1027 |
| 天才中小学生智力测验题.第三卷 | 2019－03 | 38.00 | 1028 |
| 天才中小学生智力测验题.第四卷 | 2019－03 | 38.00 | 1029 |
| 天才中小学生智力测验题.第五卷 | 2019－03 | 38.00 | 1030 |
| 天才中小学生智力测验题.第六卷 | 2019－03 | 38.00 | 1031 |
| 天才中小学生智力测验题.第七卷 | 2019－03 | 38.00 | 1032 |
| 天才中小学生智力测验题.第八卷 | 2019－03 | 38.00 | 1033 |
| 天才中小学生智力测验题.第九卷 | 2019－03 | 38.00 | 1034 |
| 天才中小学生智力测验题.第十卷 | 2019－03 | 38.00 | 1035 |
| 天才中小学生智力测验题.第十一卷 | 2019－03 | 38.00 | 1036 |
| 天才中小学生智力测验题.第十二卷 | 2019－03 | 38.00 | 1037 |
| 天才中小学生智力测验题.第十三卷 | 2019－03 | 38.00 | 1038 |

# 刘培杰数学工作室
# 已出版(即将出版)图书目录——初等数学

| 书　名 | 出版时间 | 定　价 | 编号 |
|---|---|---|---|
| 重点大学自主招生数学备考全书:函数 | 即将出版 | | 1047 |
| 重点大学自主招生数学备考全书:导数 | 即将出版 | | 1048 |
| 重点大学自主招生数学备考全书:数列与不等式 | 2019—10 | 78.00 | 1049 |
| 重点大学自主招生数学备考全书:三角函数与平面向量 | 即将出版 | | 1050 |
| 重点大学自主招生数学备考全书:平面解析几何 | 即将出版 | | 1051 |
| 重点大学自主招生数学备考全书:立体几何与平面几何 | 2019—08 | 48.00 | 1052 |
| 重点大学自主招生数学备考全书:排列组合·概率统计·复数 | 2019—09 | 48.00 | 1053 |
| 重点大学自主招生数学备考全书:初等数论与组合数学 | 2019—08 | 48.00 | 1054 |
| 重点大学自主招生数学备考全书:重点大学自主招生真题.上 | 2019—04 | 68.00 | 1055 |
| 重点大学自主招生数学备考全书:重点大学自主招生真题.下 | 2019—04 | 58.00 | 1056 |
| 高中数学竞赛培训教程:平面几何问题的求解方法与策略.上 | 2018—05 | 68.00 | 906 |
| 高中数学竞赛培训教程:平面几何问题的求解方法与策略.下 | 2018—06 | 78.00 | 907 |
| 高中数学竞赛培训教程:整除与同余以及不定方程 | 2018—01 | 88.00 | 908 |
| 高中数学竞赛培训教程:组合计数与组合极值 | 2018—04 | 48.00 | 909 |
| 高中数学竞赛培训教程:初等代数 | 2019—04 | 78.00 | 1042 |
| 高中数学讲座:数学竞赛基础教程(第一册) | 2019—06 | 48.00 | 1094 |
| 高中数学讲座:数学竞赛基础教程(第二册) | 即将出版 | | 1095 |
| 高中数学讲座:数学竞赛基础教程(第三册) | 即将出版 | | 1096 |
| 高中数学讲座:数学竞赛基础教程(第四册) | 即将出版 | | 1097 |


**联系地址**:哈尔滨市南岗区复华四道街10号　哈尔滨工业大学出版社刘培杰数学工作室

**网　　址**:http://lpj.hit.edu.cn/

**邮　　编**:150006

**联系电话**:0451—86281378　　13904613167

E-mail:lpj1378@163.com